空间电推进科学与技术丛书

离子电推进物理

Physics of Ion Electric Propulsion

张天平　贾艳辉　郭宁　顾左 等 编著

U0197801

科学出版社
北京

内 容 简 介

本书主要涉及离子电推进的基本概念、物理原理、物理过程、技术基础及方法等方面。全书共 9 章:第 1 章离子电推进概念,第 2 章气体放电与气体击穿,第 3 章等离子体产生原理及方法,第 4 章基础低温等离子体物理,第 5 章电磁场中的等离子体运动学,第 6 章离子光学物理,第 7 章空心阴极物理,第 8 章材料物理及其表面过程,第 9 章数值计算基本方法。

本书适合离子电推进技术的研究人员和工程师、高校相关专业的教师和学生、航天技术爱好者等阅读,可作为研究生教材或教学参考书使用。

图书在版编目(CIP)数据

离子电推进物理 / 张天平等编著.—北京:科学出版社,2019.12
（空间电推进科学与技术丛书）
ISBN 978-7-03-063231-9

Ⅰ. ①离… Ⅱ. ①张… Ⅲ. ①离子电流—电推进
Ⅳ. ①V514

中国版本图书馆 CIP 数据核字(2019)第 250645 号

责任编辑:徐杨峰 / 责任校对:谭宏宇
责任印制:黄晓鸣 / 封面设计:殷 靓

科 学 出 版 社 出版
北京东黄城根北街 16 号
邮政编码:100717
http://www.sciencep.com

南京展望文化发展有限公司排版
广东虎彩云印刷有限公司印刷
科学出版社发行 各地新华书店经销

*

2019 年 12 月第 一 版 开本:B5(720×1000)
2025 年 5 月第三次印刷 印张:19
字数:370 000

定价:150.00 元
(如有印装质量问题,我社负责调换)

丛书序

喷气推进通过将工质流高速向后喷出,利用动量守恒原理产生向前的反作用力使航天器运动变化,在此过程中消耗质量和能量。根据能量供应的形式,可以分为基于燃料化学能的化学推进和基于外部电能源的电推进。电推进的设想由俄国物理学家齐奥尔科夫斯基和美国物理学家罗伯特·戈达德分别在 1902 年和 1906年提出,与传统化学火箭提出时间基本一致。但是由于其技术复杂性和空间电功率等限制,早期电推进的发展明显滞后于化学推进。20 世纪 50 年代,美国和苏联科学家对电推力器进行了理论研究,论证了空间电推进的可行性,并开始了电推进技术的工程研究。1960~1980 年是电推进技术成熟发展并开始应用的主要发展阶段,几位电推进的先驱者留下了探索的足迹。

空间飞行器对燃料消耗量非常敏感,推进器的比冲成为最重要的性能指标。化学推进受到推进剂焓能限制和耐高温材料的制约,比冲达到 340 s 水平后几乎再难以大幅度提升;电推进可以借助于外部电能,突破传统化学推进比冲的极限,目前已经很普遍地达到 1 000~3 000 s 的高比冲,并且远未达到其上限。

电推进由于其高比冲、微推力等主要特征,在长寿命卫星、深空探测、无拖曳控制等航天工程中正日益发挥极其突出的作用,成为航天推进技术的前沿,受到世界各国的重视;智慧 1 号探月卫星、隼鸟号、深空 1 号、全电推进卫星等的成功应用,标志着电推进技术逐渐走向成熟,在未来航天领域的重要性日益凸显;中国的电推进经过了漫长的发展储备期,在离子推进、霍尔推进、电弧推进、脉冲等离子体推进等方面取得了坚实的进展,2012 年实践 9 号卫星迈出了第一个空间验证的步伐,此后实践 13、实践 17 等卫星进入了同步轨道应用验证和工程实施阶段。

我国电推进的学术交流蓬勃发展,其深度、广度和影响力持续提高,电推进学会发展走入正轨,对促进电推进技术的知识共享、扩大影响、壮大队伍、加快技术进步发挥了巨大的作用。

在此背景下,我国电推进行业的发展和人才培养急需一套电推进技术领域的专业书籍,科学出版社和中国宇航学会电推进技术专业委员会合作推出了这套丛书,希望这套丛书的出版,对我国航天推进领域科学技术的发展起到推动作用。

　　丛书在编辑过程中得到北京控制工程研究所、上海空间推进研究所、兰州空间技术物理研究所、北京理工大学、北京航空航天大学、哈尔滨工业大学、空间技术研究院通信卫星事业部、航天工程大学、西安微电子技术研究所、合肥工业大学、上海交通大学等单位的大力支持,对此表示感谢。

　　由于电推进技术处于快速发展中,丛书所包括的内容来不及涵盖最新的进展,书中的不足之处在所难免,敬请广大读者和同行批评指正。

丛书编委会

2019 年 7 月

前　言

离子电推进是最重要的电推进类型之一,作为航天器应用的先进推进技术,它具有高的比冲和效率、精确便利的性能调控性、很好的技术成熟度和宽广的航天工程适用范围。在国际电推进技术 110 多年的历史中,离子电推进的发展始终最具代表性和领先性:从 1906 年提出电推进原始概念到 1959 年首先研制出考夫曼型离子电推进样机,从 1964 年率先开展空间轨道长期飞行验证到 1997 年开始实现航天器型号的正式应用,当前国际离子电推进的应用范围几乎涉及航天任务的各个领域。

中国离子电推进技术研究始于 1974 年。在过去 45 年的发展历程中,兰州空间技术物理研究所以不忘初心、锲而不舍的精神,在持续开展离子电推进基础研究和技术攻关的基础上,先后开发研制出多款离子电推进的原理样机、工程样机、飞行产品。自 2012 年以来,兰州空间技术物理研究所研制的离子电推进产品成功实现空间飞行验证和通信卫星型号正式应用,为中国航天步入电推进时代做出了重要贡献。

建设航天强国的冲锋号已经吹响。我国航天工程发展对离子电推进的需求更加迫切,离子电推进产品在我国航天器型号中的应用更为宽广,离子电推进技术在我国未来的发展应持续深化,创新离子电推进技术支撑未来航天工程发展的新时代已经来临。为此,兰州空间技术物理研究所组织专家学者和工程技术人员,编写《离子电推进物理》、《离子电推进技术》和《离子电推进工程》,以期能够有助于进一步推动我国离子电推进的持续蓬勃发展,支持和鼓励更多青年人投身于我国离子电推进的技术创新中。

本书以离子电推进所涉及的物理原理、物理过程、技术基础及方法等为主要内容。在本书编写过程中,张天平、贾艳辉、郭宁、顾左负责全书的策划、统筹和审定,贾艳辉和吴辰宸负责编写第 1 章,刘莉娟负责编写第 2 章,刘莉娟和杨三祥负责编写第 3 章,罗兵负责编写第 4 章,吴先明和温晓东负责编写第 5 章,贾连军负责编写第 6 章,贾艳辉和谷增杰负责编写第 7 章,孙新锋和刘超负责编写第 8 章,杨乐和陈娟娟负责编写第 9 章,罗兵参与编写第 3 章部分内容,杨三祥和刘超负责完成符号表和校对。

　　本书的出版,离不开众多人员的辛劳和贡献,在此一并表示诚挚感谢。特别感谢"空间电推进科学与技术丛书"编委会专家对本书内容和编写质量的审查把关,以及兰州空间技术物理研究所耿海、田立成、杨福全、李娟、江豪成、王小永等的修改建议。

　　限于编者自身的知识水平和写作能力,本书难免会有疏漏和不足之处,恳请关心和关注我国离子电推进发展的各界专家、学者、工程技术人员和读者不吝批评指正。

张天平

2019 年 9 月 11 日

目　录

第3章 等离子体产生原理及方法

第4章　基础低温等离子体物理

第5章 电磁场中的等离子体运动学

第6章 离子光学物理

第7章　空心阴极物理

第1章
离子电推进概念

1.1 空间电推进及特点

1.1.1 火箭推进原理与火箭方程

火箭是一种依靠火箭发动机产生的反作用力推进的飞行器,其中,用于运载航天器的火箭称为运载火箭,用于运载军用炸弹的火箭称为火箭武器(无控制)或导弹(有控制)。在一般用语中,火箭也用作火箭发动机的简称。通常意义上的火箭发动机除上述应用外,还包括航天器发动机。火箭发动机可分为冷气、固体、液体、电推进、核能和激光推进等类型。在运载火箭、武器或航天器设计中,设计人员根据任务特点或需求,在不同的火箭发动机类型中进行择优选择。

火箭推进遵循作用力与反作用力原理。图1-1为火箭发动机的工作原理示意图,在火箭工作时,推进剂被高速喷出,进而产生与推进剂喷出方向相反的作用力,称为火箭的推力。

图1-1 火箭发动机的工作原理示意图

在不考虑大气阻尼的理想条件下,火箭工作过程中系统与外界不存在动量交换,因此火箭遵循动量守恒定律,即单位时间内喷射出的推进剂产生的动量变化量与系统剩余部分动量变化量大小相等,方向相反(彭成荣,2011)。其可以表达为

$$\mathrm{d}m_{\mathrm{p}}v_{\mathrm{ex}} = -M\mathrm{d}v \tag{1-1}$$

根据牛顿第二定律,喷射出去的推进剂作用在火箭上的推力为

$$T = Ma = M\frac{\mathrm{d}v}{\mathrm{d}t} \tag{1-2}$$

根据式(1-1),推力T与消耗推进剂的关系式可以表示为

$$T = -v_{\mathrm{ex}}\frac{\mathrm{d}m_{\mathrm{p}}}{\mathrm{d}t} \tag{1-3}$$

假设火箭质量变化只与推进剂的消耗有关,则推进剂的质量消耗率与火箭的质量变化量相等。

$$\frac{\mathrm{d}M}{\mathrm{d}t} = \frac{\mathrm{d}m_{\mathrm{p}}}{\mathrm{d}t} \tag{1-4}$$

将式(1-4)代入式(1-3)得

$$T = -v_{\mathrm{ex}}\frac{\mathrm{d}M}{\mathrm{d}t} \tag{1-5}$$

联立式(1-5)和式(1-2)可得

$$M\frac{\mathrm{d}v}{\mathrm{d}t} = -v_{\mathrm{ex}}\frac{\mathrm{d}M}{\mathrm{d}t} \tag{1-6}$$

式(1-6)还可以表示为

$$\mathrm{d}v = -v_{\mathrm{ex}}\frac{\mathrm{d}M}{M} \tag{1-7}$$

因此,变质量火箭的速度变化率被表示为式(1-7)的数学表达。

假设火箭为直线运动,v_0 和 v_t 分别为火箭初/末速度,M_0 为火箭初始质量,对式(1-7)进行积分可以得到火箭速度增量与推进剂消耗量的关系,为

$$\int_{v_0}^{v_t}\mathrm{d}v = -v_{\mathrm{ex}}\int_{M_0}^{M_0-m_{\mathrm{p}}}\frac{\mathrm{d}M}{M} \tag{1-8}$$

式(1-8)的解为

$$v_t - v_0 = \Delta v = v_{\mathrm{ex}}\ln\left(\frac{M_0 - m_{\mathrm{p}}}{M_0}\right) \tag{1-9}$$

式(1-9)是火箭推进原理最基本的数学表达,称为火箭方程,该式于1903年由俄国科学家康斯坦丁·爱德华道维奇·齐奥尔科夫斯基(Konstantin Eduardovich Tsiolkovsky)推导得出,因此该式又称为齐奥尔科夫斯基公式。

1.1.2 比冲的定义及其意义

由式(1-9)可知,火箭喷射速度 v_{ex} 越大,产生相同的速度增量 Δv 所消耗的推进剂质量越小,这也可表述为,在保证工作 t 时系统剩余质量相同时,所产生的 Δv 越大。因此,可以简单理解为推进剂喷射速度越大,火箭的推进效率越高。

在工程中,比冲是与推进剂喷射速度有最直接关系的火箭性能指标,是推进剂喷射速度 v_{ex} 的另一种表征,通俗的表达式为

$$I_{sp} = \frac{v_{ex}}{g} \tag{1-10}$$

比冲定义为消耗单位质量推进剂所产生的冲量或推进剂的单位流量产生的推力。根据上述定义,比冲还可以表达为

$$I_{sp} = \frac{I_t}{m_p} = \frac{Tt}{m_p} = \frac{T}{\dot{m}_p g} \tag{1-11}$$

对式(1-9)火箭方程引入比冲的概念,有

$$\Delta v = (I_{sp} \cdot g) \ln\left(\frac{M_0 - m_p}{M_0}\right) \tag{1-12}$$

式(1-12)说明,对于给定任务所需速度增量 Δv 和火箭除推进剂以外的质量,火箭质量 M_0 会随着比冲的增加而降低。因此,对于相同任务速度增量,火箭比冲越高,火箭的初始质量越低,火箭质量降低可以减少发射成本。

将式(1-12)变形为推进剂质量的表达式,可以得到任务对推进剂质量的需求与航天器速度增量和比冲的关系:

$$m_p = (M_0 - m_p) e^{\left(\frac{\Delta v}{I_{sp} \cdot g} - 1\right)} \tag{1-13}$$

图 1-2 和图 1-3 分别为式(1-13)其他参量不变时,任务最终速度增量和推进剂消耗量与比冲的关系曲线示意图。图 1-2 说明,在火箭质量一定时,火箭发动机所提供的速度增量与比冲呈正比关系增加;图 1-3 说明,在火箭质量和任务所需速度增量一定时,推进剂消耗量随比冲呈指数关系减小。因此,对于火箭,比冲高意味着消耗等量的推进剂可以执行更多的任务或产生相同任务增量更节约推进剂。

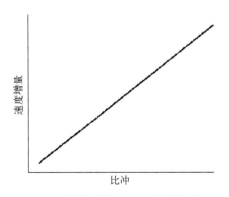

图 1-2　火箭质量一定时,火箭发动机
速度增量与比冲的关系曲线

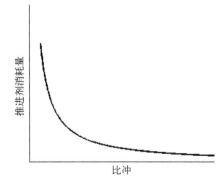

图 1-3　火箭质量和任务所需速度增量一定时,
推进剂消耗量与比冲的关系曲线

航天器动力由空间火箭发动机提供,空间火箭发动机同样遵循火箭方程的原理。空间常用的火箭推进,按照能量转化方式包括化学推进和电推进。

化学推进是利用固体或液体氧化剂和燃料的燃烧或单质推进剂(如肼)的催化分解将推进剂的化学能转化成内能和压力势能,然后释放产生推力。按照常温下推进剂的物理状态,化学推进可分为冷气推进系统(gas propulsion system,GPS)、固体火箭推进系统(solid-propellant rocket motor,SRM)和液体火箭推进系统(liquid-propellant rocket engine,LRE)三种。

冷气推进系统是空间姿控推力器中最简单、最古老的典型代表,是将推进剂压力势能转化为动能的装置,它利用储气瓶中的高压气体通过喷管释放、膨胀并加速产生推力。一般的气体都可以作为冷气推进系统的推进工质,目前多用氮气或氦气。一般情况下,真空比冲只有 50~70 s,若采用氢气作为工质,比冲可达 200 s 左右。

固体火箭推进系统是将化学能转化为内能和压力势能,进而转化为动能的装置,以固体推进剂作为能源和工质,包括燃烧室、喷管和点火器三个基本组成部分。燃烧室既是储存固体推进剂的容器,又是固体推进剂燃烧由化学能转化为高温高压燃气内能的燃烧腔,其壳体是火箭和导弹壳体的一部分;喷管一般是由收敛段、喉部和扩张段组成的拉瓦尔型喷管,它使燃烧室内高温高压燃气通过不断膨胀加速,把燃气热能转化成动能,以很高的速度从喷管排出从而产生推力,比冲一般在 200~300 s。

液体火箭推进系统的能源转化过程与固体火箭发动机相同,通过液体燃烧剂和氧化剂混合燃烧,并将燃烧物高速喷出产生推力。比冲一般在 180~460 s。

综上,化学推进受限于推进剂本身的内能,难以实现较高的推进剂喷射速度,因此比冲较低。由于空间飞行器发射和运行成本较高,为了追求火箭推进系统更高的比冲,实现航天器高效低成本的发射和运行,在空间推进系统领域,科学家基于利用空间外部能源考虑,提出了依靠太阳能发电或空间核电能源的空间电火箭技术,又称空间电推进技术。

1.1.3 空间电推进的概念

1. 空间电推进的基本概念

空间电推进是基于火箭推进原理产生推力的一种空间飞行器动力系统,但它转化为推进剂喷射动能的原始能源不是传统的化学能,而是电能。电能主要来自太阳能或核能,相应的电推进系统称为太阳电推进系统或核电推进系统。

电推进工作过程通常是:首先采用电能将推进剂分子或原子电离成离子(或等离子体),然后通过一定的电势差将离子或等离子体加速并高速喷出,从而产生推力,离子喷射速度通常达到每秒万米或更高(对应比冲数为千秒或更高)。由于电推进的推进剂喷射速度远远大于化学推进方式,所以电推进可以实现很高的比冲。在现有技术状态下,电推进比化学推进的比冲高出 1 个数量级或者更多。图 1-4 为典型的空间电推进工作原理示意图。

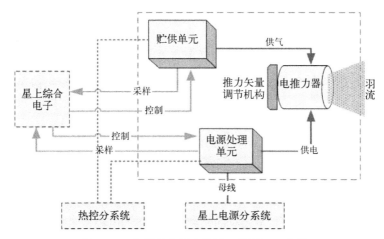

图 1-4　典型的空间电推进工作原理示意图

2. 电推进分类

按照电推进的工作原理,传统上把电推进分为电热式推进、静电式推进和电磁式推进三大类,每一类又包含数种不同的类别,如图 1-5 所示。其中,电热式推进是利用电热方式提高推进剂能量,并通过喷嘴加速推进剂从而产生推力;静电式推进是利用静电场加速推进剂的方式产生推力;电磁式推进是利用电磁场加速推进剂的方式产生推力。

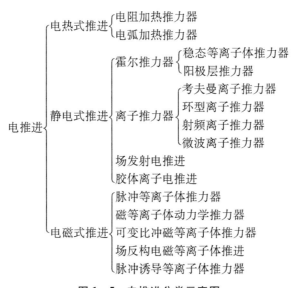

图 1-5　电推进分类示意图

3. 电推进相对化学推进的主要特点

以带电粒子在静电场中的加速运动为例,不考虑重力加速度的影响,根据能量守恒方程:

$$q\Delta\phi = \frac{1}{2}mv_{ex}^2 - \frac{1}{2}mv_0^2 \qquad (1-14)$$

假设粒子运动的初速度 v_0 为零,则通过电场加速后的粒子末速度可以表示为

$$v_{ex} = \sqrt{\frac{2q\Delta\phi}{m}} \qquad (1-15)$$

以氙气推进剂电推进为例,假设被加速的粒子为单荷氙离子,式(1-15)可表示为

$$v_{ex} = 1.21 \times 10^6 \sqrt{\Delta\phi} \ (m/s) \qquad (1-16)$$

将式(1-16)代入式(1-10),电推进的比冲与加速电场电势差的关系可表示为

$$I_{sp} = \frac{v_{ex}}{g} = \sqrt{\frac{2q\Delta\phi}{m}} \Big/ g = \frac{1.21 \times 10^6 \sqrt{\Delta\phi}}{g} = 123.63 \sqrt{\Delta\phi} \ (s) \quad (1-17)$$

根据式(1-17),比冲分别与粒子加速电场电势差和电荷数的开方成正比,与粒子质量的开方成反比。因此,加速电场电势差越大,粒子所带电荷数越大,推进剂原子量越小,比冲越高。

根据计算,以氙气推进剂为例,当比冲与化学推进相当时(比冲约 300 s),加速电压为几个伏特。图 1-6 是根据式(1-17)得到的电推进比冲与加速电场电势差的关系示意图,通常电推进的加速电场电势差从数百伏特到数千伏特。因此,电推进的比冲远大于化学推进。

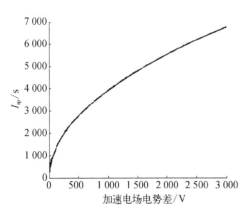

图 1-6　氙气推进剂电推进的比冲与加速电场电势差的关系示意图

由于电推进采用电能为输入能源,所以电推进的性能必定受限于功率的输入能力。电推进输入功率与效率、推力和比冲的数学关系表示式为

$$P = \frac{g}{2} \frac{TI_{sp}}{\eta} \qquad (1-18)$$

式(1-18)说明,电推进在输入功率和效率一定时,推力 T 和比冲 I_{sp} 的乘积与输入功率 P 成正比。这也说明电推进在效率一定时,在一定输入功率条件下,无法实现推力和比冲的同时增加。在现有技术条件下,广泛应用的电推进系统的输入

功率在千瓦级,应用最广泛的电推进比冲为 2 000~6 000 s,因此电推进通常推力较小,在数十毫牛顿或百毫牛顿量级,远远小于化学推进数牛顿或上百牛顿的推力水平。

综上,电推进相对于传统化学推进的特点为比冲高、推力小。比冲高,意味着执行相同的航天器飞行任务消耗的推进剂少,或者相同推进剂消耗量下可以大幅提高航天器有效载荷比,有效延长航天器寿命;推力小,一方面与化学推进相比产生相同的总冲,电推进需要工作更长时间,另一方面电推进可以实现航天器更高精度的控制(汤国建等,2013)。

1.2　离子电推进工作原理

1.2.1　离子电推进的工作原理及分类

离子电推进通常指由栅极系统产生静电场对离子加速的电推进系统,即采用带电势差的栅极组件实现离子的聚焦与加速,产生推力。栅极组件通常由两片或者三片相邻(约 1.0 mm)的耐熔材料(钼或石墨等)多孔薄片(称为栅极,一般厚度小于 1.0 mm)组成,多孔薄片上布满按照一定规律排列的小孔,工作时在栅极上施加一定的电压,从而在栅极小孔附近产生静电场,离子在静电场作用下实现聚焦、加速、喷出,产生推力。按照气体放电等离子体产生方式,常见的离子电推进可分为电子轰击式(考夫曼型)、射频式与微波式,这三种离子电推进的主要区别在于推进剂气体电离方式(李德天等,2017;Goebel and Katz,2008)。

离子电推进系统通常包括离子推力器、电源处理单元、推进剂贮供单元、控制单元和推力矢量调节机构等。离子推力器是系统的核心单机,其他单机负责离子推力器的供电、供气、工作时序与推力方向等控制。以电子轰击式离子电推进为例,离子推力器结构组成如图 1-7 所示。离子推力器通常包括放电室、主阴极、栅极组件、中和器和其他辅助零部组件(如金属结构件、管路、陶瓷和电缆等)等。其中,放电室由金属电极和磁极构成,工作时内部充满电磁场,是整个推力器结构的主体,主要功能是为推进剂气体放电电离提供约束空间,同时也是其他部组件的结构支撑。主阴极和中和器是离子电推进的电子源,主阴极主要为放电室内推进剂气体电离提供原初电子,中和器为束流离子提供中和电子,射频和微波离子电推进通常没有主阴极,取而代之的是射频电线或微波天线,射频电线为同轴线圈,绕于放电室外部,微波天线为深入放电室内形状特殊的电极。栅极组件是离子束流的引出装置,通常为薄壁多孔结构。其他的金属结构件、管路、陶瓷和电缆为离子推力器提供必要的机构支撑、推进剂供给、电极绝缘和供电等。

离子电推进工作的基本原理源于等离子体及等离子体边界物理学,只是采用了特定的气体放电手段(包括电子轰击式、射频式和微波式)实现推进剂气体的电

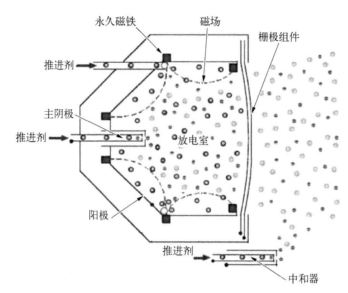

图 1-7　电子轰击式离子推力器结构组成

离和局部等离子体离子光学边界（栅极组件）。离子推力器的工作原理可以简单描述为：首先通过阳极气路向放电室内充满推进剂气体，主阴极发射原初电子到放电室内，原初电子在放电室内电磁场作用下加速运动，并与推进剂气体发生电离、激发和弹性等类型的碰撞，其中，电离碰撞产生二次电子，二次电子与原初电子在电磁场的作用下共同参与推进剂气体的电离过程，放电室内形成放电等离子体；然后电子由放电室阳极吸收，离子在栅极组件上游表面的等离子体鞘层电势和栅极电势作用下，聚焦并加速，形成准直的束流离子并高速喷出产生推力，为了保证离子电推进系统的电中性，中和器向束流离子实时发射等量的电子。

正如前面所述，射频式和微波式与电子轰击式离子电推进的主要差别是放电室内气体电离并非通过直流电子轰击原子，而是电磁波与原子或电子的耦合共振，将推进剂气体原子电离为等离子体，关于不同类型的气体放电等离子体产生机理，在本书后面将进行详细讨论。

1.2.2　离子电推进工作过程的物理解析

离子推力器工作物理过程主要包括气体击穿放电形成低温等离子体、低温等离子体的约束与加速、等离子体与界面相互作用和气体放电原初电子的产生等物理过程。本小节将结合离子推力器工作机理对其工作的物理过程进行简单介绍。

气体击穿放电形成低温等离子体。离子电推进工作的基本过程是：首先要产生足够密度的低温等离子体，主阴极发射一定数量的原初电子，在放电室电磁场共同作用下，原初电子与放电室内的推进剂气体原子或分子发生碰撞，产生汤生放电,在外部电源支持下,气体放电不断延伸,最终实现帕邢击穿,在整个放电室内部实现气体放电,形成电子温度远大于离子温度的低温等离子体;气体放电产生的低温等离子体中涉及原初电子、二次电子和离子等多种粒子的相互作用,包括弹性碰撞、激发碰撞、电离碰撞、交换电荷碰撞和电子离子碰撞等,由于各种碰撞之间存在能量转移和耗散,所以放电室必须在外部电源的支持下才能维持"准稳态"气体放电;对于射频和微波放电,低温等离子体是通过推进剂气体原子或电子的不断共振生成的。上述气体放电过程常称为电子轰击气体放电、射频气体放电或微波气体放电,上述不同放电类型形成的低温等离子体没有本质的区别。

低温等离子体的约束与加速。放电室内气体放电产生的低温等离子体在放电室结构和外部电磁场的约束下以一定的密度聚集在放电室的内部。电子在电磁场作用下做拉莫尔回旋运动,在该过程中不断与离子或气体原子碰撞,最后被放电室阳极吸收;离子由于质量较大,几乎不受放电室内磁场的影响,以热运动和扩散运动为主,离子在电势差和气体压力差(栅极组件的小孔将放电室与外部真空环境相通)的共同作用下,流向栅极组件;栅极组件屏栅与放电室等离子体界面处形成等离子体鞘层,将放电室内的离子通过栅极小孔在栅极电势作用下聚焦并加速喷出,产生推力。目前的栅极组件类型主要包括双栅极、三栅极和四栅极。其中,双栅极和三栅极组件电势作用下离子的聚焦与加速是混合在一起的,称为单极离子光学系统;四栅极是将离子的聚焦和加速过程进行分离,称为双极离子光学系统,详细内容在本书第 6 章讨论。

等离子体与界面相互作用。众所周知,在有界的等离子体的边缘存在一个电势变化区域,界面可能是电极或器壁等,上述边界在离子推力器中指阴极、阳极和栅极组件等电极和放电室壁面等其他与等离子体接触的结构材料。电势变化区域的作用是滞留易动的带电粒子(低温等离子体通常是电子),并使得流向电极或器壁的正负载流粒子的流量相等。通常情况下,由等数量的正离子和电子组成的、呈电中性的等离子体中,电子的迁移率远大于离子的迁移率,这就在等离子体和器壁之间形成非电中性的鞘层区域。边界处等离子体鞘层的存在,一方面阻止被吸引电荷粒子轰击到电极或器壁表面,另一方面加速被排斥电荷离子轰击到电极或器壁表面,通常被加速的是较重、运动较慢的离子,这就造成离子对电极或器壁材料的溅射刻蚀效应、热效应,或电极材料二次电子发射,从而造成不必要的能量损耗。在离子推力器中,由于栅极组件屏栅电势的作用,在放电室等离子体和屏栅小孔区界面处也会形成等离子体鞘层,该鞘层的作用是将放电等离子体中的离子引出,并在栅极组件电势差的作用下对离子进行加速喷出,产生推力。

气体放电原初电子的产生。在静电式电子轰击离子推力器中,引起放电室气体放电的原初电子来源于空心阴极电子源。空心阴极中的气体放电过程独立于推力器其他部组件,其工作的物理过程是:低功函数材料在外部热子的加热作用下,达到电子发射温度,产生空心阴极自身击穿所需要的原初电子,当原初电子达到一定数量时,在空心阴极触持极与发射体间施加点火脉冲,使气体击穿,在触持极与发射体间放电,放电最终会延伸到发射体区形成稳定的放电等离子体,空心阴极转入稳态放电,等离子体中的带电粒子在鞘层电势、电极间电势差和气体压力共同作用下,发生相应的迁移或加速运动,通常正离子轰击到电势较低的发射体或阴极顶,对相应的电极进行加热,当然也存在不必要的电极溅射刻蚀效应而引起空心阴极失效。稳态放电的等离子体,能够向放电室提供气体放电所需要的原初电子。在射频与微波离子电推进中,引起放电室气体放电的原初电子是推进剂气体中残余的自由电子。

中和器产生中和电子的物理过程与主阴极相同,在此不再赘述。

除上述物理过程以外,为保证离子电推进稳定高效地工作,还涉及功能材料(如磁材料、陶瓷材料、电极材料等)特性、等离子体与材料相互作用等材料物理相关内容。

1.2.3 离子电推进的技术特点

采用栅极组件实现束流离子加速从而产生推力是离子电推进区别于其他电推进类型的最大特点。因此,讨论离子电推进的技术特点应由栅极组件的空间电荷限制效应切入。

当离子电推进在无束流引出时,栅极之间的电场只与栅极间的电势差和栅间距相关,而引入推进剂离子后,会改变栅极之间的原有电场,并且会部分屏蔽屏栅的电势。因此,栅极间加速电场的分布会随束流中离子数密度的改变而变化。随着栅极引出束流离子密度的不断增大,最终会出现屏栅位置处的离子加速电场为零的情况,此时对应的离子束流值为离子电推进的最大束电流引出值。这种现象称为空间电荷限制效应,对应的束电流称为空间电荷限制电流。离子电推进引出束流离子以单荷为主,当推进剂类型确定时,离子的喷出速度只同屏栅与加速栅的电势差相关。因此空间电荷限制效应不会影响离子的喷出速度,只会影响引出束电流的大小,即推力。

下面用数学表达式对上述现象的影响进行讨论。

栅极之间的空间电势可以通过泊松方程表征为

$$\frac{\mathrm{d}^2 \phi}{\mathrm{d}x^2} = -\frac{nq}{\varepsilon_0} \qquad (1-19)$$

式中, x 为栅极小孔的轴向坐标。因为影响离子电推进推力和比冲性能的是离子的轴向喷出速度,所以此处只讨论影响 x 方向电场的电势。

离子电推进束流中离子的喷出速度遵循能量守恒定律,即

$$\frac{1}{2}mv^2 = q(\phi_s - \phi) \tag{1-20}$$

$$v = \sqrt{\frac{2q(\phi_s - \phi)}{m}} \tag{1-21}$$

将栅极喷出的离子束流用电流密度来表示,式(1-19)的电流密度表示如下:

$$\frac{\mathrm{d}^2\phi}{\mathrm{d}x^2} = -\frac{j}{\varepsilon_0 v} = -\frac{j}{\varepsilon_0}\sqrt{\frac{m}{2q(\phi_s - \phi)}} \tag{1-22}$$

式(1-22)两端乘以 $2(\mathrm{d}v/\mathrm{d}x)$,并积分得

$$\left(\frac{\mathrm{d}\phi}{\mathrm{d}x}\right)^2 - \left(\frac{\mathrm{d}\phi_s}{\mathrm{d}x}\right)^2 = \frac{4j}{\varepsilon_0}\sqrt{\frac{m(\phi_s - \phi)}{2q}} \tag{1-23}$$

式中, $\left(\dfrac{\mathrm{d}\phi}{\mathrm{d}x}\right)^2$ 为电场的平方; $\left(\dfrac{\mathrm{d}\phi_s}{\mathrm{d}x}\right)^2$ 为屏栅位置的电场。

当离子电推进束电流达到空间电荷极限效应的值时,离子屏蔽了下游电极电场,屏栅位置处的电场为零。考虑上述情况,并将式(1-23)积分再开方,这样就获得了任意已知电势点处的电场求解式。

$$E = \frac{\mathrm{d}\phi}{\mathrm{d}x} = 2\left(\frac{j}{\varepsilon_0}\right)^{1/2}\left(\frac{m}{2q}\right)^{1/4}(\phi_s - \phi)^{1/4} \tag{1-24}$$

对式(1-24)分离变量积分,可以得到电势的表达式为

$$\phi = \phi_s - \left[\frac{3}{2}\left(\frac{j}{\varepsilon_0}\right)^{1/2}\left(\frac{m}{2q}\right)^{1/2}x\right]^{4/3} \tag{1-25}$$

式(1-25)即栅极之间任意一点的电势作为电流密度的函数表达。假设加速栅和屏栅之间的电势降为固定值,加速栅电势为零。将假设值代入式(1-25),得到的就是栅极组件由电荷限制效应能够引出的最大离子束电流密度值。

$$j = \frac{4\varepsilon_0}{9}\left(\frac{2q}{m}\right)^{1/2}\frac{\phi_s^{3/2}}{d^2} \tag{1-26}$$

式(1-26)就是栅极组件束电流引出因空间电荷限制而遵循的二分之三次方定律的数学表达。

定义不考虑离子存在时的栅极静电场 $E_0 = \dfrac{\phi_s}{d}$,则束电流密度可以表示为

$$j = \frac{4\varepsilon_0}{9}\left(\frac{2q}{m}\right)^{1/2}\left(\frac{E_0^3}{d}\right)^{1/2} \tag{1-27}$$

由式(1-27)可见,缩小栅间距,增加电场强度,可以获得更大的离子束电流密度。离子电推进中的离子束电流密度可以等效为有效的推进剂质量流率密度,如式(1-28)所示:

$$\dot{m}_s = j\frac{m}{q} \tag{1-28}$$

根据式(1-3),并考虑式(1-4)和式(1-28),由单位推进剂质量流率和束流离子喷射速度,可以得到离子电推进单位面积的推力表达式:

$$\frac{T}{A} = \dot{m}_s v_{ex} = \frac{8}{9}\varepsilon_0\left(\frac{\phi_s}{d}\right)^2 = \frac{8}{9}\varepsilon_0 E_0^2 \tag{1-29}$$

式中,A 为离子束流有效喷出面积,等于加速栅极开孔面积。

在不限定推进剂总供给流率时,根据式(1-29)可以得到离子电推进推力密度与栅极间静电场的关系,如图1-8所示。

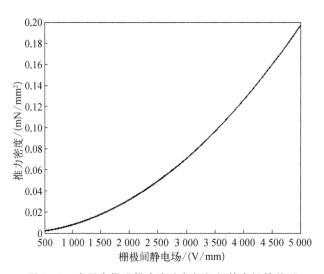

图1-8 离子电推进推力密度与栅极间静电场的关系

考虑栅极板和绝缘陶瓷材料场发射特点,对于栅极组件,电场强度不能无限制增加,当电场超过阈值时,会出现栅极间的放电击穿,此时离子电推进无法正常引出离子电流,从而不能正常工作。在理想条件下,离子电推进中钼栅极的击穿电场为 $4\sim5\ \text{kV/mm}$,碳/碳复合材料栅极为 $3.5\ \text{kV/mm}$,石墨栅极为 $2\sim3\ \text{kV/mm}$。为保证安全,实际应用中,栅极电压选择相对于场致击穿电压至少要保留 50% 的裕度,以目前常用的钼栅极为例，一般不超过 2 kV/mm，如图 1－8 所示，对应的推力密度为 0.013 5 mN/mm²，即 1.35 mN/cm²。假设离子电推进束流直径为 30 cm，加速栅开孔面积比 25%，则可以产生的推力为 240 mN。

　　一般离子电推进栅极间距近似为 1 mm，考虑以上分析的栅极场致击穿电压限制，结合式（1－20）可以得到，离子电推进的比冲通常可以达到 5 000 s 或者更高，目前，双极加速四栅极离子电推进比冲已经超过 10 000 s。

　　由于目前常用的霍尔电推进不受空间电荷限制效应影响，所以同等束流面积下可以产生更大的推力。但是霍尔电推进阳极电压不能过高，通常在 300 V 左右，因此其比冲较离子电推进低。

　　另外，如 1.2.1 节所述，离子电推进推进剂气体电离、离子加速喷出和束流离子中和是三个相对独立的过程，这就使得离子电推进性能可调节范围更宽，并且可以适应多点或连续可调节。

　　综上，离子电推进相对于其他类型电推进最明显的特点是推力小、比冲高、性能可调节范围宽。以上三个显著特性也是离子电推进相对于其他电推进的优势。推力小意味着更容易实现对航天器的精准控制，并且在对卫星进行姿控或轨道调整时，对整星的振动影响非常小，是超静卫星平台的不二选择。根据由火箭方程推导的式（1－12）和式（1－13），比冲高说明离子电推进消耗同等质量的推进剂可以提供更大的总冲，这意味着更节省推进剂。性能可调节范围宽意味着同一套离子电推进系统可以满足对推进系统的多方面任务需求，并且可以根据任务需要调整到推进系统与航天器的最优匹配，在通信卫星、航天器无拖曳飞行和深空探测任务等领域优势明显（Turner，2009）。

1.3　离子电推进物理概要

　　离子电推进涉及的物理过程主要集中在低温等离子体的产生、约束和输运等方面，本书主要围绕上述物理过程，并结合其中涉及的材料物理、真空电子物理等问题开展论述。

　　第 1 章是全书的总述，主要涉及火箭推进的基本概念、离子电推进的工作原理和特点等内容。

　　第 2~5 章为离子电推进低温等离子体物理的内容，主要涉及等离子体的产生、特点和在电磁场约束下的运动特性等。第 2 章主要介绍离子电推进所涉及的气体放电与气体击穿，主要包括气体击穿的概念、过程和影响因素等。第 3 章介绍目前离子电推进常用的气体放电和等离子体中电磁波的传输特性。第 4 章对离子电推进中低温等离子体物理展开介绍，包括基本概念、常用特征参量、运动学、约束边界物理和离子束流物理等。第 5 章讨论等离子体在电磁场中的运动物理特性，包括带电粒子在均匀、非均匀静态与时变电磁场中的运动和等离子体在电磁场中的输运理论等。

第6章围绕离子光学基础,系统阐述了离子透镜原理,单级离子光学系统聚焦机理、加速物理,以及多级离子光学系统物理。

第7章围绕真空电子源空心阴极物理展开讨论,主要包括空心阴极热电子发射物理、空心阴极工作过程、空心阴极损耗与退化等。

第8章介绍离子电推进涉及的材料物理及其表面过程,主要包括离子推进器材料及界面的基本问题、离子电推进关键组件材料特性和载能离子与材料相互作用等。

第9章独立于全书内容,主要对离子电推进物理研究中涉及的数值计算基本方法进行介绍。

参考文献

李得天,张天平,张伟文,等,2017. 空间电推进测试与评价技术. 北京: 北京理工大学出版社.

彭成荣,2011. 航天器总体设计. 北京: 中国科学技术出版社.

汤国建,张洪波,郑伟,等,2013. 小推力轨道机动动力学与控制. 北京: 科学出版社.

Goebel D M, Katz I, 2008. Fundamentals of electric propulsion: Ion and hall thruster. Hoboken, New Jersey: Wiley.

Turner M J L, 2009. Rocket and spacecraft propulsion. England: Praxis Publishing.

第2章
气体放电与气体击穿

2.1　气　体　放　电

2.1.1　气体放电定义及分类

通过某种机制使一个和几个电子从气体原子或分子脱离而形成的气体介质称为电离气体。电离气体中含有电子、离子和中性原子或分子。如果电离气体由外电场产生并形成传导电流,则这种现象称为气体放电。

电离气体按电离程度可分为弱电离气体(只有很少的原子或分子被电离)、部分电离气体(部分原子或分子被电离)和完全电离气体(几乎所有的原子和分子被电离)三种。弱电离气体主要由中性粒子组成,它与完全电离气体在基本机理和行为方面的区别很大。

气体放电的形式很多,分类的方法也有很多种。根据放电机理不同可将气体放电分为辉光放电、弧光放电、火花放电、电晕放电等,详见表 2-1(徐学基等,1995;杨津基,1981)。

表 2-1　气体放电分类

放电类型	放电的一般性质	放电类型的转变条件
辉光放电	一种自持放电,其放电电流的大小为毫安量级,靠正离子轰击阴极所产生的二次电子发射维持放电。放电区域可分为阿斯顿暗区、阴极辉区、克罗克斯暗区、负辉区、法拉第暗区、正柱区、阳极辉区等	自持汤生放电或辉光放电的燃点电压或阴极位降值都要超过气体电离电势 1 个数量级,而自持弧光放电的阴极位降区十分接近气体放电的电离电势。电晕放电电压降比辉光放电电压降要大(千伏量级),但其放电电流要小很多(微安量级),且往往发生在电极间电场分布不均匀的条件下。若电场分布均匀,放电电流又比较大,则发生辉光放电现象;在电晕放电状况下若提高外加电压,而电源的功率又不够大,则此时放电就转变成火花放电;若电源的功率足够大,则电晕放电可转变成弧光放电
弧光放电	一种自持放电,阴极位降低,电流密度大,维持电压很低,通常只有几十伏。放电区域可分为阴极位降区、正柱区、阳极位降区	
火花放电	一种断续的放电,放电是明亮曲折而有分支的细带束,在整个放电间隙中,等离子体分布不均匀。其放电靠加在两个电极间几万伏的高电压击穿气体而产生,放电仅维持 $10^{-8} \sim 10^{-6}$ s	
电晕放电	一种自持放电。在电极两端加上较高但是未达击穿的电压时,如果电极表面附近的电场(局域电场)很强,则电极附近的气体介质会被局部击穿而产生电晕放电,气压约为 10^5 Pa。电极的几何构型对放电起很重要的作用,可分为正电晕放电和负晕放电	

气体放电现象是电流通过气体以后由电离了的气体表现出来的一种现象。研究气体放电的目的是要了解这种电离气体在各种条件下的宏观现象及其规律,同时研究其中所发生的基本微观过程,并进一步把两者联系起来,由表及里地掌握气体放电的机理,用微观过程来分析宏观现象,从复杂的放电现象中寻找规律。可见,气体放电物理的主要任务是研究各种气体放电现象的物理过程及其内在规律。

2.1.2　气体放电伏-安特性

在不同的物理条件下,由于占主导地位的基本物理过程不同,会产生各种形式的气体放电现象。为了对各种气体放电的形式有一个初步的了解,先来分析气体放电的伏-安特性,它是放电管电流随电极间电压变化的关系曲线。

图 2-1 是典型的气体放电伏-安特性曲线。该伏-安特性曲线随其他放电参量的变化会有所改变,但对大多数情况都是适用的。

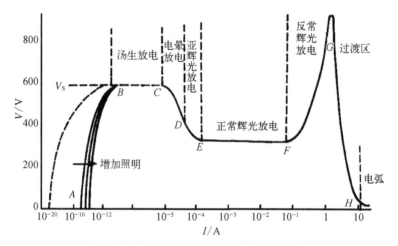

图 2-1　典型的气体放电伏-安特性曲线

当电极间电压慢慢增加时,电极间有微弱的电流流过,最小可测的电流约为 10^{-16} A,这种电流是无规则脉冲式的。如果在电极间另外增加一些电子源(如用光照阴极产生光电子发射),则伏-安特性曲线会向右移动。随着电极间电压的增加,空间电荷可以完全被移上电极,所以电流趋向饱和,电流可增大到 10^{-14} A。这部分电流也可能是由间歇辐射引起的,此时放电电流也将是间歇性的。

随着放电电压的继续增加,由于次级电离,放电电流先是缓慢增加,后来却呈指数式增加。在这个范围内放电电流可增大 10^{8} 倍,而放电电压几乎没有增加。这种突变型的过渡称为气体的击穿,对应的电压称为击穿电压 V_b。在气体击穿时,放电电流的增加与外界电离源无关,放电可以靠自身来维持,换言之,这使得放电已经由原来的非自持放电过渡到自持放电。放电的这部分区域属于汤生放电范围。

如果改变外回路电阻,继续增加放电的电流,则放电间歇上的电压反而会降低,并一直下降到某一个稳定的电压值。这里存在一个放电,从汤生放电经过电晕放电、亚辉光放电向辉光放电区域过渡的过程。在这之后放电电流又随电压呈指数式的增加,这个区域称为反常辉光放电区域。

当再继续增加放电电流时,放电将过渡到一种具有负特性的弧光放电区域。弧光放电的正柱区为高能量的等离子体区,它发射着强烈的辐射。

由上述气体放电的伏-安特性可见,其曲线的各段代表了不同的放电形式,当然,此伏-安特性曲线并不能包括所有的放电形式。例如,除上述放电形式之外,还有火花放电、低频交流放电、脉冲放电和高频微波放电等(Smirnov,1981)。

2.1.3　气体放电相似性原理

1. 基本原理

气体放电中任意一个特性都与放电的电学参量、力学参量、热学参量等密切相关,例如,放电正负极之间的电势差就与放电电流、充气压强、放电容器大小及电极材料等有关。这些关系相当复杂,通常不能用解析式来表达,只能用一些曲线把这些参量间的关系联系起来。放电条件是千变万化的,这就要求有无数条这样的曲线去描述成千上万种放电的可能状态。经验表明,可以对这些参量进行分组归类,这样就可以找到一些简化的办法去完成这项烦琐而又复杂的工作。

例如,平行平面电极间气体的击穿电势 V_b 与极间距离 d 和气压 P 都有关系。通过试验发现,在气体种类和电极材料保持不变的情况下,如果增加气压而要维持击穿电势不变,那就只能相应地减小极间距离[只在非常大的气压(如 10^7 Pa 以上)才例外],因此它们之间的关系可以用数学式表示如下:

$$V_b = f(Pd)$$

这样 Pd 乘积就是一个组合参量,这是因为在讨论气体击穿时该表达式能够完全地描述气体的性质。由于气体的击穿是电子与气体原子电离碰撞的结果,所以碰撞前电子从电场获取的能量大小就直接与击穿效果相关。此能量大小正比于电场强度 E 和碰撞前电子所运动的距离 λ 的乘积。因为 E 与 d 有关,而 λ 取决于 P,即乘积 $E\lambda$ 取决于 Pd 乘积,所以只要 Pd 值不变,气体击穿时电极间电子的倍增值也一定,即击穿电压 V_b 与 Pd 乘积满足固定的关系。对放电参量进行如此的组合或分类,其重要性就在于能帮助人们深入理解某种现象的物理意义。

试验表明,当两个放电器件之间满足某些特定的条件时,它们的放电参量之间遵循相似定律。这对新器件的设计与性能的预测是十分有益的。因此,研究相似性的目的有两个:

(1)推导一系列定标定律,由此来确定线度尺寸比值相同的两个放电的各种

参量变化情况:

（2）不同的原子过程会使气体放电具有完全不同的性质，但只要放电具有相似性质，就可以利用相似定律方便地推论该放电中发生了哪些基本过程。

接下来，比较两个放电管的放电，放电中气体和电极材料是相同的，而且它们相应的所有线度尺寸都差一个因子 a，这里给出符合相似定律的两个放电管。

如果在这两个放电管中气体的温度相同，A_1、A_2 与相应点 B_1、B_2 之间的电势差一样，且这两个放电管中电极间电势差都是 V，那么这两个放电称为相似放电。

在两个相似放电中，放电管、电极的线度尺寸，气体中电子、离子或分子的平均自由程，气体粒子浓度等一些参数与线度尺寸 a 具有一定的关系，详见相关参考文献（徐学基等，1995；杨津基，1981）及表 2-2。

相似放电的电流关系为

$$I_1 = j_1 \mathrm{d}A_1 = \frac{1}{a^2} j_2 a^2 \mathrm{d}A_2 = j_2 \mathrm{d}A_2 = I_2 \tag{2-1}$$

式中，$\mathrm{d}A$ 为某一放电管的面积元。正由于相似放电的电流和电势都是相等的，所以它们有相同的伏-安特性，这也是相似放电的又一种定义。

在相似放电中，有

$$E_1 \overline{\lambda_1} = E_2 \overline{\lambda_2}$$
$$\frac{E_1}{P_1} = \frac{E_2}{P_2} \tag{2-2}$$

式中，$\overline{\lambda}$ 为气体中电子、离子或者分子的平均自由程；E 为电场；P 为压强。

式（2-1）和式（2-2）表示在相似放电中带电粒子在两次相继碰撞之间从电场中获取的能量是相等的。在有些放电条件下，该能量也是由 E/P 唯一决定的。

相似放电的一个组合参量可表示为

$$P_1 d_1 = P_2 d_2 \tag{2-3}$$
$$W_1 = W_2 \tag{2-4}$$
$$(T_{e,+,-})_1 = (T_{e,+,-})_2 \tag{2-5}$$

式中，W_1、W_2 为能量分布。

对于交变的相似放电，它们的电场作用频率有下列关系：

$$f_1 = \frac{1}{a} f_2 \tag{2-6}$$

$$F_1 = \frac{1}{a} F_2 \tag{2-7}$$

考虑圆柱形放电管的情况,两个相似放电的总电流分别为 I_1 和 I_2,有 $I_1 = I_2$,而 $r_1 = ar_2$,故有

$$F_{自身1} = \frac{2I_1}{r_1} = \frac{2I_2}{ar_2} = \frac{1}{a}F_{自身2} \qquad (2-8)$$

式中,F 为带电粒子在磁场中受到的作用力。

2. 相似放电的基本过程

气体放电的基本过程主要是指带电粒子的产生和消失过程,在稳态的气体放电中的任意点上各种带电粒子的浓度可以从该点粒子得失的速率导出,为

$$\left(\frac{dn}{dt}\right)_1 = \frac{1}{a^3}\left(\frac{dn}{dt}\right)_2 \qquad (2-9)$$

这是按相似定律的要求在可能发生的气体放电的基本过程中带电粒子变化率必须满足的条件。反过来,如果两个气体放电中带电粒子的变化率不满足这个条件,那么这两个气体放电不可能是相似的,或者说在相似放电中这些基本过程不可能发生。

$\dfrac{dn}{dt}$ 是各种气体放电基本过程的作用总和,即

$$\left(\frac{dn}{dt}\right)_{总} = \left(\frac{\partial n}{\partial t}\right)_{电子碰撞} + \left(\frac{\partial n}{\partial t}\right)_{漂移} + \left(\frac{\partial n}{\partial t}\right)_{扩散} + \left(\frac{\partial n}{\partial t}\right)_{光致电离} + \cdots$$

所以,气体放电中每一种基本过程导致的带电粒子的变化率都必须满足式(2-9)。

下面就各种基本过程发生的可能性,进行具体分析。

1)电子碰撞单级电离过程

$$e + A \longrightarrow e + A^+ + e$$

电子与气体原子碰撞使原子单级电离的速率与电子密度 n_e 及电子能量有关,而且还与原子浓度 N 有关。

如果两个气体放电中电子的能量相同,则带电粒子产生的速率为

$$\left(\frac{\partial n}{\partial t}\right) = Cn_{e1}N_1 = C\frac{n_{e2}}{a^2}\frac{N_2}{a} = \frac{1}{a^3}Cn_{e2}N_2 = \frac{1}{a^3}\left(\frac{\partial n}{\partial t}\right)_2 \qquad (2-10)$$

式中,N_1、N_2 为原子浓度。由于电子的电离速率关系服从式(2-9),所以在两个相似放电中这种过程是允许发生的。

2)逐级电离

当电子撞击受激原子,或者当两个受激原子碰撞,或者当一个受激原子撞击另

一个原子时,都会发生电离现象。后一种过程要求受激原子的激发能大于另一个原子的电离能,上述三种情况的过程表示式分别为

$$e + A^* \longrightarrow e + e + A^+$$

$$A^* + B^* \longrightarrow A + B^* + e$$

$$A^* + B \longrightarrow A + B^+ + e$$

如果受激原子的浓度为 N^*,则电子撞击受激原子使之电离的速率为

$$\left(\frac{\partial n}{\partial t}\right) = Cn_e N^* \qquad (2-11)$$

在两个相似放电中,该速率的关系为

$$\left(\frac{\partial n}{\partial t}\right)_1 = Cn_{e1}N_1^* = C\frac{n_{e2}}{a^2}\frac{N_2^*}{a^3} = \frac{1}{a^5}Cn_{e2}N_2^* = \frac{1}{a^5}\left(\frac{\partial n}{\partial t}\right)_2 \qquad (2-12)$$

式(2-12)与式(2-9)不一致,因此在两个相似放电中,电子撞击受激原子使之电离的过程是不允许发生的。

再看电子撞击亚稳态原子使之电离的速率为

$$\left(\frac{\partial n}{\partial t}\right) = Cn_e N_m^* \qquad (2-13)$$

在两个相似放电中,该速率关系为

$$\left(\frac{\partial n}{\partial t}\right)_1 = Cn_{e1}N_{m1}^* = C\frac{n_{e2}}{a^2}\frac{N_{m2}^*}{a^2} = \frac{1}{a^4}Cn_{e2}N_{m2}^* = \frac{1}{a^4}\left(\frac{\partial n}{\partial t}\right)_2 \qquad (2-14)$$

式(2-14)也与式(2-9)不一致,可见在两个相似放电中,电子撞击亚稳态原子使之电离的过程也是不允许发生的。

同理可证两个受激原子相互碰撞使之电离的过程在两个相似放电中也是不允许发生的。

$$\left(\frac{\partial n}{\partial t}\right)_1 = CN_{A1}^* N_{B1}^* = C\frac{N_{A2}^*}{a^3}\frac{N_{B2}^*}{a^3} = \frac{1}{a^6}CN_{A2}^* N_{B2}^* = \frac{1}{a^6}\left(\frac{\partial n}{\partial t}\right)_2 \qquad (2-15)$$

潘宁效应发生的速率为

$$\left(\frac{\partial n}{\partial t}\right)_1 = CN_{mA}^* N_B^* \qquad (2-16)$$

则

$$\left(\frac{\partial n}{\partial t}\right)_1 = CN_{mA1}^* N_{B1}^* = C\frac{N_{mA2}^*}{a^2}\frac{N_{B2}^*}{a} = \frac{1}{a^3}CN_{mA2}^* N_{B2}^* = \frac{1}{a^3}\left(\frac{\partial n}{\partial t}\right)_2 \quad (2-17)$$

式(2-17)与式(2-9)一致,因此在两个相似放电中,潘宁效应是允许发生的。

其他一些在气体放电中可能发生的过程,如电子的吸附和脱附、光致电离、电荷转移、漂移和扩散、带电粒子的复合等,在两个相似放电中是否允许发生,都可以用上述方法检验。

表 2-2 总结并列出相似放电中各放电参量之间的相似性关系。表 2-3 是基本过程与相似放电的关系。

表 2-2　相似放电中各放电参量之间的相似性关系

放 电 参 量	相似性关系式	放 电 参 量	相似性关系式
线度尺寸	$d_1 = ad_2$, $r_1 = ar_2$	电流密度	$J_1 = J_2/a^2$
电势	$V_1 = V_2$		$J_1^+ = J_2^+/a^2$
电流	$I_1 = I_2$		$J_1^- = J_2^-/a^2$
气体温度	$T_1 = T_2$	带电粒子浓度	$n_1 = n_2/a^2$
		激发态粒子浓度	$N_1^* = N_2^*/a^3$
平均自由程	$\overline{\lambda}_1 = \overline{\lambda}_2$	亚稳态粒子浓度	$N_{m1}^* = N_{m2}^*/a^2$
气体密度	$N_1 = N_2/a$	带电粒子速度	$v_1 = v_2$
气体压强	$P_1 = P_2/a$	带电粒子能量	$W_1 = W_2$
电场强度	$E_1 = E_2/a$	电子、离子温度	$T_{e1} = T_{e2}$；$T_{i1} = T_{i2}$
面电荷密度	$\sigma_1 = \sigma_2/a$	时间间隔	$dt_1 = adt_2$
体电荷密度	$\rho_1 = \rho_2/a^2$	碰撞频率	$v_1 = v_2/a$
气体总电荷	$M_1 = a^2 M_2$	作用场频率	$f_1 = f_2/a$
容器中总电荷	$Q_1 = aQ_2$	磁场	$H_1 = H_2/a$

表 2-3　基本过程与相似放电的关系

允许发生的基本过程	不允许发生的基本过程
电子碰撞单级电离	逐级电离
潘宁效应	光致电离
电子吸附和脱附	热电离
电荷扩散和漂移	第二类非弹性碰撞(除潘宁效应外)
电荷转移(离子—快中性粒子)	电荷转移(快中性粒子—离子)
高气压下离子复合	除高气压条件下的所有复合

以上的讨论完全是在试验基础上进行的。击穿电势随 Pd 乘积变化的关系——帕邢曲线就是相似定律应用的一个典型例子。

在利用相似定律推论某气体放电的基本过程的性质时,需要特别小心。由于以上讨论中只证明了气体放电在符合相似条件下基本过程的可能性,却没有证明由基本过程可推导相似性关系,所以可以合理地推论,如果气体放电服从相似定律,那么所有不允许发生的过程都可以被排斥在外,但是不能反过来认为相似定律不成立,这些不允许发生的过程必定存在。

2.1.4　混合气体电离

在高温下气体可能发生下列电离过程:① 气体原子彼此之间碰撞造成的电离,由于气体温度很高,它们的动能或速度很高,碰撞时的能量转移能使气体原子电离;② 炽热气体的热辐射造成气体的电离;③ 上述两个过程中产生的高能电子与气体原子碰撞,使之电离。

由气体放电产生的炽热气体可以认为是由电子、离子和中性原子组成的混合气体,这些粒子具有相同的热运动能量,即它们之间处于热力学平衡状态,并可以用一个温度参量来表征。这些粒子的分压强构成的混合气体的总压强为

$$P = P_a + P_i + P_e \tag{2-18}$$

式中,P_a、P_i 和 P_e 分别为中性原子、离子和电子的分压强。根据物理化学的质量作用定律,上述分压强之间满足如下关系:

$$\frac{P_i P_e}{P_a} = K(T) \tag{2-19}$$

式中,$K(T)$ 为由温度决定的热力学平衡常数。设 n 为气体中性原子初始密度,n_e 和 n_i 分别为电子和离子的密度,n_a 为热电离后中性原子的密度,χ 为电离气体的电离度,则有

$$n_i = n_e = \chi n \tag{2-20}$$

$$n_a = n - n_i = n - n_e \tag{2-21}$$

于是炽热气体单位体积中的粒子总数为

$$n_a + n_i + n_e = n + n_i = n + n_e$$

在热力学平衡条件下,粒子压强与粒子数成正比,因此式(2-19)可写为

$$\frac{n_i n_e}{(n+n_i)(n-n_i)}P = K(T) \tag{2-22}$$

即有

$$\frac{\chi^2}{1-\chi^2}P = K(T) \tag{2-23}$$

从热力学原理可知,热力学平衡常数 $K(T)$ 为

$$K(T) = \left(\frac{2\pi m}{h^2}\right)^{3/2} (kT)^{5/2} \exp\left(-\frac{eV_i}{kT}\right) \tag{2-24}$$

代入有关常数,式(2-24)可写为

$$\frac{\chi^2}{1-\chi^2}P = 3.2 \times 10^{-2} T^{5/2} \exp\left(-\frac{eV_i}{kT}\right) \qquad (2-25)$$

此方程称为萨哈方程。

一般气体放电中混合气体的温度比较低,即电离度 χ 值较小,于是式(2-25)可改写为

$$\chi^2 P = 3.2 \times 10^{-2} T^{5/2} \exp\left(-\frac{eV_i}{kT}\right) \qquad (2-26)$$

如果考虑到粒子的统计权重,则萨哈方程为

$$\frac{\chi^2}{1-\chi^2}P = 3.2 \times 10^{-2} \frac{g_e g_i}{g_a} T^{5/2} \exp\left(-\frac{eV_i}{kT}\right) \qquad (2-27)$$

式中,g_e、g_i、g_a 分别为电子、离子和中性原子的统计权重。

在已知气压和温度的条件下,利用萨哈方程可计算出电离气体的电离度 χ。考虑到大量带电粒子间的相互作用,计算中电离电势应采用修正后的数值,其值小于孤立原子的电离电势值。

萨哈方程也能用来测定不同气体的电离电势,尤其是测定碱金属蒸气原子的电离电势。例如,由试验测得某温度下碱金属蒸气的电导率,再由电导率 σ 和电子离子迁移率关系 $\sigma = en_e(\mu_i + \mu_e)$ 求得 n_e,因此可得蒸气的电离度 χ,于是通过萨哈方程可计算出这种碱金属原子的电离电势。

至于原子受热激发的浓度分布可以由玻尔兹曼定理推算,某激发原子的浓度可表示为

$$n_{ex} = n_0 \frac{g_{ex}}{g_0} \exp\left(-\frac{eV_i}{kT}\right) \qquad (2-28)$$

式中,g_{ex} 和 g_0 分别为激发态和基态原子的统计权重。

上面讨论的萨哈方程和玻尔兹曼方程都是理想情况下的结果,这时认为只发生热电离和热激发,并且气体中不含任何杂质。但实际情况远非如此,具体处理时应把气体中可能发生的所有过程分析清楚。

2.2　气体击穿

在不同的工作条件下产生不同的气体放电现象,通常将气体放电分成两大类:一类是非自持的放电;另一类是自持的放电。气体放电从自持到非自持过渡的现

象,称为气体击穿过程或者着火过程。

两个气体放电电极间的电压增加时,气体放电电流随之增加;当施加的电压增加到某一数值时,气体放电电流会骤然增长,于是气体放电就从汤生放电(或暗放电)突然过渡到某一种自持放电,这种现象通常称为气体击穿。根据气体放电中主要过程的不同,击穿条件分别由不同的公式描述。

气体击穿后的放电形式与电极的形状、极间距离、气压及外电路的特性有关。对于平面形的电极,气体击穿会形成火花放电,并可能进一步过渡到弧光放电;对于曲率半径很小的电极,即在非均匀电场中,气体击穿将引起电晕放电或刷状放电。

2.2.1　气压和间距对气体击穿的影响

首先,讨论在均匀电场中气体击穿电势的解析表达式。这里假定气体击穿取决于阴极处电子的次级发射,即由 γ 过程产生的电子引起放电空间电子的雪崩,于是气体击穿条件可表示为

$$\frac{1}{\gamma} = \mathrm{e}^{ad}$$

式中,上标 a 为汤生放电系数;上标 d 为放电间距。这里认为 γ 是一常数,与 E/P 无关。

经换算可得到气体击穿电势的表达式为

$$V_{\mathrm{b}} = \frac{BPd}{\ln\left(\dfrac{APd}{\ln\dfrac{1}{\gamma}}\right)} \qquad (2-29)$$

在气体种类和阴极材料都确定的情况下,式(2-29)中 A、B 和 γ 都是已知的常数,可见 V_{b} 仅是 Pd 乘积的函数,试验已经充分证实了这一点,V_{b} 随 Pd 的变化规律称为帕邢定律,即在气体放电空间里,气体击穿电势只是气压和间距乘积的数。

应该注意到,V_{b} 与 Pd 的关系在某些区域是线性的,但是并不一定只是线性关系。试验指出,在压强为 101.325 kPa 的空气中,在均匀电场中,气体击穿电势是

$$V_{\mathrm{b}} = 3\,000d + 1.35 \ (10^6 \ \mathrm{V/m}) \qquad (2-30)$$

式中,极间距离 d 的单位是 m,适用数量级为 10^{-3} m。

图 2-2 和图 2-3 是空气、H_2 和 CO_2 的击穿电势 V_{b} 随 Pd 变化的试验结果。

从图 2-2 和图 2-3 可见,在一定的 Pd 数值下,V_{b} 有极小值。V_{b} 的极小值 V_{bm} 与相应的 $(Pd)_{\mathrm{m}}$ 值可分别表示为

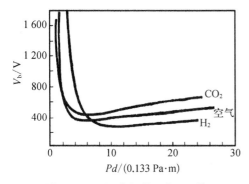

图 2-2 平面电极的 V_b 与 Pd 的
关系 ($T=20℃$)

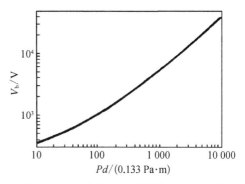

图 2-3 空气中平面电极的 V_b 与 Pd 的
关系 ($T=20℃$)

$$V_{bm} = 2.718 \frac{B}{A} \ln \frac{1}{\gamma} \qquad (2-31)$$

$$(Pd)_m = \frac{2.718}{A} \ln \frac{1}{\gamma} \qquad (2-32)$$

由这些关系式得到的理论数值与试验结果符合得较好。表 2-4 列出一些气体的最小击穿电压 V_{bm} 和相应的 $(Pd)_m$ 的值。这些数据很有实用价值。

表 2-4 一些气体的 V_{bm} 与相应的 $(Pd)_m$ 的值

气　　体	空气	氩气	氢气	氖气	二氧化碳
V_{bm}/V	327	137	273	156	420
$(Pd)_m$/(10^{-2} Pa·m)	75.6	120.0	153.3	533.3	68.0
气　　体	氮气	氧气	钠蒸汽	二氧化硫	硫化氢
V_{bm}/V	251	450	335	457	414
$(Pd)_m$/(10^{-2} Pa·m)	89.3	93.3	5.3	44.0	80.0

从非自持放电向自持放电状态过渡的过程中,可见气体击穿电势直接与 α、γ 有关。由于 α、γ 都是与放电气体和电极材料等状态密切相关的,所以可以得出结论:当其他条件不变时,气体击穿电势不仅与气体性质有关,而且随电极材料而变。

2.2.2 杂质气体对击穿电压的影响

在放电管内有两种气体的混合物时,V_b 就不能简单地用混合方法以混合气体的浓度计算。试验表明,混合气体的击穿现象往往与纯粹气体完全不同,图 2-4 是氮气-氢气混合气体的击穿电势 V_b 与 Pd 的关系图。从图 2-4 可以看到,当管内混入某一浓度的氢气时又会使该击穿电势升高,当加入 25.5% 的氢气时击穿电势有最小值。这个数值比纯氮气或纯氢气的击穿电势都要小。

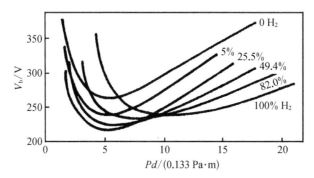

图 2-4 氮气-氢气混合气体的 V_b 与 Pd 的关系

空气中含有的少量水蒸气对空气击穿电势的影响如图 2-5 所示。这是在平面电极极距 $d = 4.93 \times 10^{-3}$ m、空气的压强为 400 Pa 时的试验结果。从图 2-5 可见,当空气中所含水蒸气量减少时,空气击穿电势会随之减少。可是当空气继续干燥时,在水蒸气分压强约为 3 Pa 时空气击穿电势开始重新上升。对于空气击穿电势与空气中水蒸气的浓度关系可做如下理解:当空气中水蒸气含量较高时,放电中的电子与水蒸气分子相遇形成了负离子,由于负离子在电场中运动缓慢,电离能力极小,它的出现减少了参加形成雪崩的有效电子数目,所以含水蒸气量较多的空气难以击穿。随着水蒸气量的不断下降,负离子形成的数目也随之下降,参加形成雪崩的有效电子数目增多,因此空气击穿电势也不断下降;在水蒸气含量很小的情况下,水蒸气在放电中将分解成氢和氧,这就出现了少量的氢气,从图 2-5 可以看出,氮气中含少量氢气时空气击穿电势会减小,因此曲线达到一个最小值;随着水蒸气含量的进一步减少,氢的减少,致使空气击穿电势开始重新上升。

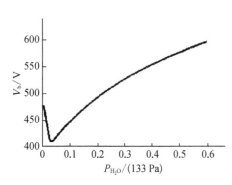

图 2-5 空气中水蒸气含量对空气击穿电势的影响

试验发现,在氖气中混入少量氩气能使气体的击穿电势降低,其降低量由氩气的混合量决定。这种现象就是放电中潘宁效应的结果。图 2-6 是氖气-氩气混合气体击穿电势随 Pd 和氩气含量变化的数据。这种效应在氩气-汞气混合气体中也存在。

可以认为,这种现象与一些重要的基本过程有关。如果在纯氖气中电子的能量仅可以使氖原子激发到亚稳态但还不足以使之电离,那么由于电子质量小、速度

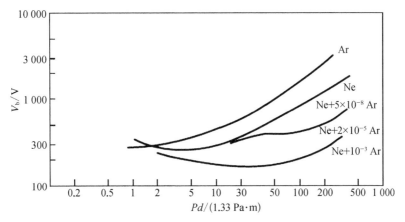

图 2-6　氩气-氖气混合气体的 V_b 与 Pd 的关系

大,电子与亚稳态原子的作用时间很短,从而使电离碰撞的概率很小,所以很难使气体发生显著电离。可是如果在氖气中具有一些杂质原子,这种原子的电离电势低于氖气的亚稳态能量,那么杂质原子与亚稳态的氖原子做第二类非弹性碰撞的概率很大,亚稳态的氖原子把自己的能量交给杂质原子并使之电离,这就帮助混合气体的电击穿,使它的击穿电势降低。这里氩气正是起到了这种杂质原子的作用。

通常,当杂质原子的电离电势小于主要原子的亚稳态激发电势时,原则上都可以使混合气体的击穿电势降低,并在上述两电势值相近时效果更显著;如果某些因素的存在促使主要气体原子亚稳态存在时间的减少,那么会造成混合气体击穿电势的增加。

还应该特别注意的另一种现象是:在气体放电中某些不合理杂质的存在将大大提高放电的击穿电势。

例如,把氮气混合到惰性气体中,当氮气含量很小时,会使击穿电势显著增加。图 2-7 反映这种现象的试验结果。在氩气中含有 1% 的氮气时,击穿电势就增加了几十伏,且随着含氮气量的增加,击穿电势还会增加。

这些现象的本质在于气体放电中的基本过程发生了明显的变化。在氩气中一些杂质气体分子产生的消激发截面见表 2-5。

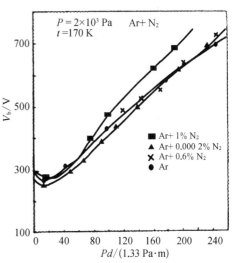

图 2-7　氩气-氮气混合气体的
V_b 与 Pd 的关系

表 2-5 氩气中一些杂质气体分子产生的消激发截面

气 体	N$_2$	H$_2$	CO	O$_2$	H$_2$O	CO$_2$	Xe	Hg
$\sigma(Ar^*/x)/(10^{-20}\ m^2)$	5.0	6.0	8.9	29	61	100	46	30

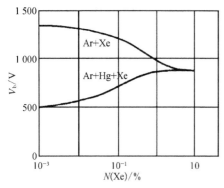

图 2-8 氩气和氩气-汞气高频击穿电势和氙气含量的关系

从氙原子对氩气和氩气-汞气混合气体击穿电势影响的试验结果可更清晰地看到气体中发生的一些基本过程,如图 2-8 所示。由于氙气的电离电势比氩气低,电子电离氙气所需要的能量比氩气小,所以在氩气-氙气混合气体中随氙气量的增加,其击穿电势会下降,但当氩气-汞气混合气体中存在氙气时,它的消激发速率会使氩气-汞气击穿电势随氙气浓度的增加而增加。当相对浓度 $N(Xe)$ 大于 1% 时,氙气的消激发过程占主要地位,所以氩气-汞气和氙气的混合气体的击穿电势与氩气-氙气混合气体的一致。这里氩气-汞气的潘宁效应已经被完全抑制,犹如无汞气的情况。

可见,少量的杂质气体对放电击穿电势的影响很大,因此要特别注意纯粹气体的击穿电势是很难测准的。在有些情况下,放电中杂质气体含量越小,击穿电势越难测准,所以采用文献提供的纯粹气体的击穿电势数据时要慎重对待。

2.2.3 影响击穿的其他因素

1. 电极对击穿的影响

电极材料特别是电极的表面状态对于依靠辐射照、正离子轰击而使电子从阴极表面发射的过程有很大的影响,因此电极对气体击穿电势的影响是不可忽略的。

在阴极表面存在的杂质,如油污、氧化物薄膜、尘埃和其他绝缘颗粒及吸附的气体等,对于击穿电势有很大的影响,其原因是在不同的电极表面状态下,阴极的 γ 过程是根本不同的。另外,阴极表面的粗糙程度对击穿电势也有影响,可相差 3~4 倍,其原因是局部空间电荷的畸变使电极表面局部地区电场很高。图 2-9 是各种阴极材料的平板电极间氩气的击穿电势随 Pd 的变化曲线。图中的曲线明显表示出在低气压下电极材料对击穿电势的影响较大;当气压增大时,曲线趋于一致,其原因是当气压增大时,电极对击穿电势的影响变小。

2. 电场分布对击穿的影响

电极结构和极性决定了着火前电极间隙的电场分布。这个电场分布对汤生 α 系数和 γ 系数的数值与分布起着决定性作用,其限制着气体中电子与离子的运动

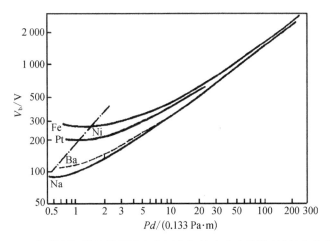

图 2 - 9　各种阴极材料的平板电极间氩气的击穿电势随 *Pd* 的变化曲线

轨迹及电子的雪崩过程,因此它对气体的击穿电势影响很大。

　　对于均匀电场条件下测出的帕邢曲线,在正负电极反号前后,两条帕邢曲线重合。同轴圆筒电极系统的电极间电场分布不均匀。当中心电极接正电势时,阴极附近电场相当弱,着火电压较高;当中心电极接负电势时,阴极附近电场比较强,着火电压较低。同轴圆筒电极系统的典型试验结果如图 2 - 10 所示,图中实线为氩气的试验结果,虚线为氖气的试验结果,符号⊕表示中心电极为阳极,符号⊖表示中心电极为阴极。

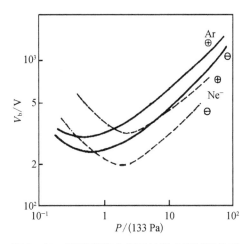

图 2 - 10　同轴圆筒电极系统的典型试验结果

　　3. 外界电离源对击穿的影响

　　使用外界电离源可以加快带电粒子的形成,降低气体的击穿电势。例如,人工加热阴极来产生热电子发射,可取代 γ 发射过程的作用;用紫外线照射阴极,使阴极产生光电发射;放射性物质靠近放电管,放射性射线引起气体电离;用高频火花探漏器使气体电离。这些过程都可以大大降低着火电压。

2.3　气体放电中的带电粒子

2.3.1　带电粒子的产生

当原子中的电子从外界获得能量时,可从低能级提高到高能级,这种原子称为受激原子。当这种能量达到一定数值时,原子被电离成自由电子和正离子。原子和电子之间碰撞、原子和原子之间碰撞、光或者 X 射线对原子的作用等,均可使气体原子产生电离或者激发形成带电粒子(Carmen and Mildren,2003;Massey et al. ,1975)。

气体原子被激发和电离的途径很多:原子受到电子或离子的非弹性碰撞;原子受到其他原子的非弹性碰撞;通过光子与原子的非弹性碰撞。上述非弹性碰撞过程都是把碰撞粒子的动能转化成被碰撞粒子的动能,称为第一类非弹性碰撞。显然,产生激发或电离的必要条件是碰撞粒子的动能必须大于或等于被碰粒子的激发能或电离能。

1. 电子与原子碰撞致激发和电离

原子的碰撞和激发可以用简式表示如下:

$$\vec{e} + A \longrightarrow A^* + e + \Delta E$$

$$\vec{e} + A \longrightarrow A^+ + 2e + \Delta E$$

式中,$\vec{e}$ 为快速电子;e 为慢电子;A 为被碰撞原子;A^* 为激发态原子;A^+ 为离子;ΔE 为碰撞后的电子、原子或离子的动能。其中,氦原子的激发截面与碰撞前电子能量的关系如图 2-11 所示。

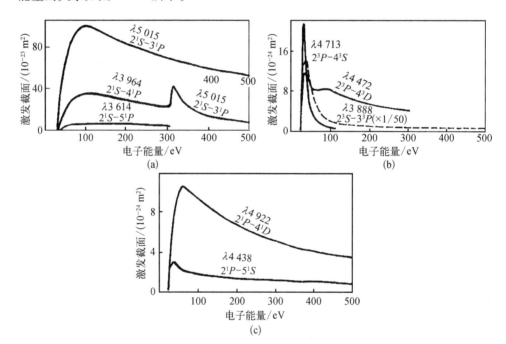

图 2-11　氦原子不同激发态的激发截面与碰撞前电子能量的关系

在分析原子的激发函数时要区分两种情况:一种是原子能级的激发函数;另一种是原子光谱线的激发函数。对于原子本质的了解应该研究能级的激发函数,

这两种激发函数之间的关系为

$$\sigma_{jk}\left[1 - \frac{\sum\limits_{i} J_{ij}}{\sum\limits_{k} J_{jk}}\right] = \frac{A_{jk}}{A_j}\sigma_j$$

$$(2-33)$$

式中, σ_{jk} 为原子 j 能级向较低的 k 能级跃迁时所发射光谱线的激发截面; σ_j 为 j 能级的激发截面; A_{jk} 为从 j 能级向某 k 能级自发跃迁时的概率; $A_j = \sum\limits_{k} A_{jk}$ 为 j 能级向所有较低的 k 能级跃迁的概率总和; J_{ij} 为高于 j 能级的 i 能级向 j 能级跃迁时发射的光子数; J_{jk} 则为从 j 能级向 k 能级跃迁时发射的光子数。

图 2-12 是惰性气体在电子能量为 10~1 000 eV 时的电离截面数值。原子的电离是原子得到了碰撞电子的能量

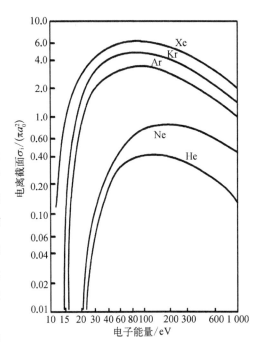

图 2-12　惰性气体电离截面与电子能量的关系

而使价电子脱离原子的结果。从简单的电离模型可以看出,电离截面应随原子尺度的增加而增大。

2. 离子与原子碰撞致激发和电离

重粒子之间的碰撞使原子激发和电离的过程可用简式表示为

$$\vec{B} + A \longrightarrow A^* + B + \Delta E$$

$$\vec{B} + A \longrightarrow A^+ + B + e + \Delta E$$

$$\vec{B}^+ + A \longrightarrow A^* + B^+ + \Delta E$$

$$\vec{B}^+ + A \longrightarrow A^+ + B^+ + e + \Delta E$$

式中, $\vec{B}$、$\vec{B}^+$ 分别为快速原子和快速离子。

试验表明原子和正离子与原子碰撞时产生激发或电离的概率都比较小,对此可从以下两个方面来解释:

一是根据力学原理。设 E_K 为碰撞离子的动能,若认为被碰撞粒子相对静止,则碰撞后的能量转移为 $\dfrac{m_2}{m_1 + m_2} E_K$, 其中, m_1、m_2 分别为碰撞粒子和被碰撞粒子的质量。在电子与原子做非弹性碰撞时,由于 $m_1 \approx m_2$,所以几乎所有的电子动能都可用来激发或电离原子。但对于原子或离子,由于 $m_1 \approx m_2$,那就只有约 1/2 的

粒子动能可用来激发或电离原子,所以产生相应激发或电离的概率要小些。

二是原子或正离子的非弹性碰撞过程与电子的迥然不同。当具有相同动能时,电子质量小,其速度要比原子或正离子大许多倍。快速电子通过碰撞并转移能量后可在很短的时间内离开,中性原子得到这部分能量必然使其状态发生变化。对于速度小很多的原子或正离子,在它们与中性原子碰撞时,有较长的相互作用时间,在这段时间内能量的转移会造成被碰撞原子的激发或电离;但当碰撞粒子开始离开时,被碰撞原子的电子轨道系统又会恢复到正常状态,刚才获得的位能会转化为粒子相对运动的动能,因此激发或电离的概率要比电子碰撞时小些。

3. 光致激发和光致电离

光辐射也是能量的一种形式,光的能量有量子的性质,当用频率为 ν 的光辐射原子时,试验发现原子会被激发或电离。这种现象可理解为光子和原子"碰撞"使原子激发或电离,与前面所讨论的过程的不同之处在于碰撞后光子把能量交给原子而自身不再存在。目前,把所有由辐射引起的原子激发和电离现象称为光致激发和光致电离。

实际上,当原子从较高能态回到较低能态时辐射出光子,而较低能态的原子吸收一个光子的能量后会跃迁到较高的能态,这是一个可逆过程,可用符号表示为

$$\hbar\nu + A \rightleftharpoons A^{*(+)}$$

所以光子可以使原子激发或电离,其必要条件是光子的能量 $\hbar\nu$ 必须大于或等于原子的激发能或电离能。此条件可写为

$$\hbar\nu \geqslant E_{ex}, \ \hbar\nu \geqslant E_i$$

或

$$\lambda \leqslant \frac{\hbar c}{E_{ex}}, \ \lambda \leqslant \frac{\hbar c}{E_i}$$

式中,E_{ex} 和 E_i 分别为原子的激发能和电离能;$\hbar$ 和 c 分别为普朗克常量和光速;λ 为入射光的波长。

应该特别指出的是,光致激发和光致电离并不是唯一由外界辐射引起的,由激发原子发射的光子也可以引起自身中性原子的激发或电离,这个现象在气体放电中具有重要的意义。某气体放电中的受激原子回到基态时发射一个光子,该光子可能被气体中另一个基态原子吸收而把它激发;同样第二个受激原子又会发射一个光子而回到基态,其波长与第一个受激原子所发射的相同,这种过程在气体中可以连续发生,直到"最后"那个光子离开放电区域。这种现象对于原子的共振辐射

是非常明显的,具有这种性质的辐射称为禁锢辐射(imprisoned radiation)。

4. 热激发和热电离

对气体粒子体系加热,当气体温度较高时,快速运动的粒子数目大增。这些高能运动粒子之间的相互作用,能使它们的动能转化为它们的位能,于是气体粒子被激发或电离,这种现象称为热激发和热电离。在弧光放电和高温磁流体发电装置中,热激发和热电离过程起着重要的作用。这种现象在天体中也广泛存在,最早形成的人造等离子体就是由热电离和热激发过程产生的,火焰中加盐燃烧使火焰发射钠荧光而且使其具有导电性就是一个很好的例子。

在高温下气体可能发生以下电离过程:

(1)气体原子彼此之间碰撞造成的电离。由于气体温度很高,它们的动能或速度很高,碰撞时的能量转移能使气体原子电离。

(2)炽热气体的热辐射造成气体的电离。

(3)上述两种过程中产生的高能电子与气体原子碰撞,使之电离。

在已知气压和温度的条件下,利用萨哈方程可计算电离气体的电离度 χ。

上面讨论的萨哈方程和玻尔兹曼方程都是理想情况下的结果,这时,认为只发生热电离和热激发,并且气体中不含任何杂质。但实际情况远非如此,具体处理时应把气体中可能发生的所有过程分析清楚。

2.3.2　带电粒子的消失

带电粒子的产生和消失是紧密相连的。有时为了加强气体放电,希望增加带电粒子,使电离增强,或者增强气体的激励。有时又要抑制气体放电,减少带电粒子,甚至设法使它消失。

带电粒子的消失过程基本可分为两种:一种是"扩散",带电粒子逐渐离开它们原来的地方,逃逸到四周,或者扩散到容器的器壁上,不再参加放电的过程;另一种是"复合",正的带电粒子和负的带电粒子结合成中性的原子或者分子。

1. 带电粒子的扩散

扩散在气体放电中是一个重要因素,计算电子崩头部的电场高频放电等都要考虑这一现象。这一现象是由气体分子的无规则热运动引起的。浓度大的地方分子多,经过碰撞,分子逐步散开。等到容器中各处的气体浓度一样时,扩散停止,所以扩散是由气体分子的压力差或者分子的浓度差引起的。

扩散系数是分子流的速率和浓度梯度的比。梯度越大,流速越快。扩散系数可表示为

$$D = \frac{1}{3}\bar{\lambda}\bar{v} \qquad (2-34)$$

以 N_2^+ 离子的扩散为例，N_2^+ 离子在室温下的平均速度 $\bar{v} = 4 \times 10^4$ m/s。在 1 Torr[①] 气压时，它的平均自由程 $\bar{\lambda} = 5 \times 10^{-8}$ m。因此，$D \approx 60 \text{ cm}^2/\text{s}$。式(2-34) 是在假设浓度梯度不变的条件下得到的。这要求新的粒子不断输入高浓度区域，又要求从低浓度区域不断移去粒子。

通常，离子的浓度变化比气体的浓度变化小很多。例如，在标准状态下，离子浓度不超过 10^{18} m^{-3}，而气体浓度为 3×10^{25} m^{-3}。这一离子浓度相当于离子间平均距离为 10^{-6} m。在这样的情况下，静电力的作用是很小的。离子仍可以认为是一种"气体"，有一定的分压强。当它处于另一种气体中时，浓度分布不均匀从而引起扩散。因此，扩散系数公式也适用于带电粒子。

扩散系数的表达式指出，扩散系数和气体分子热运动平均速度 $\bar{v}$ 和平均自由程 $\bar{\lambda}$ 有关。而平均自由程和 T/p 成正比，平均速度和 $\sqrt{T}$ 成正比，所以扩散系数和气体的温度与压强有关，$D \propto T^{3/2}$，$D \propto 1/p$。温度越高，扩散系数越大，气体越容易扩散。扩散系数和压强成反比，气体压强越大，气体越难扩散。表2-6列出一些离子在自身气体中的扩散系数，条件是：温度为0，气体压强为1 Torr。

表 2-6　离子在自身气体中的扩散系数　　　　（单位：cm²/s）

气　体	D_-	D_+	气　体	D_-	D_+
空气(干燥)	32.7	22.0	N_2(干燥)	31.2	22.8
空气(潮湿)	26.6	24.3	CO_2(干燥)	19.8	18.2
O_2(干燥)	32.0	21.3	H_2	110.0	98.0
O_2(潮湿)	27.4	22.0	—	—	—

气体中电子的扩散系数要大很多，为 $10^5 \sim 10^8$ cm²/s。

在气体放电中，带电粒子常常被包含在球体、柱体或者薄层之内，它的扩散对于气体放电有很大的作用。在气体击穿理论中，要考虑电子崩头部的扩散。

如果粒子可以均匀地向三个方向扩散，即球形扩散，则粒子的平均平方位移可表示为

$$\bar{r}^2 = 6Dt \qquad (2-35)$$

如果粒子浓度从一薄层只向一个方向扩散，则粒子的平均平方位移表示为

$$\bar{x}^2 = 2Dt \qquad (2-36)$$

如果粒子由一柱体向 x 和 y 两个方向扩散，则粒子的平均平方位移表示为

----

① 　1 Torr = 1.333 22×10² Pa。

$$\bar{r}^2 = 4Dt \tag{2-37}$$

在讨论柱体通道中的放电时,这些公式是很重要的。如果电力槽通道中有电子及离子存在,那么电子的位移将比离子的位移大许多,因为电子的扩散系数比离子的扩散系数大 3 个数量级。

如果有轴向电场作用于扩散的电子,那么电子在 z 方向有一定速度,同时向 r 方向扩散。通道的形状将由式(2-38)规定:

$$r = \sqrt{\frac{4D_z}{v_z}} \tag{2-38}$$

式中,v_z 为电场方向的轴向速度,该速度给出了电子崩的形状。

2. 带电粒子的复合

在带电气体的电离源移走后,该电离气体会迅速趋向中性化,这是由带电粒子向器壁扩散及正负带电粒子在电离气体中的体积复合造成的,试验发现后一种过程是带电粒子损失的主要机制。

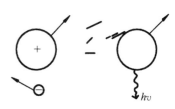

带电粒子的复合主要分为电子与正离子间的复合(图 2-13)和正负离子间的复合(图 2-14)两种。由于电子的荷质比很高,所以上述两种复合的性质有很大的差异。

图 2-13　电子与正离子间的复合

 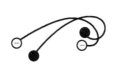 

(a) 正负离子之间的相对速度较大,不引起复合,但是由于静电作用,其轨迹不是直线,而是抛物线

(b) 两个离子速度不是很大,互相接近时,负离子的电子转到正离子上,使两个离子都成为中性

(c) 中和之后的两个中性粒子在热扩散中分开

图 2-14　正负离子间的复合

1) 电子和正离子间的复合

第一种复合方式是电子和正离子复合,该复合发出光子,它的频率和电子的动能相关。在这个过程中,除了由复合发出的辐射外,还有由电子从激励态跃迁到基态发出的辐射,这些光子对应该原子的特征线谱。

第二种离子与电子复合的方式是分解复合。一个“分子离子”和具有一定动能的电子结合之后,分子分解成两个或几个中性原子。这些中性原子不一定在基

态,多余的能量将转为原子的动能。以铯原子为例,其分解复合过程为

$$e + \frac{1}{2}mv^2 + Cs_2^* \rightarrow Cs^* + Cs + \left(-\frac{1}{2}mv^2\right)$$

当铯分子的离子和具有动能的电子复合时,铯分子将分解为两个铯原子。激励态的铯原子发射出光子之后回到基态。

$$Cs_2^* \longrightarrow Cs + \hbar\nu$$

第三种复合方式是双电子复合。一个自由电子被激发的原子捕获,多余的能量把另一个电子移动到高能级。这样,原子有两个电子处在高能级,称为复激励。这个过程不是很稳定。

第四种复合方式是三体复合,这个过程有两种方式:两个重粒子和一个电子之间发生碰撞,或者一个重粒子和两个电子之间发生碰撞,分别为

$$A^+ + B + e \longrightarrow A^* + B$$

$$A^+ + e + e \longrightarrow A^* + e$$

2) 正负离子间的复合

负离子与正离子的复合与上述复合方式不同,在相同温度下,负离子的速度比电子的小很多,而且正负离子具有相同的质量、电荷量和速度,相互作用的时间比较长,所以负离子与正离子的复合概率很高。

负离子和正离子之间的碰撞可通过三种途径使电荷中性化。

(1) 辐射复合:

$$X^- + Y^+ \longrightarrow XY + \hbar\nu$$

(2) 电荷交换:

$$X^- + Y^+ \longrightarrow X + Y$$

(3) 三体复合:

$$X^- + Y^+ + Z \longrightarrow XY + Z$$

前两种过程属于两体问题,只在低气压下才有显著的作用;而后一种属于三体问题,在高气压下才是主要的过程。

3. 带电粒子的电荷转移

原子与离子间的电荷转移是重粒子间一种基本的碰撞过程,通过第二类非弹性碰撞造成彼此位能转移的极限情况。电荷转移过程与离子碰撞使原子电离的过程在本质上是不同的,但是有相同的客观效果,即都产生了新的正离子。

A、B 两重粒子发生电荷转移碰撞的过程可表示为

$$A^+ + B \rightleftharpoons A + B^+ \pm \Delta E$$

$$A^+ + B \rightleftharpoons A + B^{+*} \pm \Delta E$$

$$A^+ + B^- \rightleftharpoons A^* + B^* \pm \Delta E$$

式中,B^{+*} 为受激发的正离子;A^*、B^* 为受激发原子;ΔE 为粒子相对运动的动能变化。

2.4 气体放电粒子间相互作用

根据粒子状态的变化,可以把粒子发生的碰撞分成弹性碰撞和非弹性碰撞两大类。

在发生碰撞时动量和能量是守恒的,即粒子发生碰撞前后的总动量和总能量是相等的。电子和完全电离的粒子只具有动能;原子和部分电离的粒子还具有势能,可以被激发、退激或电离。此时,可以认为它们的势能相应地发生了改变。所以,总能量(动能和势能之和)在碰撞中是守恒的。

如果发生碰撞的粒子内能不变,则总动能也不变,这种碰撞称为弹性碰撞。在弹性碰撞中,参与碰撞的粒子的位能不发生变化。例如,电子和原子之间发生弹性碰撞时,电子只把自己的部分动能交给原子,使两者的运动速度和方向发生变化,而原子不被激发和电离。这类碰撞主要发生在低能粒子间。

如果在碰撞过程中总动能不守恒,那么这种碰撞称为非弹性碰撞。在非弹性碰撞中,参与碰撞的粒子间发生了位能的变化。例如,具有足够动能的电子与原子碰撞,原子得到电子交出的动能,而被激发或电离,即原子的位能得到增加。通常把这种导致粒子体系位能增加的碰撞称为第一类非弹性碰撞。原子与原子、离子与原子、离子与离子之间都可以发生这类非弹性碰撞。

具有一定位能的粒子通过碰撞也可以交出自己的位能,同时使被碰撞粒子的动能得到增加。例如,被激发到亚稳态的原子与电子之间的碰撞,通过这种碰撞,原子回到基态,原子的激发能转化成电子的动能。通常把导致粒子体系位能减少的碰撞称为第二类非弹性碰撞,或称为超弹性碰撞。

光是一种电磁辐射,它的量子性称为光子。光的发射被吸收可以认为是光子与原子(或带电粒子)等粒子之间的相互作用,或者是它们之间发生了碰撞。这种碰撞称为辐射碰撞(Mcdaniel 1993;Throne 1988)。

2.4.1 弹性碰撞

1. 库仑碰撞

最简单的弹性碰撞过程是两个带电粒子 q_1 和 q_2 之间的库仑碰撞。电子与电

子、电子与离子或者离子与离子之间的碰撞都属于这个范畴。

小角度散射中,散射角 Θ 可表示为

$$\Theta = \frac{A}{E_R b^i} \qquad (2-39)$$

式中,E_R 为质心坐标系中的能量。小角度的微分散射截面可表示为

$$I(v_R,\ \Theta) = \frac{1}{i}\left(\frac{A}{E_R}\right)^{2/i} \frac{1}{\Theta^{2+(2/i)}} \qquad (2-40)$$

在库仑碰撞中,$i = 1$,换算(Lieberman et al.,1998)可以得到

$$I = \left(\frac{b_0}{\Theta^2}\right)^2 \qquad (2-41)$$

式中,$b_0 = \dfrac{q_1 q_2}{4\pi\varepsilon_0 E_R}$ 称为最接近的经典距离。也可精确地计算出这个微分散射截面:

$$I = \left[\frac{b_0}{4\sin^2(\Theta/2)}\right]^2 \qquad (2-42)$$

但是,由于库仑力属于长程相互作用,在小角度 Θ 上对 I 积分会导致无限大的散射截面和动量转移截面,所以必须给 b 设定一个上限 b_{max}。可以设该上限为 $b_{max} = \lambda_{De}$ 即等离子体中的一个电荷的德拜屏蔽距离。本书中更关注大角度 $\Theta \geq \pi/2$ 的散射截面。

在库仑碰撞中,有以下两种过程可以产生大角度散射角 Θ:

(1)导致粒子大角度散射的单一碰撞;

(2)由许多小角度散射过程积累造成的对粒子的大角度散射。

为了估计产生大角度散射的单一碰撞截面 $\sigma_{90}(\mathrm{sgl})$,对式(2-39)从 $\pi/2$ 到 π 积分,得

$$\sigma_{90}(\mathrm{sgl}) = \frac{1}{4}\pi b_0^2 \qquad (2-43)$$

为了估计多次碰撞积累效应产生的偏移角度为 $\pi/2$ 的截面 $\sigma_{90}(\mathrm{cum})$,首先计算单一碰撞的散射角的均平方 $\langle\Theta^2\rangle_1$,它是通过在所有可能的碰撞参数上对 Θ^2 求平均得到的。

$$\langle \Theta^2 \rangle_1 = \frac{1}{\pi b_{max}^2} \int_{b_{min}}^{b_{max}} \left(\frac{q_1 q_2}{4\pi\varepsilon_0} \right)^2 \frac{2\pi b \, db}{b^2} \qquad (2-44)$$

若将具有 πb_{max}^2 或更小截面的碰撞过程包括在内,则其每秒的碰撞次数是 $n_g \pi b_{max}^2 v_R$,其中,n_g 是靶粒子的密度。因为角度随时间的变化是扩散的,所以其可以写为

$$\langle \Theta^2 \rangle(t) = \langle \Theta^2 \rangle_1 n_g \pi b_{max}^2 v_R t \qquad (2-45)$$

当 $\langle \Theta^2 \rangle = (\pi/2)^2$ 时,令 $t = \tau_{90}$,可换算得

$$v_{90} = \tau_{90}^{-1} = n_g v_R \frac{8}{\pi} b_0^2 \ln \Lambda \qquad (2-46)$$

设 $v_{90} = n_g \sigma_{90} v_R$,则有

$$\sigma_{90} = \frac{8}{\pi} b_0^2 \ln \Lambda \qquad (2-47)$$

虽然 Λ 是个大数,但在本书讨论的等离子体中,Λ 的典型值是 $\ln \Lambda \approx 10$。

比较 $\sigma_{90}(\text{sgl})$ 和 σ_{90}。其中,$\sigma_{90}(\text{sgl})$ 是偏转角大于等于 $\pi/2$ 的单一碰撞截面;σ_{90} 是多次小角度碰撞的偏转角均方根等于 $\pi/2$ 的有效截面。由于库仑场有较大的作用范围,后者是前者的 $(32/\pi^2) \ln \Lambda$ 倍。因为截面 σ_{90} 较大,所以在弱电离等离子体中,电子与离子或离子与离子之间的碰撞过程会引起一定的作用。库仑碰撞的另一个重要特点是它的截面有很强的速度依赖性,从 $b_0 = \frac{q_1 q_2}{4\pi\varepsilon_0 E_R}$ 中可以看出,$b_0 \propto \frac{1}{v_R^2}$。这样,由 $\sigma_{90}(\text{sgl})$ 和 σ_{90} 的表达式有

$$\sigma_{90} \propto \frac{1}{v_R^4} \qquad (2-48)$$

因此,低速粒子的散射截面较大。当确定不同粒子在碰撞过程中的相对重要性时,需要知道粒子的温度。

2. 极化散射

在弱电离等离子体中,带电粒子与中性粒子之间的碰撞是主要的碰撞。电子和离子与中性粒子发生碰撞时都会被散射。对低能电子和离子来说,最主要的散射过程是相对短程的极化散射。高能电子与原子之间的碰撞时间较短,原子没有时间极化。这种情况下的散射过程更类似于库仑散射。

在气体放电中电子与原子间最易发生弹性碰撞(散射),在粒子间只交换动量,但不改变位能,也不交换电荷。在电子与原子的弹性碰撞中,截面与电子速度之间的依赖关系与低能量子效应有关。在低能时,一些气体的截面和能量的函数关系出现了共振结构。作为一个例子,图2-15给出氢气和氦气的截面与电子速度的简单关系。图2-15中使用称为碰撞概率 P_c 的归一化的截面单位,其定义为在1 Torr 和273 K 的气体中通过1 cm 路径的平均碰撞次数。用这样的单位,弹性碰撞频率可表示为

$$v_{el} = v p_0 P_c \qquad (2-49)$$

式中,$p_0 = 273p/T$。从图2-15中可以看出,在低能时,截面与硬球碰撞的截面类似,它与电子速度无关。在高能时,$\sigma \propto v^{-1}$,这种特征是由极化势决定的。

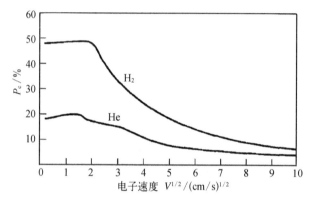

图2-15　电子在 H_2 和 He 中的碰撞概率 P_c

实际上,由于不同量子效应的影响,低能时的截面可能非常复杂,例如,在许多气体中,低能电子的量子力学波在原子附近的衍射导致弹性碰撞频率在某个较低的能量处有一个"空洞",即在该能量处,弹性碰撞有一个深的"低谷"。一些惰性气体中电子的弹性碰撞频率就存在这种现象,图2-16和图2-17是某些惰性气体中电子的弹性碰撞截面与电子速度的关系。由 $\frac{1}{2}mv^2 = eV$ 的关系,这里电子速度由 $V^{1/2}$ 表示。考虑到弹性碰撞截面与气压温度有关,为了有一个比较的标准,弹性碰撞截面是指气压为133 Pa、温度为0时的值。由图2-16和图2-17可见,只有当电子能量较小时,弹性碰撞截面才有较大的值,因为此时电子尚无足够的能量去激发或电离原子。对于惰性气体的截面,在较小电子能量时出现的极小值由冉绍尔效应所致。

图2-18和图2-19是离子与某些气体原子做弹性碰撞时的典型结果。从图2-18和图2-19也可以看出,在一定气体中,离子的弹性碰撞截面随离子质量的

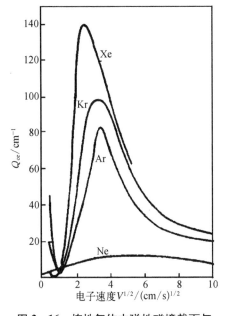

图 2 - 16　惰性气体中弹性碰撞截面与
　　　　　电子速度的关系

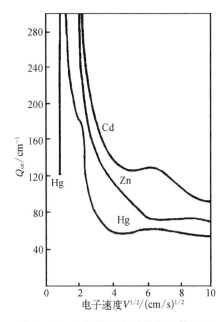

图 2 - 17　金属蒸气中弹性碰撞截面与
　　　　　电子速度的关系

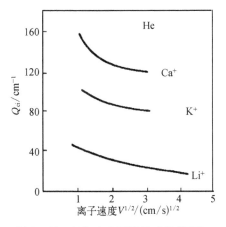

图 2 - 18　氦气中离子弹性碰撞截面与
　　　　　离子速度的关系

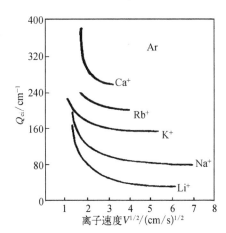

图 2 - 19　氩气中离子弹性碰撞截面与
　　　　　离子速度的关系

增加而增大,随离子动能的增加而降低,并趋近常数;对于同一种离子,其弹性碰撞截面随气体原子质量的增加而上升。

2.4.2　非弹性碰撞

1. 电子碰撞电离

若想正确地分析电子与原子碰撞所产生的电离过程,则必须使用量子力学。

但是,本小节将用经典力学的方法给电离过程一个简单的定量描述。其基本思路是:假设价电子是静止不动的,当具有速度 v 的入射电子与原子碰撞时,它的一部分能量会传递给价电子,这里需要确定传递给价电子的能量等于电离能时的条件。设 $q_1 = q_2 = -e$ 为电子电荷,$m_1 = m_2 = m$ 为电子质量,当发生小角度碰撞时,有

$$I(v, \Theta) = \left(\frac{e^2}{4\pi\varepsilon_0} \right) \frac{1}{E_R^2} \frac{1}{\Theta^4} \tag{2-50}$$

通过换算(Lieberman et al. ,1998)可得

$$\sigma_{iz} = \pi \left(\frac{e}{4\pi\varepsilon_0} \right)^2 \frac{1}{\xi} \left(\frac{1}{\xi_{iz}} - \frac{1}{\xi} \right), \quad \xi < \xi_{iz} \tag{2-51}$$

这就是汤姆孙(Thomson)截面。当 $\xi < \xi_{iz}$ 时,$\sigma_{iz} = 0$。当 $\xi = 2\xi_{iz}$ 时,电离截面达到最大值,为

$$\sigma_{iz}(\max) = \frac{\pi}{4} \left(\frac{e}{4\pi\varepsilon_0} \right)^2 \frac{1}{\xi_{iz}^2} \tag{2-52}$$

当 $\xi \gg \xi_{iz}$ 时,电离截面与 ξ^{-1} 成正比。

如果把电子轨道运动和它的径向分布的因素考虑进来,则可以利用经典力学方法重新估计 σ_{iz}。对此,Smirnov(1981)得到的结果是

$$\sigma_{iz} = \frac{\pi}{4} \left(\frac{e}{4\pi\varepsilon_0} \right)^2 \frac{1}{\xi} \left(\frac{5}{3\xi_{iz}} - \frac{1}{\xi} - \frac{2\xi_{iz}}{3\xi^2} \right), \quad \xi < \xi_{iz} \tag{2-53}$$

当 $\xi \approx 1.85\xi_{iz}$ 时,式(2-53)达到最大值,它是汤姆孙截面最大值的 2 倍。

从截面得到能量给定碰撞时的电离速率:

$$v_{iz} = n_g \sigma_{iz} v$$

当 $\xi \gg \xi_{iz}$ 时,电离速率与 v 成反比。通常情况下,和计算碰撞频率时一样,电离过程是由有一定能量分布的电子产生的。特别是当具有麦克斯韦分布的电子温度较低(如 $T_e = 4 \text{ eV}$)时,v_{iz} 的值对高能区的电子能量分布(高能尾部)非常敏感,这就意味着分布函数的形状对电离速率有很大影响。在分析放电中的粒子数平衡方程时,会看到这种影响及它给分析过程带来的困难。

2. 电子碰撞激发

用简单的经典力学方法可以估计一个给定能级 ξ_n 的激发截面。通过量子力学可知,电子碰撞激发到光学禁戒的能级(从该态通过电偶极辐射到基态的跃迁是

被禁止的)的截面要比激发到光学允许的能级的截面小,而且前者在达到峰值后随能量的增加下降速率高得多。

若要得到更准确的截面数据,则需要通过试验用交叉束的技术进行测量。作为一个例子,在图 2-20 中示出氩气放电中常用的电子弹性碰撞、电离和激发截面的试验测量数据。利用电离阈值 $\xi_{iz} = 15.76\,\mathrm{V}$,试验得到的电离截面与解析表达式的值非常吻合。考虑氩气具有 6 个价电子,它在 $\xi = 31.6\,\mathrm{V}$ 时得到最大值 $\sigma_{iz}(\max) \approx 3.9 \times 10^{-16}\,\mathrm{cm}^2$,而由图 2-20 给出的实例测量的截面峰值位置在 $\xi \approx 60\,\mathrm{V}$ 处,对应的 $\sigma_{iz}(\max) \approx 3.9 \times 10^{-16}\,\mathrm{cm}^2$。总激发截面的形状与电离截面的形状差不多,只是它向低能方向延伸得更远一些,这是因为平均激发能是 $\xi_{ex} \approx \dfrac{3}{4}\xi_{iz}$,氩原子的 $\xi_{ex} = 12.14\,\mathrm{V}$。另外,由于量子力学中的共振效应,当能量较低时,弹性散射截面数值会随能量发生剧烈的变化(即出现冉绍尔效应最小值)。因此,在这个能量范围内,既不能用硬球模型也不能用极化模型来描述氩气的弹性散射截面。在高能时电子可以穿入电子云,截面与速度的关系是 $\sigma_{ei} \propto v^{-2}$,由此可以推断散射是极化力和库仑力共同作用的结果。

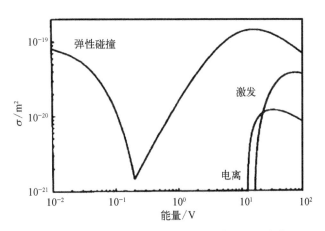

图 2-20　氩气放电中电子弹性碰撞、电离和激发截面

3. 离子与原子电荷转移

当正离子与原子碰撞时,正离子可以捕获原子的一个价电子,使原子中的电子转移给正离子。一般来说,碰撞前该价电子所处能级的能量不等于碰撞后在(新的)原子中所处的能级的能量,这就造成一个能量亏损 ΔE,当 $\Delta E \neq 0$ 时,参加碰撞的粒子的总动能不守恒。但是如果离子是该原子的电离产物,那么在发生电荷转移过程中能量亏损为零。以氙原子为例:

$$\mathrm{Xe}^*(\text{快}) + \mathrm{Xe}(\text{慢}) \longrightarrow \mathrm{Xe}(\text{快}) + \mathrm{Xe}^+(\text{慢})$$

这个过程称为共振电荷转移。在这个过程中,虽然离子的内部状态都发生了改变,但它们的总动能是守恒的。当碰撞的粒子能量较低时,共振电荷转移的截面很大,所以它是弱电离等离子体中一个很重要的过程,可参阅 Bransden 等(1992)。

图 2-21 示出惰性气体离子在它们自身气体中的共振电荷转移截面和弹性(极化)散射截面的试验测量值。因为在共振电荷转移过程中总动能是守恒的,所以该过程就如同一种弹性碰撞过程。

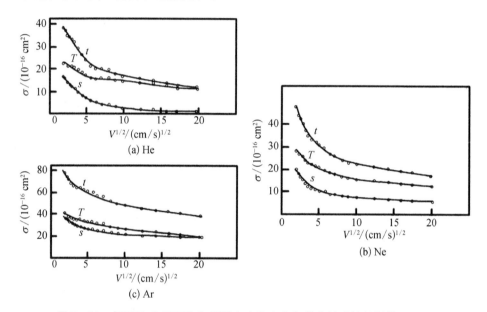

图 2-21 氦原子、氖原子和氩原子在它们自身气体中的弹性散射截面(s)、电荷转移截面(T)和这两个截面(t)的和的试验测量值

2.5 带电粒子在气体中的运动

2.5.1 热运动

带电粒子在无场空间里的热运动与中性粒子的热运动一样,可以用一个特征常数——平均自由程来描写。

如果一个粒子每秒钟平均碰撞了 n_1 次,当它的平均速度为 $\bar{v}$ 时,在一定方向上它运动 1 cm 平均碰撞了 n_i/v 次,根据总碰撞截面的物理意义,这个次数即等于 $N\sigma$。假设单位面积单位时间有 n_0 个粒子从一个狭缝(在 $x=0$ 处)射入气体,在一个粒子运动 $\mathrm{d}x$ 距离时与气体分子碰撞的数目为

$$N\sigma\mathrm{d}x = \frac{n_1}{\bar{v}}\mathrm{d}x \qquad (2-54)$$

如果 n 为运动了 x 距离而没有受到碰撞的粒子的数目,那么从 x 到 $x+dx$ 距离内从射束中散射出去的粒子数目(即在 dx 内进行过碰撞的粒子数)为

$$dn = -\frac{n_1}{\bar{v}}dx \cdot n = -N\sigma n dx \qquad (2-55)$$

式中,负号代表粒子数目的下降。

将式(2-55)积分,则有

$$n = A e^{-N\sigma x} \qquad (2-56)$$

由边界条件 $x = 0$, $n = n_0$ 可得

$$n = n_0 e^{-N\sigma x} \qquad (2-57)$$

参量 N 显然与粒子的平均自由程有关。

取 dn 是自由程在 $x \sim x + dx$ 的粒子数,因为粒子总数乘上平均自由程必定等于所有单个的自由程之和,所以平均自由程为

$$n_0 \bar{\lambda} = \int_0^\infty x dn$$

因为

$$dn = | \ dn \ | = N\sigma n dx = N\sigma n_0 e^{-N\sigma x} dx$$

所以

$$\bar{\lambda} = \int_0^\infty \frac{x N\sigma n_0 e^{-N\sigma x} dx}{n_0} = \frac{1}{N\sigma} \qquad (2-58)$$

即有

$$n = n_0 e^{-x/\bar{\lambda}} \qquad (2-59)$$

这就是自由程的分布函数,自由程的分布曲线是一条指数式下降的曲线(图 2-22)。自由程大于 1 个平均自由程的粒子数只有 37%,自由程为 3 个平均自由程的粒子数是非常少的。通过试验,测得 n/n_0 和 x 的关系,由式(2-59)就可以确

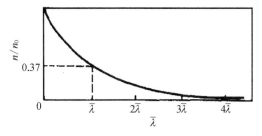

图 2-22　粒子按自由程分布函数

定带电粒子的平均自由程。因为粒子碰撞的平均自由程反比于相应的碰撞截面 σ,$\bar{\lambda} = 1/(N\sigma)$ 为气体粒子的浓度,所以可以从平均自由程得出带电粒子碰撞的有效截面。

2.5.2 扩散运动

很清楚,当把一种有气味的气体放进一个空间时,这气味会散布到空间的任何一个地方,这是有气味的气体分子因空间浓度的不均匀而在浓度梯度作用下由无规则的热运动而导致的结果。这种运动称为扩散。带电粒子在气体放电等离子体中也具有这种扩散现象,这种运动会直接影响气体放电的性质(McCaughey and Kushner,1989;Hammer and Rostoker,1970)。

假设在空间 P 点 dV 体积中粒子浓度 n 是均匀的,则其中粒子数有 ndV,在球面极坐标中粒子数为

$$ndV = nr^2\sin\theta dr d\theta d\varphi \qquad (2-60)$$

考虑来自 P 点 dV 处到达原点平面 dA(XY 平面内)上的粒子数,如果 ν 是粒子间的碰撞频率,则单位时间内由于碰撞离开 dV 的粒子数为

$$\nu ndV = \frac{\bar{v}}{\bar{\lambda}}ndV \qquad (2-61)$$

来自 dV 而能到达 dA 的粒子数目由两个因素决定:一是粒子各向同性地离开 dV,即在整个空间(4π 立体角内)均匀地离开 dV,这些粒子中有 $\dfrac{dA}{4\pi r^2}\cos\theta$ 部分能到达 dA;二是从 dV 出发的粒子会与其他粒子碰撞,而受碰撞的粒子不可能再到达 dA。根据粒子的自由程分布的统计规律可知,只有 $e^{-r/\bar{\lambda}}$ 部分才能到达 dA。所以综合上述两个因素,单位时间内离开 dV 到达 dA 的粒子数为

$$\frac{dA\cos\theta}{4\pi r^2}e^{-r/\bar{\lambda}}n\frac{\bar{v}}{\bar{\lambda}}dV$$

那么从整个上半空间体积中通过 dA 的净的粒子数为

$$\begin{aligned}
JdA &= \int_0^\infty \int_0^{2\pi} \int_0^{\pi/2} \frac{\bar{v}}{\bar{\lambda}}n\frac{dA\cos\theta}{4\pi r^2}e^{-r/\bar{\lambda}}r^2\sin\theta d\theta d\varphi dr \\
&= \frac{1}{4\pi}\frac{\bar{v}}{\bar{\lambda}}ndA\int_0^\infty \int_0^{2\pi} \int_0^{\pi/2} \cos\theta\sin\theta d\theta d\varphi e^{-r/\bar{\lambda}}dr \qquad (2-62)\\
&= \frac{1}{4}n\bar{v}dA
\end{aligned}$$

原点用泰勒(Taylor)级数展开,并忽略高次项,取 Θ 的积分限从 $\theta = 0$ 到 $\theta = \pi$,取 $n = n(z)$,而 $z = r\cos\theta$,为了积分方便,取 $\mu = \cos\theta$,可得

$$J = \frac{\bar{v}}{2\bar{\lambda}} \int_0^\infty n e^{-r/\bar{\lambda}} dr \int_{-1}^1 \mu d\mu$$

积分有

$$J = \frac{\bar{v}\bar{\lambda}}{3}\left(-\frac{dn}{dz}\right) \qquad (2-63)$$

因为 J 和 n 的浓度梯度方向相反,如果 $\dfrac{dn}{dz} > 0$,则 $J < 0$,这表示粒子有向下的净流动,所以有

$$J = -D\frac{dn}{dz} \qquad (2-64)$$

扩散系数

$$D = \frac{1}{3}\bar{v}\bar{\lambda} \qquad (2-65)$$

当总粒子在三维(3D)空间变化时,则有

$$J = -D\nabla n \qquad (2-66)$$

J 表明了流动的方向,而且也显示出单位时间内流过垂直于流动方向单位平面的粒子净数值。

以上讨论的情况是浓度不随时间变化的场合,实际情况下粒子的浓度梯度也随时间而变化,这里不再做详细讨论。表 2-7 给出标准条件下一些离子在其自身气体中的扩散系数的试验数据。

表 2-7 标准条件下一些离子在其自身气体中的扩散系数的试验数据

气 体	$D_+ /(10^{-4} \text{ m}^2/\text{s})$	$D_- /(10^{-4} \text{ m}^2/\text{s})$	D_- /D_+
空气	0.028	0.043	1.54
氮气	0.029	0.041	1.41
二氧化碳	0.023	0.026	1.13
氢气	0.123	0.190	1.54
氧气	0.026	0.039	1.50

2.5.3　漂移运动

当气体中存在电场时,其中带电粒子的运动与它们的无规则热运动有所不同,即在电场作用下在粒子的热运动上又叠加沿电场方向的定向运动。后一种运动称为带电粒子的漂移运动。在放电空间中存在正负带电粒子和中性粒子,在均匀电场作用下正负带电粒子做定向运动,正离子向阴极方向运动,电子和负离子向阳极方向运动。

可以用单位强度电场作用下的粒子漂移速度来表征它的运动状态,即迁移率 μ,其单位为 $m^2/(V \cdot s)$。

$$\mu = v_d/E \qquad (2-67)$$

在气体放电中同时存在电子和离子,由于电子的漂移速度比离子的大 3~4 个数量级,所以可以认为放电电流主要是电子漂移运动的结果。

下面具体讨论离子和电子在电场中的漂移运动。

1. 离子的漂移运动

最简单的弹性碰撞过程是两个带电粒子 q_1 和 q_2 之间的库仑碰撞。电子与电子、电子与离子或者离子与离子之间的碰撞都属于这个范畴。

1) 离子在同种气体中的漂移运动

在此给出下列假设:

(1) 离子的自由程唯一地取决于离子与气体原子的碰撞截面,换言之,粒子间的碰撞可以看作刚体球之间的碰撞,也就是说自由程与电场强度无关;

(2) 所有发生的碰撞完全是弹性碰撞,这就要求离子在 E/P 很小的条件下运动;

(3) 在发生一次碰撞之后,离子在电场方向的动能全部损失,这相当于离子与原子碰撞之后,在电场作用下它的速度从零开始增长;

(4) 离子的漂移速度比气体热速度小很多,也就是说电场给予离子的能量要比气体的温度(热能)给予的小很多。

据此,离子迁移率可表示为

$$\mu_i = \frac{v_{ai}}{E} = 0.64 \frac{e\bar{\lambda}}{M\bar{v}} \qquad (2-68)$$

由于 $\bar{\lambda}$ 反比于粒子浓度 N,$N = P/(KT)$,而 $\bar{v} \propto \sqrt{KT}$,所以 $\mu_i \propto KT/P$。由此简单推理可知,在一定 T 下 $\mu_i \propto 1/P$,而在一定 P 下 $\mu_i \propto \sqrt{KT}$。对此结论,前者已经被试验证实了,后者尚未得到试验证明。

2) 离子在其他气体中的漂移运动

郎之万(Langevin)根据严格的气体运动论,分析推导出离子在其他气体中的

迁移率为

$$\mu_i = 0.815 \frac{e\overline{\lambda}}{M\overline{v}}\left(\frac{M + M_a}{M}\right)^{\frac{1}{2}} \qquad (2-69)$$

式中,M 和 M_a 分别为离子和气体原子的质量;$\overline{v}$ 为离子的均方根速度;$\overline{\lambda}$ 为离子在气体中的平均自由程。从式(2-69)可知,在某一定气体中各种不同质量的离子的迁移率 μ_i 应该随离子质量 M 的增加而降低。

　　在式(2-69)推导时,认为离子在受到碰撞后其速度并不为零,即在电场方向离子有一定的初速度,因此该式更接近实际。从式(2-69)可见,μ_i 与电场强度 E 无关。这个结论已经为试验所证实。当 E/P 增大时,μ_i 将与 E 有关。

　　2. 电子的漂移运动

　　电子在电场中的漂移运动由于它本身的特性会与离子的情况有很大的差异。这首先反映在电子的质量比离子的小很多,因此电子的平均热速度要比原子和离子都大。当电子与原子、离子做弹性碰撞时,每次碰撞后电子只损失很小一部分动能,电子仍有很大的能量。其次电子在外界电场作用下得到的能量远远大于它们的平均热运动能量,因此当电子在电场作用下继续运动时,电子从电场获得的能量可以积累起来。这样,电子的漂移速度将远大于它的平均无规则运动的速度,也远大于离子的漂移速度。此外,电子和原子的碰撞截面与离子和原子的碰撞截面相比也有很大差异,这对它们的漂移影响也是很大的,所以在处理电子漂移运动时,不能像离子那样把粒子间碰撞看作刚性球体之间的碰撞,于是对电子漂移运动的理论分析要复杂得多。

　　如前面所述,在离子的漂移运动中,离子的漂移速度与作用电场强度呈线性关系,因此可以用一个迁移率常数来描述离子的漂移运动。但是对电子来说,只有在很小的电场强度范围内,电子的漂移速度与作用电场强度之间才存在这样简单的线性关系。严格来说,用电子迁移率这一术语不太确切,只能认为这个量已不再是一个常数,而是一个随电场变化很大的函数。

　　关于电子在气体中的漂移可以分析讨论如下。

　　如果把电子云突然放进某一中性气体中,这些电子与气体原子相互作用,最终达到一定的速度分布,相应的电子温度将与气体的温度一致,即电子与气体原子达到热平衡。这是因为电子在气体中扩散,在大量的无规则碰撞中有的电子得到能量,有的电子损失能量,它们所进行的能量交换是非常充分的。如果在电子云上作用一个电场,则该平衡会遭到破坏。因为电子在与气体做弹性碰撞时交给原子的能量很少,它们从电场获得的能量主要通过电子与电子间的相互作用变成它们自身无规则运动的热能,所以提高了电子的温度。在 E/P 比较低的情况下,这里仅发生弹性碰撞,电子在电场作用下的定向运动转变成热运动,电子的漂移运动还是慢的。

假设电子是在低电场作用下从静止开始运动的,则在电子运动 x 距离处,它从电场得到的能量为

$$\frac{1}{2}mv_{de}^2 = eEx \tag{2-70}$$

该距离 x 可以用电子的“最终”速度 v_{de} 来表示

$$x = \frac{mv_{de}^2}{2eE} \tag{2-71}$$

对于 n 个电子进入气体,自由程在 $x \sim x + dx$ 的电子数目为

$$dn = \frac{n_0}{\lambda}e^{-x/\bar{\lambda}}dx \tag{2-72}$$

可见,电子具有“最终”速度在 $v_{de} \sim v_{de} + dv_{de}$ 的数目为

$$dn = \frac{n_0}{\bar{\lambda}}e^{-mv_{de}^2/(2eE\bar{\lambda})}\frac{mv_{de}}{eE}dv_{de} \tag{2-73}$$

于是可以求得这些电子的平均速度为

$$\bar{v}_{de} = \int_0^n \frac{v_{de}dn}{n_0} = \frac{m}{eE\bar{\lambda}}\int_0^\infty v_{de}^2 e^{-mv_{de}^2/(2\bar{\lambda}eE)}dv_{de}$$

$$= \left(\frac{\pi\bar{\lambda}eE}{2\,m}\right)^{\frac{1}{2}} \tag{2-74}$$

所以电子的迁移率为

$$\mu_e = \frac{\bar{v}_{de}}{E} = \left(\frac{\pi\bar{\lambda}e}{2\,mE}\right)^{\frac{1}{2}} \tag{2-75}$$

显然 μ_e 与 E 有关。在较高的电场作用下,电子与原子也会发生非弹性碰撞,这将使电子速度减小,μ_e 也将相应减少。

事实上,由于电子在电场作用下一面做漂移运动,一面做扩散运动,所以电子的扩散系数比离子的大很多。因此,在分析电子在电场中的运动时,必须要包括它们的扩散运动。

下面就来讨论一群电子在均匀恒定电场的作用下在气体分子中的运动问题。这里电子进行两种运动：无规则热运动和漂移运动（电子群质心在电场方向的运动）。电子的无规则运动反映在电子群从其质心向外的扩散运动上。在讨论这两种运动时，需要进行以下假设：

（1）电子在相继两次碰撞之间做直线运动；

（2）碰撞将使电子在直线飞行方向上突然转向；

（3）碰撞时间比电子的飞行时间小得多。

取 $t = 0$ 时在 $x = 0$ 处的电子数为 n_0，如果有 n 个电子到达 x 处，并且在 $x \sim x + \mathrm{d}x$ 电子因散射而被移走 $\mathrm{d}n$ 个电子，则

$$\mathrm{d}n = - N\sigma(v)n\mathrm{d}x \tag{2-76}$$

式中，N 为气体的浓度；$\sigma(v)$ 为电子与气体原子碰撞的截面，它是电子速度的函数。

通过计算，可得在飞行 x 距离后在 $x \sim x + \mathrm{d}x$ 偏离电场 E 方向的电子数为

$$\frac{\mathrm{d}n}{n_0} = \left[\frac{1}{\lambda} + \frac{1}{\lambda^2} \frac{\mathrm{d}\lambda}{\mathrm{d}v} \left(\int \Delta v \frac{\mathrm{d}x}{\lambda} - \Delta v \right) \right] \mathrm{e}^{-\frac{x}{\lambda}} \mathrm{d}x \tag{2-77}$$

为了计算时间 $\mathrm{d}t$ 内在电场 E 作用下电子群质心的位移，必须先决定在电场 E 方向每个自由程的位移，再乘上 $\mathrm{d}t$ 时间内每个电子所经过的自由程的数目 $(v/\lambda)\mathrm{d}t$ 和电子的数目 $\mathrm{d}n_v$。

所有从原点射出的电子在经过一个自由程距离后的平均位移，也即电子群中一个电子在进行大量无规则碰撞后的平均位移可表示为

$$\frac{1}{4\pi} \iiint \left[r\cos\theta + \frac{1}{2} \frac{eE}{m} \left(\frac{r}{v} \right)^2 \sin^2\theta \right] \cdot$$

$$\left[\frac{1}{\lambda} + \frac{1}{\lambda^2} \frac{\mathrm{d}\lambda}{\mathrm{d}v} \frac{eE\cos\theta}{m} \frac{r}{v} \left(\frac{1}{2\lambda} - 1 \right) \right] \mathrm{e}^{-r/\lambda} \sin\theta \mathrm{d}\theta \mathrm{d}r \mathrm{d}\varphi$$

$$= \frac{2}{3} \frac{eE}{m} \left(\frac{\lambda}{v} \right)^2 + \frac{1}{3} \frac{eE}{m} \left(\frac{\lambda}{v} \right) \left(\frac{\mathrm{d}\lambda}{\mathrm{d}v} \right)$$

$$= \frac{1}{3} \frac{eE}{m} \left(\frac{\lambda}{v} \right) \frac{1}{v^2} \frac{\mathrm{d}}{\mathrm{d}v} (\lambda v^2) \tag{2-78}$$

图 2-23 表示 $\mathrm{d}n_v$ 个电子的质心经过一个平均自由程后在电场方向的运动情况，可以认为电子群的质心从 O 移到 O_1，OO_1 由式（2-78）决定。

对于所有的 $\mathrm{d}n_v$ 个电子，为了得到位移的总和 $z\mathrm{d}n_v$，整个电子群质心在单位时间内的位移，即漂移速度为

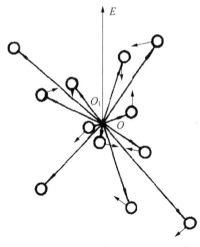

图 2 - 23   电子群质心的运动示意图

$$v_{de} = \frac{1}{n_v}\int_0^\infty z\mathrm{d}n_v = \int_0^\infty z\frac{\mathrm{d}n_v}{n_v}$$

$$= \frac{1}{3}\frac{eE}{m}\int_0^\infty \frac{1}{v^2}\frac{\mathrm{d}}{\mathrm{d}v}(\lambda v^2)\mathrm{d}n_v$$

$$= \frac{1}{3}\frac{e}{m}E\overline{\left[v^{-2}\frac{\mathrm{d}}{\mathrm{d}v}(\lambda v^2)\right]} \quad (2-79)$$

该方程可以用碰撞截面写出,由 $\sigma = \dfrac{1}{\lambda N}$,有

$$v_{de} = \frac{1}{3}\frac{3}{m}\frac{E}{N}\overline{\left[v^{-2}\frac{\mathrm{d}}{\mathrm{d}v}\left(\frac{v}{\sigma}\right)^2\right]} \tag{2-80}$$

如果 λ 或 σ 与 v 无关,则式(2-80)可写为

$$v_{de} = \frac{2}{3}\frac{eE}{m}\overline{\lambda v^{-1}} \tag{2-81}$$

式中, $\overline{\lambda v^{-1}}$ 是 λv^{-1} 的平均值。由此可见,对于气体中在电场作用下电子的漂移运动用 v_{de} - E/P 来直接描述更为确切。

从上面的分析讨论可以看到,在大多数输运过程中,电子的漂移运动和扩散运动同时在起作用,为此必须了解它们之间的关系。

因为 $D = \dfrac{1}{3}\overline{\lambda}\overline{v}$,而 $v_{de} = \dfrac{2}{3}\dfrac{eE}{m}\dfrac{\overline{\lambda}}{\overline{v}}$,电子的平均能量为 $\dfrac{1}{2}m\overline{v}^2 = KT$,所以

$$\frac{D}{v_{de}} = \frac{m\overline{v}^2}{2eE} = \frac{KT}{eE} \tag{2-82}$$

即有

$$\frac{D}{\mu_e} = \frac{KT}{e} \tag{2-83}$$

可见, D/μ_e 有电子能量的量纲,所以称为特征能量,这就是熟知的爱因斯坦关系式。从上面的讨论可以清楚地看到,在气体原子中带电粒子在电场作用下会产生扩散运动和漂移运动,其根本原因在于它们之间交换着能量和变更着位置,带电粒子的扩散运动和漂移运动反映气体放电的宏观性质。

2.5.4 双极性扩散运动

在前面讨论了带电粒子在气体中的扩散运动和漂移运动,但是没有涉及正负带电粒子之间的相互作用。当带电粒子的浓度达到 10^{14} m^{-3} 量级时,实际上不能再忽略正负带电粒子之间的相互作用。在气体放电等离子体中,带电粒子是正离子和电子,它们的浓度近似相等。下面就讨论气体放电等离子体中的双极性扩散问题。

试验发现,气体放电等离子体中会出现正负电荷分离现象,对此应该从电子运动的特性来分析。在相同的电场作用下,电子比离子轻得多,电子比离子得到更大的加速,所以电子运动得更快;在浓度梯度作用下,电子比离子扩散得快,即使在热平衡状态下也是如此,这是因为电子的扩散系数比离子的大。这种现象发生的根本原因在于电子的 D/μ 值比离子的大很多。在实际的放电室中,这两个效应使电子一开始就比离子更快地到达放电边界;在电子移走后,放电中留下过剩的离子使放电空间出现过剩的正电荷。一旦出现了电荷分离,在电子空间电荷和正离子空间电荷之间就存在电场,该电场趋向于减速电子和加速正离子。最后达到稳定的条件是正负两种粒子以相同速度扩散,这里粒子的极性似乎变得不重要。这样的扩散称为双极性扩散。

如果在空间 $t = 0$ 时,有一种任意浓度分布的情况,见图 2-24(a),则根据上述分析,在 $t = t'$ (t' 代表任意不等于 0 的时刻)时,可以预期浓度分布变成如图 2-24(b) 所示。这里每种粒子的速度应该包括两部分。一部分是由正常热扩散(自由扩散)引起的,而另一部分是在两种空间电荷之间的电场 E 作用下由漂移引起的。因此,在某一方面正离子的速度为

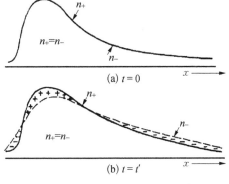

(a) $t = 0$

(b) $t = t'$

图 2-24 电子群质心的运动示意图

$$v_i = \mu_e E - \frac{D_i}{n_i} \frac{\partial n_i}{\partial x} \qquad (2-84)$$

而电子的速度为

$$v_e = -\mu_e E - \frac{D_e}{n_e} \frac{\partial n_e}{\partial x} \qquad (2-85)$$

在放电中,这种粒子流动引起的空间电荷分布的变化还是很小的,所以还可以认为

$$n_i \approx n_e = n, \qquad \frac{\partial n_i}{\partial x} \approx \frac{\partial n_e}{\partial x} = \frac{\partial n}{\partial x}$$

在稳定条件下，$v_i = v_e = v$，于是可以解得

$$v = -\frac{D_i \mu_e + D_e \mu_i}{n(\mu_i + \mu_e)} \frac{\partial n}{\partial x} \qquad (2-86)$$

粒子通量：

$$J = nv = -D_a \frac{\partial n}{\partial x}$$

因为

$$\frac{\partial n}{\partial t} = \nabla \cdot nv$$

所以

$$\frac{\partial n}{\partial t} = -D_a \frac{\partial^2 n}{\partial x^2}$$

即

$$D_a = \frac{D_i \mu_e + D_e \mu_i}{\mu_e + \mu_i} \qquad (2-87)$$

式（2-87）称为双极性扩散方程。定义 D_a 为双极性扩散系数，这是两种符号的带电粒子相互作用且两者一起扩散的扩散系数，也是一个平均扩散系数。

从上面的分析讨论可以清楚地看到，在放电中电子的扩散会受到离子的影响，或者可以说在放电中电子的扩散是它本身的扩散和在一定电场中电子漂移的共同结果，该电场是电子与离子分离产生的。所以，双极性扩散就其本质来说是两种符号带电粒子的串流扩散。

如果两种带电粒子具有相同温度，即 $T_i = T_e = T$，则从爱因斯坦关系式可得

$$\frac{D_i}{\mu_i} = \frac{D_e}{\mu_e} = \frac{KT}{e} \qquad (2-88)$$

于是有

$$D_a = \frac{2D_i \mu_e}{\mu_e + \mu_i} \approx 2D_i \qquad (2-89)$$

如果 $T_e \gg T_i$，则有

$$\frac{D_e}{\mu_e} \gg \frac{D_i}{\mu_i}$$

$$D_a \approx D_e \frac{\mu_i}{\mu_e} = \frac{KT}{e}\mu_i \qquad (2-90)$$

根据上述粒子运动机理的讨论,还可以导出空间电荷之间的电场 E。稳定条件下有

$$-\mu_e E - \frac{D_e}{n_e}\frac{\partial n_e}{\partial x} = \mu_i E - \frac{D_i}{n_i}\frac{\partial n_i}{\partial x} \qquad (2-91)$$

由电中性条件 $n_e \approx n_i$ 可得

$$(\mu_i + \mu_e)E = \left(D_i - D_e \frac{1}{n}\frac{\partial n}{\partial x}\right)$$

即

$$E = \frac{D_e - D_i}{\mu_e + \mu_i}\frac{1}{n}\frac{\partial n}{\partial x} \qquad (2-92)$$

双极性扩散的理论用于了解辉光放电和微波放电的特性是很成功的。

参考文献

徐学基,诸定昌,1995. 气体放电物理. 上海:复旦大学出版社.

杨津基,1981. 气体放电. 北京:科学出版社.

Boswell R W, 1970. Plasma production using a standing helicon wave. Physic Letter A, 33(7): 457−458.

Bransden B H, Joachain C J, 1983. Physics of atoms and molecules, 2nd ed. New York: Pearson.

Bransden B H, Mcdowell M R C, 1992. Charge exchange and the theory of ion-atom collision. Oxford: Clarendon Press.

Carmen R J, Mildren R P, 2003. Computer modeling of a short-pulse excited dielectric barrier discharge xenon excimer lamp (172 nm). Journal of Physics D Applied Physics, 36(1): 19−33.

Chen F F, 1991. Plasma ionization by helicon waves. Plasma Physics and Controlled Fusion, 33(4): 339.

Crichton B H, 1996. Gas discharge physics. IEE Colloquium on advances in HV Technology. New York: HV Technology.

Hammer D A, Rostoker N, 1970. Propagation of high current relativistic electron beams. The Physics of Fluids, 13(7): 1831−1850.

Lieberman M A, Boswell, R. W, 1998. Modeling the transitions from capacitive to inductive to wavesustained rf discharges. Le Journal de Physique IV, 8: 145 - 164.

Massey H S W, Gilbody H B, Smith F T, 1975. Electronic and ionic impact phenomena, 2nd ed. Planetary & Space Science, 7(23): 1127.

McCaughey M J, Kushner M J, 1989. Simulation of the bulk and surface properties of amorphous hydrogenated silicon deposited from silane plasma. Journal of Applied Physics, 65(1): 186 - 195.

Mcdaniel E W, Mitchell J B A, Rudd M E, et al., 1994. Book-review-atomic collisions-heavy particle projectiles. New York: Astrophysics and Space Science.

Petersohn D, 1995. Principles of plasma discharges and materials processing. Material & Corrosion, 46(9): 551.

Smirnov B M, 1981. Physics of weakly ionized gases: problems and solutions. New York: Mir Publisher.

Throne A A, 1988. Spectrophysics. Berlin: Springer Netherlands.

第3章
等离子体产生原理及方法

3.1　气体放电概述

通过某种机制使一个或几个电子从气体原子或分子脱附而形成的气体介质称为电离气体,电离气体中含有电子、离子和中性原子或分子。如果由外电场参与电离气体,并且形成传导电流,则将这种现象称为气体放电。按电离程度,电离气体可分为弱电离气体(只有很少的原子或分子被电离)、部分电离气体(部分原子或分子被电离)和完全电离气体(几乎所有的原子或分子被电离)三种。气体放电现象由威廉于1672年在旋转硫磺球上首次发现;1802年彼得洛夫发现了电弧放电。1889年帕邢揭示了击穿电压与极间距离之间的依赖关系;1910年,汤生对直流气体放电进行了研究,发现了直流气体击穿的判据(杨津基,1983)。1929年,朗缪尔等从气体放电出发,提出了等离子体的概念,开创了等离子体物理学的研究先河(Chen,1980)。

在气体原子被激发和电离过程中,激发和电离的必要条件是碰撞粒子的动能必须大于或等于被碰撞粒子的激发能或电离能。气体原子被激发和电离主要有以下四种途径:① 电子与气体原子碰撞导致的激发和电离。② 原子和离子与气体原子碰撞导致的激发和电离。③ 光致激发和光致电离,这种现象可以解释为光子与原子"碰撞"使原子产生了激发和电离,碰撞后光子把能量交给原子而自身不再存在。光致电离过程是一个可逆过程,发生的必要条件是光子的能量大于或等于原子的激发能或电离能。④ 热激发和热电离。对气体粒子体系加温,当气体温度升高时,气体分子的内能增加,从而使气体粒子被激发或电离(马腾才等,2012)。

3.1.1　气体放电中的碰撞过程

气体放电过程中一般存在六种基本粒子:光子、电子、基态原子(或分子)、激发态原子(或分子)、正离子和负离子。气体放电的现象是带电粒子、光子和气体原子等基本粒子之间,以及它们与电极之间相互碰撞的结果,其中,最普遍、最基本的是电子与气体原子的碰撞。不同于传统意义上的碰撞,如两个钢球之间的碰撞必须使二者相互接触,带电粒子间碰撞的概念则比较广泛,只要粒子受到其他粒子的作用使其物理状态发生了变化,就可以认为带电粒子之间发生了碰撞。如粒子的电离位能发生了变化、运动状态发生了变化及极性发生了变化等。

带电粒子间的碰撞按粒子状态发生的变化分为弹性碰撞和非弹性碰撞(胡志强等,1985)。弹性碰撞是指碰撞粒子的电离能不发生变化,非弹性碰撞是指粒子的电离能在碰撞的过程中发生了变化。低能电子与原子之间发生的碰撞为弹性碰撞,在碰撞中电子失去动能,原子获得动能,使二者的运动方向和速度发生变化,但原子不会发生电离和激发。当拥有足够高动能的电子与原子发生碰撞时,电子会将自身所携带的一部分能量交给原子,使原子的最外层电子被激发成不受约束的自由电子,即原子被电离或激发。通常把这类导致粒子体系位能增加的碰撞称为第一类非弹性碰撞。当电子与激发到亚稳态的原子发生碰撞时会使原子回到基态,同时原子的激发能会转化为电子的动能,通常把这类碰撞称为第二类非弹性碰撞。

以氙气为例,电子与氙原子碰撞发生的主要化学反应有

$$e + Xe \longrightarrow e + Xe \qquad (弹性碰撞) \qquad (3-1)$$

$$\tilde{e} + Xe \longrightarrow e + Xe^* + \Delta E \qquad (激发过程) \qquad (3-2)$$

$$\tilde{e} + Xe \longrightarrow 2e + Xe^+ + \Delta E \qquad (电离过程) \qquad (3-3)$$

式中, e 为慢电子; $\tilde{e}$ 为快电子; Xe 为氙原子; Xe^* 为处于激发态的氙原子; Xe^+ 为氙离子; ΔE 为碰撞后电子、原子或离子的动能。气体放电过程中起决定作用的是电子与原子的碰撞电离(杨津基,1983)。这是由于带正电荷的离子与原子碰撞电离的概率非常小,而电子与原子做非弹性碰撞时电子的动能几乎可以全部用来激发和电离原子。此外,当电子与正离子或原子具有相同动能时,由于电子的质量小于正离子或原子的质量,所以其速度远大于离子或原子的速度。当与原子发生碰撞时,电子能够很快将自身的能量转移给原子后离开,使原子的外层电子被电离成电子。当正离子或原子与原子发生碰撞时,原子有可能被电离,碰撞粒子离开时,被碰撞原子的电子轨道又可能恢复到正常状态。综上所述,在气体放电过程中,电子与原子的碰撞电离占主导地位(胡志强等,1985)。

在碰撞问题中有两个比较重要的物理概念,即碰撞平均自由程和碰撞截面。在图 3-1 中,粒子用 2 表示,它的半径为 r_2,运动的带电粒子 1 的半径为 r_1。在带电粒子 1 通过粒子 2 附近时,如果两个球心的距离等于或小于 $r_1 + r_2 \leqslant R$,则带电粒子 1 和粒子 2 相碰。所以,以带电粒子 1 所走的折线 a、b、c、d 为中心线,落在圆柱体体积 $\pi (r_1 + r_2)^2$ 中粒子 2 的个数就代表带电粒子 1 与粒子 2 碰撞的次数。用 z 表示经过单位距离其发生碰撞的次数, N 表示粒子 2 的密度,则

$$z = \pi(r_1 + r_2)^2 N \qquad (3-4)$$

它的倒数,即代表两体碰撞之间走过的路程,称为平均自由程,即

$$\lambda = \frac{1}{\pi(r_1 + r_2)^2 N} \qquad (3-5)$$

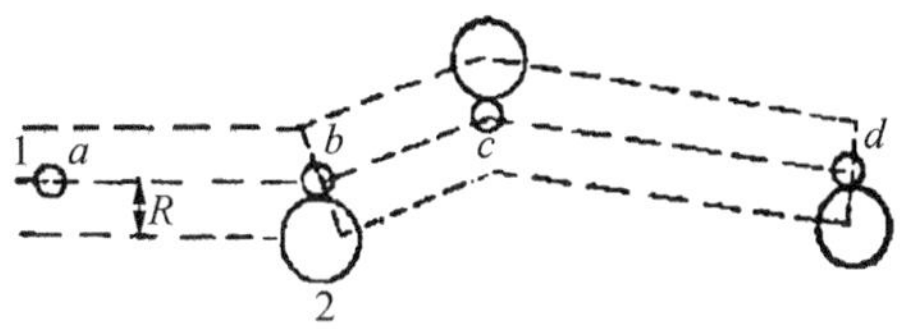

图 3-1　粒子碰撞示意图

在圆柱截面内 $\pi(r_1 + r_2)^2$,带电粒子 1 和粒子 2 将发生碰撞,这个截面就称为碰撞截面,而实际上碰撞截面和粒子的能量有关。

3.1.2　磁场对碰撞的影响

带电粒子的两体碰撞和碰撞前后粒子的力学状态有关,中性粒子碰撞前后的运动轨迹可以很好地当作直线运动。但是在磁场中,特别是强磁场中的带电粒子,在无碰撞时做回旋运动,当回旋半径小于德拜半径时,它对带电粒子在屏蔽库仑场作用下速度和方向的偏转会有额外的贡献。粒子回旋轨道的改变会影响碰撞频率的计算。磁场对碰撞频率的影响主要表现在这两个做回旋运动的带电粒子的相对速度与磁场的方向上,只有速度平行于磁场的部分才对碰撞有贡献。考虑磁场的修正后,磁场中的碰撞频率比相应的无磁场情况要小,在磁场很强时,粒子间的碰撞频率与无磁场时的情况相比甚至会减小 50%(马腾才等,2012)。

3.1.3　低温离子源

气体电离产生离子的方式很多,任何一种能够提供必要能量使中性原子电离的方式都可以称为一种离子源。下面简单介绍几种常见的离子源(徐学基等,2006)。

1. 容性耦合放电离子源

传统的电容耦合等离子体(capacitively coupled plasma,CCP)的结构比较简单,它由一个真空室和置于真空室中的一对平行金属极板组成,两个金属极板之间的间隙为 2~10 cm。由于这种结构很像电路中的电容器,所以将其称为容性耦合等离子体源。最初的 CCP 装置采用单射频电源来驱动放电,即单频 CCP。一个电极连接至射频电源,另一个电极接地。通电以后,在射频电场的作用下,气体中游离的电子会获得能量与其他气体分子(原子)发生碰撞电离出新的电子。当电场足够强时,会造成气体的击穿形成稳定的放电。同时,两个电极之间交变的电压差会在电极附近形成非电中性的鞘层,鞘层随着电源电压的周期变化而振荡,进而加热电子,即发生随机加热过程;获得加速的电子运动到中心区域,通过与背景气体碰撞进一步加热等离子体,即发生欧姆加热过程。这两种加热过程是 CCP 中最主要

的加热机制。在电容耦合放电中,电场的方向垂直于电极,会在电极附近形成电势比较高的等离子体鞘层,导致带有高能量的离子不断轰击电极表面,损伤放电电极的表面,限制整个放电过程的效率。如果加大放电功率,则等离子体鞘层的电势将会上升,离子获得的撞击能量也会增大,最终会限制离子源所能达到的最大离子密度。因此,在实际应用的电容耦合放电中,并不能很好地独立控制等离子体密度和离子能量。

2. 电感耦合等离子体源

电感耦合等离子体(inductively coupled plasma, ICP)源是通过电磁感应效应诱导的电流提供能量而产生的等离子体。ICP 源有两种几何结构:平面线圈和柱状线圈。在平面线圈结构中,射频线圈呈"盘香形"被放置在腔室顶部;在柱状线圈结构中,射频线圈呈螺旋形缠绕在柱形放电腔室的侧面。在线圈中施加交变的电流,空间中会感应出轴向的时变磁场,时变磁场会进一步感应出环向电场,电子在环向电场的作用下形成射频电流,进而维持等离子体放电。线圈中施加的电流源频率通常为几百千赫兹到几兆赫兹。这种由交变磁场的感应效应来维持放电的模式称为感性模式;而当线圈通电后,线圈的两端,即高压端和接地端,会存在很大的电势差,这会在腔室中诱导出很强的交变电场,如同 CCP 中的放电机理,这一空间电场同样会电离气体,这种模式则称为容性模式。当线圈中电流很小,交变磁场感应出的环向电场很弱时,容性放电模式占主导。随着线圈中电流增加,交变磁场感应出的环向电场增强,感性模式将主导放电,即放电会发生由容性模式到感性模式的跳变。容性模式下的等离子体密度通常不会太高,但电子温度较高;相比而言,感性模式下等离子体密度较高,电子温度则较低。

3. 电子回旋共振放电离子源

微波电子回旋共振(electron cyclotron resonance, ECR)等离子体是利用电子回旋共振原理来维持等离子体放电的。在真空室内充入一定量的工质气体,在腔室顶端馈入微波,腔室四周固定电磁线圈或者永磁体,以提供静态外磁场。通过选取合适的外磁场空间分布,使腔室内某一区域的电子回旋共振频率等于微波频率,电子与微波之间会发生相互共振作用,不断从微波场中获得能量,并进一步电离背景气体,最终获得高密度等离子体,同时由非均匀磁场生成的纵向磁压力把等离子体从放电腔室推进工作室中。利用电子回旋共振离子源的推力器称为电子回旋共振推力器(electron cyclotron resonance ion thruster, ECRIT)(Goebel et al., 2008)。

3.2　直　流　放　电

直流放电一般在封闭容器内进行,其电极多采用内置结构,直流放电形式很多,在不同的放电条件下所得到的放电类型与等离子体也各不相同。汤生放电是小电流情况下的自持放电,当它向正常辉光放电过渡时,放电电压降低电流升高。当电流进一步增大时,放电将转入反常辉光放电,当电流非常大时,将出现不可逆的电弧放电现象。

3.2.1 电晕放电

当在电极两端加上较高但未达到气体击穿的电压时,如果电极表面附近的电场很强,而其他区域的电场相对较弱,则电极附近的气体介质会被局部击穿而产生电晕放电现象。当电极的曲率半径较小时,通过施加一定的电压可以获得很高的局部电场强度,使电极附近的分子发生激发和电离并产生一定的辉光,在具有强电场的电极表面附近有强烈的激发和电离,并伴有明显的亮光,此处称为电晕区。当给电极继续增加电压时,电晕放电会过渡到火花放电或辉光放电。

电晕放电的强度取决于加在电极之间电压的大小、电极的形状、电极间距离、气体的性质和密度。电晕放电是一种自持放电,其电压降不依赖外电路中的电阻,而取决于放电迁移区域中的电导。当在迁移区域中存在单极性的空间电荷时,将阻碍放电电流的流通,此时电晕区的压降大部分落在迁移区。电晕放电的形式依赖电场的极性和电极的几何形状。对于针-板电极产生的正电晕,放电始于爆发式的脉冲电晕,随着电压的升高,发展为流光光晕。电场的不均匀性把主要的电离过程局限在局部电场很高的电极附近,特别是在曲率半径很小的电极附近,气体的发光也只发生在这个区域,这个区域称为电离区。此外,形成电晕所需电场不均匀的程度与气体的种类有关。

电晕放电起始于单个电子的雪崩,该雪崩由一个电子引起。如果放电空间最初仅存在负离子,则在雪崩形成之前,电子首先必须从负离子中脱附。在一个不均匀的电场中,雪崩在电场强度最强的区域附近发展,即电极曲率最小的地方。为了产生电晕放电,雪崩需满足一定的条件:曲率半径小的电极处的电场强度 E_r 与曲率半径较大的电极处的电场强度 E_R 的比值足够大时,电晕放电才能够发生。当最大电场出现在负电极附近时,雪崩从阴极向阳极方向发展。当最大电场出现在正电极附近时,雪崩从阳极向阴极方向发展,该雪崩从电极间隙中某一点开始,这个点的位置取决于"种子"电子产生的模式。

1. 正电晕

正电晕是发生在阳极附近气体中的局部放电。在电极间隙无空间电荷积累的情况下,当正电压脉冲被加到针形阳极上时,最初可观测到的放电具有丝状分支的性质。与均匀场中产生的丝状放电相比,正电晕放电中产生的丝状分支数目较多。当所加电压的时间周期"无限"长时,所产生的带电粒子在场中到处运动,最终会积累形成瞬态和稳定的空间电荷。当积累的空间电荷变得稳定时,会对原始电场造成一定的影响,原始电场的改变最终会导致不一样放电形式。当半径为 r 的球体充当阳极时,球体半径 r 的大小将决定电场的分布和大小。如果保持阳极和阴极之间的距离不变而逐渐增加电压,便可检测到传导电流和电离现象的发生。最初的电离是一个瞬时发光的现象,形状为有分支的丝状线。当所加电压持续增加时,放电便倾向于自持,并在靠近阳极的表面出现一个稳定的薄辉光层,这个辉光层将导致一个连续且涨落不定的电流。大量的试验表明,存在两种形式的正电晕模式,连续流光和稳定辉光,流光可以在不同的环境中发展,由此产生的流光可以为起始流光或击穿流光(徐学基等,2006)。

2. 负电晕

当曲率半径小的电极充当阴极时,阳极将不起作用,在这种情况下产生的电晕是负电晕,呈现羽毛状的放电。当一个负的电压脉冲被加到针形电极上时,所产生的电离过程不受空间电荷积累的影响。与正流光相比,羽毛状的电晕要在更高的电压下才能开始,其轨迹在径向和轴向的传播都相对较慢,因此与正流光相比,其传播范围相对较小。当羽毛状的放电通道逼近阳极时,它的传播速度会增加,而当正流光进入放电间隙的低场区时,其传播速度则下降。造成这一差异的原因是与正流光传播下的负极平面比较,羽毛状的放电传播正极平面更加强烈地参与了放电过程。当外加稳定电场作用到非均匀间隙上时,由于空间电荷的积累,与正电晕一样会出现新的电场分布和新的电晕模式。由于空间电荷带来问题的复杂性,这里将不再论述(详细分析请参考《气体放电物理》)。

3.2.2 辉光放电

辉光放电是气体放电的一种重要形式,它因为放电时管内出现特有的辉光而得名。在密封的石英玻璃管中充入工质气体,在玻璃管的两端插入金属电极,两个电极上加上高压,使气体发生击穿形成的放电就是辉光放电。辉光放电分为亚辉光放电、正常辉光放电和反常辉光放电三种类型。在实际应用中主要是正常辉光放电,正常辉光放电的放电空间可以分为五个区:阴极位降区、负辉光区、法拉第暗区、正柱区和阳极区(Alexander et al.,2011)。

从阴极开始是阴极位降区,在该区域电子从阴极出发,它从电场获取的能量还不足以激发原子,因此在这里出现的是一个很薄的暗区。经过该暗区后,电子从电场获得的能量足以使原子激发,阴极辉光就是由这些受激发的原子发出的。阴极辉光区的大小取决于气体的性质和气压的高低。紧邻阴极辉光区的是克罗克斯暗区,在该区域中电子的能量大部用于电离碰撞,由此产生的大量电子从电场重新获得激发能,与气体碰撞从而产生负辉光。负辉光区的边界相当于电子具有足够能量去激发原子所在的范围,因此负辉光区发光最强。在此之后又出现法拉第暗区和正柱区,正柱区是从法拉第暗区一直向阴极伸展的气体被大量激发和电离的区域,是辉光放电的主要区域。

正柱区通常称为等离子体区,满足电中性条件。在这里电子使气体激发和电离,从而引起电子和离子损失的主要机制是双极性扩散。在电子到达阳极之前的几个自由程的距离内,电子从电场得到相当大的能量,这些电子能够激发气体原子发光,所以在阳极附近会出现阳极辉光。在阳极辉光区电子激发和电离原子的过程相当活跃。当降低气压时,负辉光区和法拉第暗区开始扩展,正柱区会缩短;当气压足够低时,正柱区甚至可以完全消失。如果在一定气压下维持放电电流不变,把两个电极相互靠近,则同样可以看到正柱区消失的现象。辉光放电是汤生放电的进一步发展,二者的主要差别在于辉光放电具有较大的电流密度,而且空间电荷效应起显著的作用。因此,在讨论辉光放电时必须考虑空间电荷问题。

空心阴极放电是一种特殊的辉光放电形式,在正常辉光放电阴极暗区中的电子运动状态像垂直于阴极表面的一组平行电子束,如果把阴极制成圆筒形,即空心阴极,则电子束将彼此汇合,使负辉光合并在一起,发光更明亮并且较均匀。随着放电电流密度的增加,阴极位降往往减小,阴极发热一般不严重,这与反常辉光放电时的情况不完全相同。反常辉光放电是在阴极位降升高,阴极发热严重的情况下发生的。因此,空心阴极放电既不同于一般的正常辉光放电,也不同于反常辉光放电,它是一种特殊形式的放电。

3.2.3　弧光放电

1808 年 Davy 和 Ritter 历史上第一次在两个水平碳电极之间炽燃了电弧并进行了观察。由于自然对流的作用,热气体向上运动,使碳电极间的电弧向上弯曲而形成拱形,称为电弧。从放电的伏-安特性可以看到,在放电过程中继续增加放电电流会使辉光放电过渡到电弧放电,表 3-1 比较了几种直流放电的特征参数。辉光放电具有高电压、低电流密度的特征,而弧光放电具有低电压、高电流密度的特点。为了完成这两种放电间的过渡,阴极的电子发射过程必须有根本性的变化,也就是弧光的阴极电子发射机理一定不同于正离子轰击阴极的机理(徐学基等,2006)。

表 3-1　直流放电特征参数比较

	电晕放电	辉光放电	弧光放电
电压/V	$10^3 \sim 10^4$	$10^3 \sim 10^4$	$10^3 \sim 10^4$
电流/A	$10 \sim 10^2$	$10^2 \sim 10^3$	$10^2 \sim 10^3$
电压上升时间/s	$10^{-7} \sim 10^{-9}$	$10^{-7} \sim 10^{-6}$	$10^{-5} \sim 10^{-6}$
压力波情况	弱	弱	弱
等离子体浓度	高	高	低

建立弧光放电有以下三种方法。

（1）把两个电极接触,随后拉开,只要回路电压足以维持放电,就可以建立弧光放电。

（2）在两个电极间外加一个足以使放电间隙击穿的电压,这样就可以形成一个火花从而转成稳定的弧光放电。

（3）改变辉光放电的放电条件,使之向弧光放电过渡,这里的放电条件有两种：在一定的气压下增加放电电流或在一定的电流下增加气压。

当改变放电条件使辉光放电向弧光放电过渡时,用增加气压的方法是方便的,因为这样会使阴极区域里的电流密度和电势梯度增加,使阴极上出现局部加热,在一定的电流下可以使辉光放电向弧光放电过渡。在试验中也已经证实,如果把阴极冷却或利用非常清洁的阴极,则可以抑制放电的过渡。

在一定气压下,增加放电电流也可以促使辉光放电向弧光放电过渡,也就是通过反常辉光放电过渡到弧光放电。在反常辉光放电的区域中,当电流密度增加时,阴极位降增加使得撞击阴极的正离子的能量增加,正离子能量的增加提高了阴极的温度,反常辉光放电较高电流部分对应的阴极温度将变得足够高,从而使阴极发射出大量的电子;热离子产生的电子发射所导致的增加的电流也增加了在阴极位降区形成的正离子的数目,它又进一步促使阴极的加热,所以最后只用较低的电压就可以维持一定的放电电流。

一般来说可以把电弧分成三个区,即阴极位降区、弧柱区和阳极位降区。在一般情况下,电弧沿柱长度方向的电场强度近似为常数,而在阴极位降区和阳极位降区电场强度变化剧烈,可高达 10^{-6} V/cm,比弧柱区中的电场强度高几个数量级,其原因是在阴极位降区和阳极位降区中存在空间电荷。一般来说,电极区间的位降值与电极材料、气体压力和弧光参数等有关。弧光按照其稳定程度、气体种类等特征参数可以分为以下几种：

（1）按弧光的稳定形式划分为有管壁稳定弧光、自由弧光(对流稳定与电极稳定),以及气流稳定弧光;

（2）按气压划分有高气压弧光($P \geqslant 10^5$ Pa)、低气压弧光(1 Pa$<P<10^5$ Pa),以及真空弧光($P \leqslant 1$ Pa);

（3）按气体种类划分有氩弧、氢弧等;

（4）按电极材料划分有碳弧、铜弧等;

（5）按阴极电子发射的机构划分有热电子弧光、冷阴极弧光等。

弧光按其发光的不同位置具有以下特征。

（1）弧光的阴极特性。在弧光阴极处电流密度非常高,可高达 106~109 A/cm,实际上阴极的电流密度与弧光电流无关。弧光放电的阴极位降很低,只是气体最小电离电势的量级,远小于辉光放电阴极位降的数值。由于电子的运动速度很大,在阴极位降区正离子的聚集形成了正的空间电荷。正离子在阴极位降的加速下,撞击电极把自身的能量交给阴极,以提高阴极的温度。高温白炽的阴极,通过热离子过程发射出大量电子,从而维持大电流的弧光放电。如果正离子是在阴极位降区内产生的,那么一定要有一个与正离子流密度有关的高电子流密度,以产生维持阴极温度所需的正离子。由于阴极位降是气体电离电势的量级,阴极位降的厚度是一个电子平均自由程的量级,所以很多通过阴极位降的电子并不能做电离碰撞。

（2）弧光的阳极特性。在辉光放电中阳极通常只起收集电子的作用,阳极位降要比阴极位降小。在弧光放电中,尤其是高气压弧光放电中,阳极位降和阴极位降差不多,高气压弧光放电的阳极温度等于或大于阴极温度,这是因为阳极上的全部电流是由轰击阳极的电子来承担的,电子不仅给出其在阳极位降区内所获得的全部动能,而且还有逸出功。在阴极上,冲击阴极并使之发热的正离子比在同样电流下冲击阳极的电子要少,阴极上其余部分的电流是由电子构成的,在热电子弧光放电中,当电子从阴极逸出时,将消耗阴极的热能,并使之变冷。

（3）弧光正柱等离子体的热平衡。在气体放电中,电场加速带电粒子使之获得动能,带电粒子与中性粒子碰撞而分出一部分能量给中性粒子,这样中性粒子也间接地被加热。由于电子比离子轻很多,电子一方面从电场中得到较多的能量,另一方面在碰撞中把一小部分能量传递给其他粒子,但前者的作用是主要的,所以在低气压下电子的平均能比离子的高很多。电子、离子和中性粒子都有它们各自的温度,电子的温度要比离子和中性粒子的大很多。在较高的气压下,电子平均自由程减少,这时电子在两次碰撞间得到的能量比较少,加之碰撞频率的增加使电子交出的能量也进一步增加,因此电子温度和气体温度的温差变小,气体变得更热。在压强达到 10^5 Pa 时,电子温度和气体温度的温差可以忽略不计,等离子体达到热平衡,因此在高气压弧光中只有一个等离子体温度。

3.3　射　频　放　电

3.3.1　射频等离子体基本定义和分类

射频放电等离子体所采用的交变电源驱动频率在 1~200 MHz,特别地,频率为 13.56 MHz 及其谐频通常被工业及医疗所选用,而其他射频频率被分配至通信领域。空间等离子体推进器所选用的螺旋波等离子体源的工作频率也在射频波段,通常为 13.46 MHz。对于低频端的射频放电,除了重离子外,等离子体中电子和离子的运动均可以跟上射频电磁场的变化。对于高频端的射频放电,等离子体中只有电子可以响应射频电磁场的变化,离子由于惯性较大,只能响应时间平均的电场。在射频的整个波段,电子都能及时响应射频电磁场的变化。

产生射频电磁场的方法有很多,例如,将射频电压加载在两个平行电极之间,也可以让射频电流通过一个线圈或天线产生。这些电极、线圈或天线可以浸入等离子体中,也可以通过一个介质窗口与等离子体隔离。

产生的射频电磁场与等离子体中的电子耦合,将电磁场能量传递给电子,从而维持等离子体放电。射频电磁场能量耦合效率及等离子体的均匀性,均强烈依赖射频激励电极、线圈或天线的设计。在工业中应用的两种典型射频等离子体发生器分别为 CCP 发生器及 ICP 发生器或者变压器耦合等离子体(transformer coupled plasma,TCP)发生器。

CCP 发生器由位于真空室中的两个相距几厘米的平行电极板构成,平行电极板通常由功率约为 1 kW、频率为 13.56 MHz 的射频电源驱动,等离子体密度为 $10^{15} \sim 10^{16}$ m^{-3}。

ICP 发生器放电系统通常也使用两个射频功率源,第一个射频功率源驱动线圈,线圈一般外置,有一个介质窗口与等离子体隔离开。当射频电流流过线圈时,会在线圈附近的等离子体中产生一个衰减距离为几厘米的扰动波。这个扰动波在等离子体中感应出射频电流,从而将电磁场能量传递给电子,也就是说,驱动线圈的射频功率源控制等离子体密度。ICP 发生器射频功率耦合效率远高于单频 CCP 发生器,由此可以得到更高的等离子体密度,一般 ICP 发生器的等离子体密度在 $10^{16} \sim 10^{18}$ m^{-3} 量级。第二个射频功率源加载在基片台上,作为偏压源控制离子能量。

与 CCP 发生器不同,在 ICP 发生器中,器壁边界鞘层的厚度一般远小于趋肤层的厚度,而且当感性耦合点处于 H 模式时,发生在鞘层内的物理过程具有较小的重要性。然而当系统在低电流(低功率)区运行时,线圈与等离子体之间的静电耦合起支配作用。在这种情况下不能忽视鞘层的影响。

3.3.2 射频等离子体源的功率馈入

在射频等离子体源中,随着外加功率和磁场的变化会出现两种功率耦合机制:容性耦合、感性耦合。容性耦合在放电刚开始的阶段或者输入功率较低情况下,等离子体密度较低。这时感性耦合模式还不能进行(感性耦合放电模式:在高密度等离子体中,射频场可以被屏蔽在一个趋肤深度内,形成感性耦合模式放电),但是放电还是可以维持的。这是因为在天线两端会形成一个非常明显的电压降(可以达到上千伏)(Blevin et al.,1985),这样的一个电压降会使得射频电源的输入功率以容性耦合的方式沉积在等离子体中,即 E 模式。当继续增加功率,使等离子体密度增加到一定范围内时,放电系统会维持在感性耦合模式下,天线电流诱导产生的感应电场维持放电(Blevin et al.,1985)。此时的等离子体表现为电介质(Boswell et al.,1977)。等离子体密度较大,天线的射频场被屏蔽在等离子体主体区外,并被限制在一个厚度为趋肤深度的表面层内。趋肤深度可以通过等离子体中电磁波传播的色散关系推导出来（Breizman et al. ,2000; Blevin et al. ,1985;Boswell et al. ,1977），
表示为

$$\delta s = \left(\frac{m}{q^2 \mu_0 n_0} \right)^{1/2} \tag{3-6}$$

这种机制主要发生在等离子体密度为 $10^{16} \sim 10^{17} \; \mathrm{m^{-3}}$ 的情况下,此时的趋肤深度
为 1~5 cm。在感性耦合模式中,系统可以模型化为一个天线作为初级线圈、等离子
体作为次级线圈的变压器（Celik et al. ,2009;Chen et al. ,1994; Blevin et al. ,1985）。

3.3.3　射频等离子体源的电磁模型

假设在一个内半径为 r_0,外半径为 r_c,
长度为 $l \gg r_0$ 的介质管内,有一均匀分布的
等离子体,其介电常数为 ε_p（即均匀等离子
体密度）。介质管被 N 匝均匀分布的线圈所
缠绕,而且线圈中的正弦 RF 电流为

$$I_{RF}(t) = \mathrm{Re} \left[\overline{I}_{RF} e^{iwt} \right] \tag{3-7}$$

式中,感应电场沿角向,而感应磁场沿轴向,
对于高密度等离子体,感应电场和感应磁场
均在趋肤层内,如图 3-2 所示。

1. 等离子体中的电磁场

对于不同的电子密度,图 3-3 显示归一
化的电磁场幅值随圆柱半径变化的计算结果。

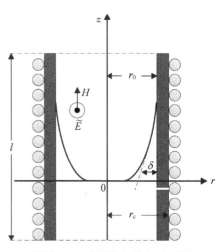

图 3-2　感性耦合放电示意图

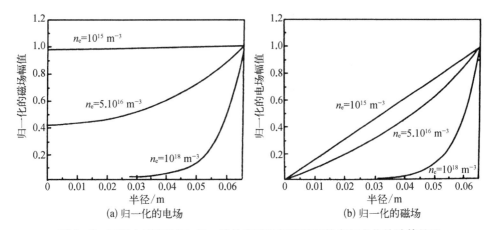

(a) 归一化的电场　　　　　　　(b) 归一化的磁场

图 3-3　不同电子密度下,归一化的电磁场幅值随圆柱半径变化的计算结果

在低电子密度情况下,等离子体的趋肤深度大($\delta \gg r_0$),且在柱半径的尺度内等离子体磁场 H_z 几乎为常数。这种解接近在自由空间的解。然而,电场 E_θ 是非均匀的,从柱边缘到中心它随 r 的变化是线性下降的。在高密度情况下,有 $\delta \ll r_0$,此时电场和磁场在等离子体趋肤深度内几乎都是指数下降的。

2. 介质管中的电磁场

对于感性放电的典型频率,有 $k_1 r_0 \ll 1$,介质管中的磁场近乎是常数,因此介质管中的磁场等于介质管与等离子体交界处的磁场 H_{z0}。注意,由于在介质管中有位移电流流动,所以严格来说磁场不是常数。

3. RF 电流

对 RF 电流密度从等离子体中心到等离子体边界进行积分,可以得到在等离子体中流动的总电流。如前面讨论的,由于介质管中磁场几乎是均匀的,所以流经介质管的电流可以忽略,即指定 $\tilde{I}_t = 0$。如此可以得到等离子体边缘处的磁场 H_{z0} 与线圈 RF 电流 $\tilde{I}_{RF}$ 之间的关系为

$$H_{z0} = \frac{N\tilde{I}_{RF}}{l} \qquad (3-8)$$

由于忽略了介质管中的电流,所以 $\tilde{I}_{RF}$ 变成一个实数,即它等于线圈中电流的幅值 I_{coil},这样就有

$$H_{z0} = \frac{NI_{coil}}{l} \qquad (3-9)$$

对于高密度等离子体,则有

$$\tilde{I}_p + NI_{coil} \approx 0 \qquad (3-10)$$

即等离子体中的电流等于 N 匝线圈中的总电流。在等离子体趋肤层内感应电流的流动方向与线圈电流的流动方向相反,这样就抵消了线圈在等离子体内部产生的磁场。

4. 谐波场的坡印廷定理

对于随时间简谐振荡的电磁场,利用坡印廷定理可以得到系统的总阻抗。这个阻抗包括电阻和电抗两个分量(Chen et al., 1994)。在半径为 r_0 的圆柱内,输入的复功率等于耗散功率和电磁场的储存功率之和,其中,耗散功率是指被线圈和等离子体吸收的功率。复总阻抗可以用字母 Z_{ind} 表示,相应的电阻分量和电抗分量分别为

$$R_{ind} = \frac{2\text{Re}[\tilde{P}]}{I_{coil}^2} \qquad (3-11)$$

$$X_{ind} = \frac{2\mathrm{Im}[\tilde{P}]}{I_{coil}^2} \tag{3-12}$$

1）功率耗散：电阻

由输入功率 $\tilde{P}$ 的实部,可以得到系统中时间平均的耗散功率 P_{abs} 为

$$P_{abs} = \mathrm{Re}[\tilde{P}] = \frac{\pi N^2}{l\omega\varepsilon_0}\mathrm{Re}\left[\frac{ikr_0\mathrm{J}_1(kr_0)}{\varepsilon_0\mathrm{J}_0(kr_0)}\right]I_{coil}^2 \tag{3-13}$$

耗散功率包括线圈热功率和等离子体吸收功率。在氩等离子体中, $\nu_m/\omega =$ 0.1 对应气压近似为 0.27 Pa。在低密度区,吸收功率随 n_e 线性增加,并达到一个最大值,然后在高密度区随 $n_e^{-1/2}$ 衰减。导致吸收功率随电子密度增加先升高后降低的原因如下：在低密度区域,等离子体的存在对电磁场没有修正;在高密度区域,随着电子密度的增加,电磁场的吸收发生在等离子体边界的一个趋肤层内。

在低密度情况下,当 $\nu_m/\omega \ll 1$ 时,吸收功率随碰撞频率 ν_m 线性增加(即对数坐标系中曲线的向上平移);但是在高密度情况下,即 $\nu_m/\omega \gg 1$ 时,吸收功率随 ν_m 下降,但并非线性下降,即在高密度情况下,这个过程是复杂的,如图 3 - 4 所示。

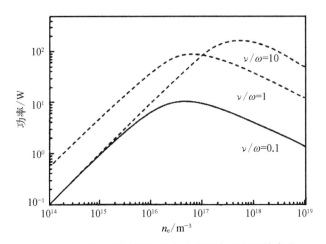

图 3 - 4　对于三种频率,吸收功率随电子密度的变化

2）功率储存：电感

由输入功率 $\tilde{P}$ 的虚部可以确定系统的电抗。当忽略介质管中的位移电流时,本质上,电抗就是一个感抗,由电感 L_{ind} 确定,即

$$X_{ind} = L_{ind}\omega = \frac{2\mathrm{Im}[\tilde{P}]}{I_{coil}^2} = \frac{\pi N^2\omega\mu_0}{l}(r_c^2 - r_0^2) + \frac{2\pi N^2}{l\omega\varepsilon_0}\mathrm{Im}\left[\frac{ikr_0\mathrm{J}_1(kr_0)}{\varepsilon_0\mathrm{J}_0(kr_0)}\right] \tag{3-14}$$

利用线圈自身电感的表示式 $\left(L_{\text{coil}} = \dfrac{\mu_0 \pi r_{\text{c}}^2 N}{l \omega \varepsilon_0} \right)$ ，一个柱状 ICP 发生器的电感为

$$L_{\text{ind}} = L_{\text{coil}} \left(1 - \frac{r_0^2}{r_{\text{c}}^2} \right) + \frac{2\pi N^2}{l \omega^2 \varepsilon_0} \text{Im} \left[\frac{i k r_0 \text{J}_1(k r_0)}{\varepsilon_0 \text{J}_0(k r_0)} \right] \qquad (3-15)$$

这种电感是由两部分组成的：一部分是磁能储存电感，它与式（3-15）右边的两项均相关；另一部分则是来自电子惯性的贡献，即式（3-15）中右边第二项。由于电子惯性产生的电感为 $R_{\text{ind}} / \nu_{\text{m}}$，所以磁能储存电感是

$$L_{\text{m}} = L_{\text{ind}} - \frac{R_{\text{ind}}}{\nu_{\text{m}}} \qquad (3-16)$$

式中，$\nu_{\text{m}} / \omega = 1$；$N = 1$；$r_0 = 0.065 \text{ m}$；$r_{\text{c}} = 0.08 \text{ m}$；$l = 0.3 \text{ m}$。

图 3-5 显示当 $\nu_{\text{m}} / \omega = 1$ 时电感随电子密度的变化情况。在低电子密度情况下，磁能储能电感约等于线圈自身电感，即 $L_{\text{m}} \approx L_{\text{coil}}$，即等离子体对电感没有影响；在高电子密度情况下，有 $L_{\text{ind}} = L_{\text{coil}}(1 - r_0^2 / r_{\text{c}}^2)$，在这个极限下线圈产生的磁通量部分被等离子体中电流所产生的磁通量抵消。

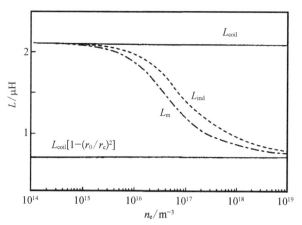

图 3-5 总电感 L_{ind} 与磁能储存电感 L_{m} 随电子密度的变化

3.3.4 射频等离子体源变压器模型

在感性放电的变压器模型中，线圈和等离子体构成一个变压器，其中，等离子体被看作空心变压器的单匝次级线圈。初级线圈的电感和电阻分别为 L_{coil} 和 R_{coil}。L_{coil} 和 R_{coil} 定义了线圈的 Q 因子，即 $Q \equiv \omega L_{\text{coil}} / R_{\text{coil}}$。

通过互感 M 线圈与单匝等离子体环耦合，其原因是初级线圈中的电流可以在次级线圈中感应出电压，反之亦然。可以把图 3-6 左边所示的耦合回路转换成由

电阻 R_s 和电感 L_s 组成的单一回路,如图 3 - 6 右边所示。

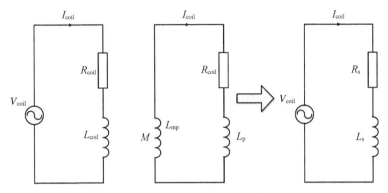

图 3 - 6 感性放电的变压器模型

互感系数 M 遵循如下关系:

$$M^2\omega^2 = \left\{ R_p^2 + \left[\omega L_{mp} + R_p\left(\frac{\omega}{\nu_m}\right)^{\frac{1}{2}}\right]\right\}\frac{|\tilde{I}_p|^2}{I_{coil}^2} \qquad (3-17)$$

进一步处理得

$$R_s = R_{coil} + R_p\frac{|\tilde{I}_p|^2}{I_{coil}^2} \qquad (3-18)$$

$$L_s = L_{coil} - \left(L_{mp} + \frac{R_p}{\nu_m}\right)\frac{|\tilde{I}_p|^2}{I_{coil}^2} \qquad (3-19)$$

为了提供一个 ICP 发生器的整体模型,必须在变压器模型中确切地考虑功率吸收。为此利用如下关系:

$$R_p|\tilde{I}_p|^2 = R_{ind}I_{coil}^2 \qquad (3-20)$$

可以得

$$R_s = R_{coil} + R_{ind} \qquad (3-21)$$

$$L_s = L_{coil} - L_{mp}\left(\frac{R_p}{R_p}\right) - \frac{R_{ind}}{\nu_m} \qquad (3-22)$$

正如预期,电阻 R_s 完美地与电磁模型匹配。

尽管在电子密度很低或者很高时,L_s 与 L_{ind} 有相同的极限值,但却发现在整个电子密度范围内,L_s 并不等于 L_{ind}。在高电子密度情况下,有 $R_{ind} = R_pN^2$,以及惯

性项 R_{ind}/ν_m 是个小量,则电感变为

$$L_s \approx L_{coil}\left(1 - \frac{r_0^2}{r_c^2}\right) \qquad (3-23)$$

式中,$I_{coil} = 3\,A$;$\nu_m/\omega = 1$;$N = 5$;$r_0 = 0.065\,m$;$r_c = 0.08\,m$;$l = 0.3\,m$。

图 3-7 显示由变压器模型得到的电感 L_s 与电磁模型得到的电感 L_{ind} 的比较,在中度等离子体密度区域,差别最大。

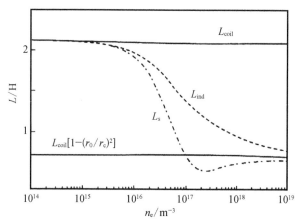

图 3-7 由变压器模型得到的电感 L_s 与电磁模型得到的
电感 L_{ind} 随电子密度的变化情况

注意,在高电子密度情况下,有 $L_s \approx L_{coil}(1 - r_0^2/r_c^2)$。 如果介质层无限薄,则有 $r_0^2/r_c^2 \approx 1$,由此得到 $L_s \approx 0$。 这对应理想变压器情况,因为在这种情况下,变压器的次级感抗完全抵消了变压器的初级感抗,以至于初级回路呈现出纯电阻的行为。为了得到较好的耦合效果,通常要求介质壁的厚度足够薄,这样线圈与等离子体之间的距离尽量小,使得耦合效率最大化。

作为一个一般性的结论,在高电子密度情况下变压器模型是成立的。但在低电子密度或中电子密度情况下,这个模型是否正确,还有待商榷。一般而言,纯感性放电的放电效率的典型值在 50%~80%。当使用铁氧体芯增强放电时,荧光灯放电效率可以高达98%。

3.4 微波放电

3.4.1 微波等离子体基本定义和击穿条件

微波是波段介于红外线和无线电波之间,频率在 300 MHz~300 GHz,波长在

1~1 000 mm 的一种电磁波。由于它的频率高于生活中无线电波的工作频率,所以微波也称为超高频电磁波。微波按波长不同又可以分为分米波、厘米波和毫米波,详细分类可参见表 3-2(Chen et al.,1994)。

表 3-2　微波的分类

波段名称	频率范围	波长范围	备　注
米波	30~300 MHz	10~1 m	普通无线电波与微波的过渡
分米波	300~3 000 MHz	1~0.1 m	微波
厘米波	3~30 GHz	0.1~0.01 m	微波
毫米波	30~300 GHz	0.01~0.001 m	
亚毫米波	300~30 000 GHz	0.001~0.000 01 m	微波与红外的过渡

微波放电等离子体是通过微波强电场击穿低气压气体,从而生成等离子体,其基本原理主要是将微波能量馈入已经充满工质气体的放电腔中,微波能量逐渐增大形成很强的电场,达到一定阈值就会击穿气体放电,产生高密度等离子体。整个微波放电过程可归纳为:微波源提供一定频率的微波,经过微波传输线及微波转换器将微波耦合到充满工质气体的放电腔内,工质气体中的电子吸收外来的电磁能量从而加速运动,与其他气体分子发生非弹性碰撞,不断地转移交换自身能量,使得气体分子发生激发、解离并电离产生大量的自由电子和离子,随着放电腔内自由电子的不断增多,电场作用增加到一定程度就会击穿工质气体,产生大量非平衡等离子体。

微波在谐振腔内形成的电场达到一定强度才能够击穿气体,放电产生等离子体,击穿气体所需具备的条件是(John et al.,1994)

$$\overline{E} \geqslant E_b \tag{3-24}$$

式中, $\overline{E}$ 为微波辐射形成电场强度的均方根值; E_b 为气体的击穿电场强度。

微波辐射形成电场强度的均方根值表达式为

$$\overline{E} = \frac{E_{max}}{\sqrt{2}} \tag{3-25}$$

式中, E_{max} 为微波在谐振腔内辐射形成的空间电场分布峰值。

气体的击穿电场强度在不同压强下的表达式为

$$E_b = \begin{cases} \dfrac{4\omega}{\nu_e \Lambda}\sqrt{\dfrac{2\pi t_i T'_e}{3}}, & \text{较低压强下} \\[4mm] m_e \nu_e \sqrt{\dfrac{2u_i}{eM}}, & \text{较高压强下} \end{cases} \tag{3-26}$$

式中，ω 为微波角频率；ν_e 为谐振腔内电子碰撞中性粒子的有效频率；Λ 为谐振腔的特征扩散长度；u_i 为电离电势；T'_e 为电子整体特征能量；m_e 为电子质量；e 为电子电荷；M 为气体分子质量。

由以上分析可知，气体的击穿电场强度与微波角频率、谐振的特征扩散长度、电离电势、电子整体特征能量、电子质量、气体分子质量及放电腔内压强大小有着紧密的联系。从式(3-26)可以看出，工质气体的电离电势是气体的击穿电场强度的决定性因素，是谐振腔内击穿气体放电的重要参数。工质气体的电离电势有很强的变化性，每次击穿气体放电都会使气体发生不同程度的电离，相应的电离电势也会随之改变(Degeling et al.，1996)。

表3-3为不同工质气体的相关参数。通过表中数据的对比可以看出，多原子分子 CO_2 和 H_2O 由于分子半径较大，所以碰撞频率相对较大，若只考虑提高碰撞频率，则更适于选用多原子分子气体。然而，多原子分子气体的稳定性一般相对较差，这样会加剧等离子体中电荷的消失，使维持等离子体的难度增加。因此，综合考虑，通常选用惰性气体作为放电工质气体。由表3-3中各工质气体参数可以计算出微波击穿电场强度对应的函数系数 C_1，经比较可以得出：$C_1(H_2O) > C_1(CO_2) > C_1(N_2) > C_1(O_2) > C_1(Ar) > C_1(Ne)$。其中，氩气在标准大气压下的理论击穿电场强度值为 2.7×10^5 V/m，相比于大气击穿电场强度值 3×10^6 V/m 更易击穿，因此试验室条件下通常选用氩气为工质气体(Lieberman et al.，1992)。

表3-3   不同工质气体的相关参数

工质气体	$(\nu_e/N)/(10^{-14}\ m^3/s)$	$M/(10^{-27}\ kg)$	ν_e/eV	$m/(10^{-31}\ kg)$
N_2	0.594	46.833	15.580	9.109
O_2	0.286	53.521	12.080	9.109
Ne	0.070	33.753	21.600	9.109
Ar	0.220	66.737	15.755	9.109
CO_2	10.050	76.958	13.770	9.109
H_2O	77.900	30.114	12.590	9.109

3.4.2   微波放电等离子体的特点

微波等离子体可分为微波等离子体炬(microwave plasma touch, MPT)(Lieberman, et al.，2005)与表面波等离子体(surface wave plasma, SWP)(Sansonnens et al.，2006)。后者的特点是，在介质表面附近利用微波激发生成的等离子体密度远高于截止密度，微波在介质与等离子体之间形成一种表面波，在该表面波的传输范围内，可继续生成并维持高密度的等离子体。

微波放电常用的微波频率在 0.3 ~ 10 GHz(试验室常用 2.45 GHz),最适合微波放电的气体压强处于 10 mTorr ~ 1 atm[①],典型的电子温度在 5 ~ 15 eV。由于微波技术的成熟度高,微波放电等离子体在很多领域得到越来越广泛的应用,如废气处理、医学杀菌、点火助燃等。与其他的放电模式产生的等离子体相比,微波放电产生的等离子体具有诸多突出优点(Stix,1992;Shoji et al.,1986):

(1) 无电极放电系统,避免了电极因高温腐蚀、污染工质气体,电极使用寿命短等问题。

(2) 放电系统结构简单,控制方便,容易生成等离子体。

(3) 微波击穿扩散效率高,可以在大气压或高气压下得到富含电子、离子、自由基及激发态粒子的均匀的高纯度等离子体。

(4) 能够在高速气流中维持稳定放电,还可以对燃烧起到助燃的作用。

综上所述,微波放电等离子体本身所具有的特性在点火助燃方面有许多突出优势,在点火助燃的应用方面具有广阔的发展前景。

3.4.3　微波等离子体发生器的工作原理

微波等离子体发生系统主要组成包括微波功率源系统、监测保护系统、调谐系统、放电腔系统及工质气体供应系统等。通常使用的工质气体主要有氩气、氮气、氦气、乙烯/空气混合物、甲烷/空气混合物等,也可根据实际目标的不同选用适当的工质气体。另外,放电腔系统属于等离子体发生器中的核心部件,其结构设置对微波放电的形态特点有直接影响,并决定了生成的等离子体能否适用于相应的点火与助燃等关键性问题(Watari et al.,1978)。

试验室中使用的微波源主要包括两部分:一部分是微波管电源,其作用主要是将 220 V 交流电转换为直流电;另一部分是磁控管,通常又可分为脉冲磁控管和连续磁控管。微波虽具有一切电磁波的特性,但由于其频率较高、波长较短,所以其又具有很多其他的独特性质。例如,微波作为一种高频电磁波,具有趋肤效应,因此传统意义上的传输线已经不再适用,微波的传输一般需要使用同轴电缆或者波导管(如矩形波导、圆形波导)。为了更有效地将微波能量耦合到放电腔内,人们优化设计了多种类型的矩形波导,如窄边阶梯型、窄边渐变型及窄边两边渐变型等矩形波导。这种渐变波导转换装置可以更有效地增强放电腔内的微波电场,加速放电气体的击穿(兰光,2012;刘长林,2011;毛根旺等,2007)。

由磁控管产生的微波第一站要先进入环形器或隔离器,它们同属于传输器件,作用相似,都是应用具有各向异性的磁性铁氧体材料来保证微波传输的单向性。环形器是一种多端口器件,流经环形器的微波只能沿单向传输,反向被隔离。隔离

---

① 　1 atm = 1.013 25×10^5 Pa。

器一般是由铁氧体材料制成的两端口器件,它的正向衰减较小,约为 0.1 dB,而反向衰减较大,可达几十分贝,对反向传播的微波呈电阻吸收,因此微波只可以单向通过。

经由环形器输送来的微波,第二站将进入调配器。调配器的主要作用是使系统达到最佳匹配状态,一般分为双 T 接头调配器、单销钉调配器及三销钉调配器等几种。单销钉调配器实质上是一段带有销钉的矩形波导,通过改变销钉伸入波导管中的深度,就可将其调节到任意所需的阻抗:当插入深度 $L > \lambda/4$ 时,它相当于一个等效并联电感;当插入深度 $L < \lambda/4$ 时,它相当于等效并联电容;当插入深度 $L = \lambda/4$ 时会形成串联型谐振,此时波导短路,现实中销钉的插入深度 L 一般小于谐振深度。若将三个销钉插入波导中,则构成三销钉调配器,这两种销钉调配器只适用于功率较低的情况(陈兆权等,2014;刘繁等,2011;张庆等 2009)。

由微波源产生的微波经由环形器与调配器后,第三站将进入放电腔。放电腔的结构设计直接影响整套试验系统的稳定性、可靠性及适用性等关键特性。同时,由于放电腔设计的不同,其所对应的微波放电形态特点也各异,所以可以根据微波等离子体的实际应用不同相应地给出放电腔独特的设计结构。经过环形器与三销钉调配器的微波将能量直接耦合到放电腔内,流经放电腔的工质气体受电磁波能量的激发产生微波等离子体,波导终端一般由短路活塞控制短路截面的位置,短路活塞是一种电抗原件,其主要作用就是调节波导内入射波与反射波叠加形成驻波,尽可能地将驻波波峰集中到放电腔的位置,进而促使电场最强的驻波波峰有效激发工质产生等离子体(王冬雪,2014)。

3.5 螺 旋 波 放 电

对射频激励的等离子体施加一个静磁场,将会产生两个主要的结果:首先在垂直于磁力线方向上,等离子体运输被降低。因此,在给定功率下,通过施加静磁场可以增加等离子体密度。更普遍的是,通过改变磁场的拓扑结构可以调节等离子体通量的均匀性,修正电子温度及电子的能量分布函数。其次,静磁场能够使电磁波在低频(即 $\omega \ll \omega_{pe}$)情况下传播。这类电磁波通常称为螺旋波。

在螺旋波放电等离子体中,波的能量通过碰撞或无碰撞加热的方式转移到等离子体中的电子上。螺旋波的传播特征表明,与感性加热或容性加热相比,这种波的加热穿透更深。这样,可以在大体积等离子体内或长等离子体柱内实现更高的电离率。由于天线是通过 RF 功率来激励的,所以螺旋波等离子体也可以在低功率的容性(E)模式下运行。此外,天线中流动的 RF 电流可以在天线的周围感应出电磁场,并激发出感性(H)模式。这种 H 模式通常在中等功率范围内比较明显。当功率足够大时,以至于螺旋波可以在高密度等离子体中传播,等离子体最终在 W

放电模式下产生,其中,W 表示传播的螺旋波模式。因此,在螺旋波等离子体中会出现 E-H-W 的放电模式转换。

3.5.1　天线耦合

图 3-8 显示几种常用于激励螺旋波的天线示意图。最简单的天线是单匝线圈[图 3-8(a)],它的激励过程与角向模式无关($m=0$)。在实际中,在单匝线圈的端点将产生一个准静态的电场,这种静电场也可以与波电场的径向分量耦合。图 3-8 所设计的其他三种天线能够激励出 $m=1$ 模式,分别是双鞍形天线[图 3-8(b)],平面极化的名古屋天线[图 3-8(c)]及扭曲状名古屋天线[图 3-8(d)]。

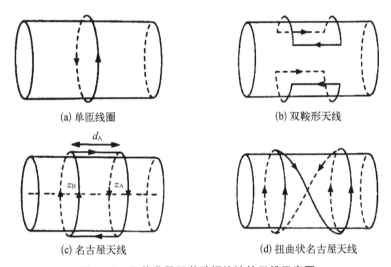

(a) 单匝线圈　　　　　　　　　(b) 双鞍形天线

(c) 名古屋天线　　　　　　　　(d) 扭曲状名古屋天线

图 3-8　几种常用于激励螺旋波的天线示意图

尽管很难对天线进行详细的理论分析,但可以对它的特性进行简单的描述:天线的长度对选取离散的纵向波长或波数 k_z 是至关重要的。例如,对于给定的轴向波长 $\lambda = 2\pi/k_z$,使用一对等价的单匝线圈,当每匝线圈中的电流方向相反且它们在轴向上相距半个波长时,就可以激励出 $m=0$ 的模式。对于图 3-8 中不同的 $m=1$ 的天线结构,其轴向长度 d_A 选取方法与此相似,从而确定 k_z (Lieberman et al.,2005)。对于高阶模式,有可能使天线的长度与半波长的任意奇数倍匹配。这样,存在一个纵向模数,其定义为

$$k_z = (2\chi + 1)\pi / d_A \tag{3-27}$$

在本章开始已提到,χ 不同于角向模数 m。对于天线激励的每个纵向模式 χ,现在已经得到计算其特性的所有必要信息。

3.5.2　螺旋波模式存在的条件

对于给定的参考条件,如静磁场 $B_0 = 0.005\,\text{T}$、驱动频率为 13.56 MHz、等离子体半径 $r_0 = 0.065\,\text{m}$、天线长度 $d_A = 0.15\,\text{m}$,下面可以计算每个纵向模式 χ 的特性。

1. $m = 0$ 的情况

首先,对于给定的天线长度,可以计算出 k_z,例如,对于 $\chi = 0$,有 $k_z = 20.9\,\text{m}^{-1}$;对于 $\chi = 1$,有 $k_z = 62.8\,\text{m}^{-1}$。对于 $m = 0$ 的角向模式,径向波数与 k_z 无关,这样根据波矢量的幅值之间的关系,可以得到 $k_r r_0 = 3.83$,进而有 $k_r = 58.92\,\text{m}^{-1}$。其次,根据色散方程可以确定总 k 的值。最后,利用色散关系就可以计算出电子密度。表 3-4 对于不同的纵向模式 χ 的特性进行总结。出现第一螺旋模式所对应的电子密度为 $3.82 \times 10^{17}\,\text{m}^{-3}$,高阶模式 $(\chi \geqslant 1)$ 则要求对应较高的电子密度。注意,在 $\chi = 0$ 模式与 $\chi = 1$ 模式之间,电子密度有一个很大的跳跃,当电子密度小于 $n_e = 3.82 \times 10^{17}\,\text{m}^{-3}$ 时,放电有可能是在感性的 H 模式下进行的,因为这时不满足螺旋波传播的条件。然而应该注意到,此时电子密度的大小与静磁场 B_0 有关。如果想在低密度情况下激发第一个螺旋波模式,则 B_0 的值应该较小。另外,对于高密度下传播的模式,则应增加 B_0。表中给出的 θ 值是波矢量与静磁场之间的夹角。注意,对于高密度等离子体(高 χ 模式),波矢量的方向应该向静磁场的方向倾斜。由于波的群速度方向与其相速度的方向不同,波的能量在一个角度内传播。可以证明,波能量传播的角度总是小于 $20°$。

表 3-4　当角向模数 $m = 0$,$B_0 = 0.005\,\text{T}$,$f = 13.56\,\text{MHz}$,
$r_0 = 6.5\,\text{cm}$ 时,不同纵向模式 χ 的特性

χ	k_z/m^{-1}	λ_z/m	k_r/m^{-1}	k/m^{-1}	$\theta/(°)$	n_e/m^{-3}
0	20.9	0.3	58.92	62.53	70.43	3.82×10^{17}
1	62.8	0.1	58.92	86.14	43.16	1.58×10^{18}
2	104.7	0.06	58.92	120.16	29.37	3.67×10^{18}
3	146.6	0.043	58.92	158	21.9	6.76×10^{18}
4	188.8	0.033	58.92	197.49	17.36	1.09×10^{19}

2. $m = 1$ 的情况

在这种情况下,仅有的差别在于圆柱的边界条件,它限制了 k_z 及 k_r 之间的关系。表 3-5 对 $m = 1$ 的情况下不同纵向模式 χ 的特性进行总结。

现在已经知道螺旋波的传播条件,接下来有必要考虑波的能量是如何被等离子体中的电子吸收的。为了使气体能够充分电离产生等离子体,要求波对电子能够进行有效的加热。当波被吸收的特征长度很短时,可以认为波加热的效率特别高。

表 3 - 5　当角向模数 $m=1$，$B_0=0.005$ T，$f=13.56$ MHz，
$r_0=6.5$ cm 时，不同纵向模式 χ 的特征

χ	k_z/m^{-1}	$\lambda_z/\mathrm{m}^{-1}$	k_r/m^{-1}	k/m^{-1}	$\theta/(°)$	n_e/m^{-3}
0	20.9	0.3	53.3	57.2	68.5	3.5×10^{17}
1	62.8	0.1	47.4	78.7	37	1.44×10^{18}
2	104.7	0.06	46.1	114.4	23.7	3.5×10^{18}
3	146.6	0.043	45.7	153.3	17.3	6.6×10^{18}
4	188.8	0.033	45.5	194	13.6	1×10^{19}

3.5.3　波功率的吸收：加热

对于低气压容性放电和感性放电，无碰撞加热占据电子加热过程中的主导地位。对于低气压螺旋波维持的中等密度的等离子体（典型的条件是 $\chi=0$），无碰撞加热也占主导地位，因为碰撞频率太低，不足以有效地进行电子的欧姆加热（Boswell et al.，1997；Chen et al.，1994）。在讨论可能的电子加热机制之前，首先借助一个可能包含功率耗散因素（碰撞及无碰撞）的有效碰撞频率，对沿着 z 轴的特征吸收长度 α_z 进行计算。

1. 波的特征吸收长度

为了计算 α_z，需要在螺旋波的色散关系中引入一个有效碰撞频率 ν_{eff}。这样，与无磁化等离子体情况下的做法类似，直接对色散关系进行修正，可以得

$$n_{\mathrm{ref}}^2 = -\frac{\omega_{\mathrm{pe}}^2}{\omega(\omega-\omega_{\mathrm{ce}}\cos\theta-\mathrm{i}\nu_{\mathrm{eff}})} \qquad (3-28)$$

当 $\omega\ll\omega_{\mathrm{ce}}$ 时，令 $B_0=0$，即 $\omega_{\mathrm{ce}}=0$，则式（3-28）很容易还原到无磁化情况的表达式。对于螺旋波的情况，考虑到 ω，$\nu_{\mathrm{eff}}\ll\omega_{\mathrm{ce}}\cos\theta$，则式（3-28）变为

$$n_{\mathrm{ref}}^2 = \frac{\omega_{\mathrm{pe}}^2}{\omega\omega_{\mathrm{ce}}\cos\theta}\left(1-\frac{\mathrm{i}\nu_{\mathrm{eff}}}{\omega_{\mathrm{ce}}\cos\theta}\right) \qquad (3-29)$$

又可以把式（3-29）进一步写为

$$kk_z = \frac{e\mu_0 n_e\omega}{B_0}\left(1-\frac{\mathrm{i}\nu_{\mathrm{eff}}}{\omega_{\mathrm{ce}}k_z}\right) \qquad (3-30)$$

由于耗散项的出现，波数是一个复数。令 $k=k_{\mathrm{real}}-\mathrm{i}k_{\mathrm{imag}}$，沿 z 轴的特征吸收长度由波数的虚部确定，$\alpha_z\equiv k_{\mathrm{imag}}^{-1}$。波在几个波长的距离内将被吸收，这样可以假

设吸收长度远大于波长，$\alpha_z \gg \lambda_z$，即等价为 $k_{imag} \leqslant k_{real}$。

为了计算 α_z，把波数代入色散关系中，并求出它的实部和虚部。在一般情况下，很难进行求解，但在一些渐近情况下，却相对容易进行。对于 $k_r \ll k_z$ 的情况，可以认为 $k \approx k_z$，这样可以得

$$k_{real}^2 - k_{imag}^2 = \frac{e\mu_0 n_e \omega}{B_0} \qquad (3-31)$$

$$2k_{real}k_{imag} = \frac{e\mu_0 n_e \omega}{B_0}\left(\frac{\nu_{eff}}{\omega_{ce}}\right) \qquad (3-32)$$

进一步利用 $k_{imag} \leqslant k_{real}$，则有 $k_{real} \approx k_z$，由此可以得

$$\alpha_z \equiv k_{imag}^{-1} = \frac{2\omega_{ce}}{k_z \nu_{eff}} \qquad (3-33)$$

在相反极限 $k_r \gg k_z$ 时，采取相同的处理方法，可以得

$$\alpha_z = \frac{w_{ce}}{k_r \nu_{eff}} \qquad (3-34)$$

可以看到，特征吸收长度主要是由有效碰撞频率确定的，碰撞频率越大，吸收长度越短。

2. 波的碰撞吸收

对于单荷离子，碰撞频率为

$$\nu_{ei} \approx 2.9 \times 10^{-11} n_e \left(\frac{k_B T_e}{e}\right)^{-3/2} \text{ s}^{-1} \qquad (3-35)$$

若选取 $k_B T_e/e = 5$ V，则得到 $\nu_{ei} = 2.6 \times 10^{-12} n_e \text{ s}^{-1}$。在相同条件下电子与中性粒子的碰撞频率大约是 $\nu_m \approx 1.5 \times 10^{-13} n_g \text{ s}^{-1}$。这样可以得到电子与离子的碰撞频率及电子与中性粒子的碰撞频率之比为

$$\frac{\nu_{ei}}{\nu_m} = 17.3 \times \frac{n_e}{n_g} \qquad (3-36)$$

由此可以看出，当电离率 n_e/n_g 大于 6% 时，电子与离子的碰撞将占主导地位。对于螺旋波放电，这个条件可以满足，这是因为在低气压高密度时，气体的加热可以导致中性气体的减少，即中性气体密度 n_g 的降低。对于每个 χ，可以计算出总的碰撞频率 $\nu_c = \nu_m + \nu_{ei}$（包括电子与中性粒子及电子与离子碰撞）。表 3-6 给出碰撞频率 ν_c 的计算结果，其中，$\nu_m = 6.8 \times 10^6 \text{ s}^{-1}$。对于第一个纵向模式 $(\chi = 0)$，电

子与中性粒子碰撞起主导作用,这是因为电子密度太低,电子与离子碰撞过程不明
显。对于高阶模式,电子与离子碰撞则起主导作用。例如,当 $\chi = 4$ 时,电子与离子
的碰撞频率几乎是电子与中性粒子碰撞频率的 6 倍。

表 3-6　对于不同的 χ,特征吸收长度的取值

χ	n_e / m^{-3}	ν_c / s^{-1}	ξ	ν_w / s^{-1}	$\nu_{\mathrm{eff}} / \mathrm{s}^{-1}$	α_z / m
0	3.5×10^{17}	5.7×10^{6}	6.1	$\ll 1$	5.7×10^{6}	2.9
1	1.44×10^{18}	8.55×10^{6}	2.03	4×10^{7}	4.9×10^{7}	0.38
2	3.5×10^{18}	1.39×10^{7}	1.22	1.24×10^{8}	1.37×10^{8}	0.12
3	6.6×10^{18}	2.2×10^{7}	0.87	9.4×10^{7}	1.15×10^{8}	0.1
4	1×10^{19}	3.25×10^{7}	0.68	5.9×10^{7}	9.2×10^{7}	0.1

在电子密度适中的情况下,考虑电子与离子碰撞并不能带来很大的差别。为
了解释试验中观察到的波吸收现象,必须考虑无碰撞能量交换机制。

3. 波的无碰撞吸收

当螺旋波在等离子体中传播时,受到波电场的作用,等离子体中的带电粒子
随波一起做振荡。波的相速度 $v_\phi = \omega / k_z$,它与静磁场及电子的密度有关。对于
电子,其周期性的移位运动与背景热运动叠加,其中,电子热运动的速度 $v_e = \sqrt{k_B T_e / m_e}$。在典型的条件下,有 $v_\phi \sim v_e$。因此,对于那些运动速度与波的相速度
完全相同、运动方向也相同的电子,其运动很难受到波的影响。进一步,对于运动
速度稍大于波的相速度的电子,它们将在波峰的背面被波推着向前运动;而对于运动
速度小于波的相速度的电子,它们则在波峰的前面被波推着向前运动。尽管这
种现象并不能很真实地再现这种相互作用过程,但由此可以表明:能量可以在波
与电子之间进行传递,而且能量传递又与粒子的速度有关。因此,在研究波-粒子
相互作用时,必须对电子的速度分布函数进行积分。只有运动速度接近波的相速
度的电子,对这种相互作用的贡献才是主要的。

波-粒子阻尼机制是无碰撞的,但为了方便,可以用一个"等效"的碰撞频率 ν_w
来表示这种效应。Chen 等(1994)在对麦克斯韦分布函数进行积分后,得到这种等
效碰撞频率:

$$\nu_w = 2\sqrt{\pi} \xi^3 \omega \exp(-\xi^2) \tag{3-37}$$

式中, $\xi = \sqrt{2} v_\phi / v_e$。这是一种近似的表示式,仅在 $\xi > 1$ 的情况下有效。在表
3-6 中,给出不同的 χ 下 ν_w 的计算结果。这样,利用这种有效频率 $\nu_{\mathrm{eff}} = \nu_c + \nu_w$,就
可以计算在每种模式下的特征吸收长度 α_z。

可以看出,尽管考虑了波-粒子相互作用,但对于 $\chi = 0$,这种相互作用并不明

显地影响波的吸收,因为这时 2.9 m 的吸收长度远大于任何试验装置的几何长度。事实上,在这种条件下,完全可以忽略波-粒子相互作用机制($\nu_w \approx 0$),因为波的相速度远大于电子的热速度。这样能够与波发生相互作用的电子的个数非常少,对于高阶模式($\chi \geqslant 1$),波的相速度则变得可以与电子的热速度相比。

在前面已经指出,对于 $\chi = 0$,由于等离子体密度及中性气体密度太低,碰撞阻尼基本不起作用。对于 $\chi \geqslant 1$,随着电子密度的增加,这种碰撞阻尼才逐渐起作用(由于电子与离子碰撞)。无论是碰撞还是无碰撞能量衰减机制,似乎都不能解释 $\chi = 0$ 情况下观察到的吸收结果。确切地给出在 $\chi = 0$ 下能量是如何转移的,目前仍是一个难题。Degeling 等(1996)指出,电子被螺旋波捕获可能与波的能量吸收有关。人们还提出其他一些机制,如其他模式的波产生的激发(Chen et al.,1994)。Breizman 等(2000)提出,如果在径向上存在很强的电子密度梯度,则可以引导波的传播方向及增强纵向的加热。

3.5.4　E-H-W 模式转换

螺旋波传播要求存在一个最低的等离子体密度。然而螺旋波等离体放电装置可以在低电子密度(或低入射功率)下运行,尽管在低电子密度区不能触发螺旋波。这是因为在天线两端有一个明显的电压降,这样在等离子体中将产生一个容性电流,以至于放电功率以容性耦合的方式沉积在等离子体中。此外,由于感应RF电场的作用,在天线(其行为类似于一个非共振的感性线圈)中流动的 RF 电流可以在天线附近产生等离子体。因此,对于这种放电,可以存在三种模式:低功率下的容性模式(E 模式)、中等功率下的感性模式(H 模式)和高功率下的螺旋波模式(W 模式)。随着功率的增加,可以观察到放电模式的转换顺序是:先从容性模式转换到感性模式,再转换到螺旋波模式(E-H-W)。

通过观察功率随电子密度的变化情况,如图 3-9 所示,可以进一步理解螺旋波放电装置中的模式转换过程。图 3-9 中实线是吸收功率的曲线,而虚线则是损失功率的曲线。正如已讨论过的,损失功率是一条直线(仅对单一电离的电正性气体)。当天线中的 RF 电流很低时,吸收功率也很低,而且在较低的电子密度情况下,损失功率曲线与容性分支的吸收功率曲线相交。这时,放电处于 E 模式,电子密度 $n_e \approx 10^{14}$ m^{-3}。随着天线中的电流增加,感性耦合将取代容性耦合,这时放电处于 H 模式,吸收功率与损失功率曲线的交叉点在电子密度 $n_e \approx 8 \times 10^{16}$ m^{-3} 处。最后,当天线中的电流较高时,在吸收功率曲线中出现一个新的峰值,峰值位于 $n_e \approx 10^{18}$ m^{-3} 处。与这个峰值所对应的电子密度能够使第一个纵向(χ)螺旋波模式传播。这时,放电处于 $\chi = 0$ 的螺旋波模式,电子密度的值要比表 3-5 及表 3-6 给出的值高,其原因是两者的参数有所不同。因此,随着天线中 RF 电流(或电源

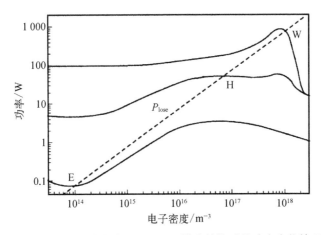

图 3-9 螺旋波放电中 E-H-W 模式转换时的功率变化情况

的输出功率)的增加,放电经历了 E-H-W 模式转换。

3.6 等离子体中电磁波的传输特性

等离子体作为一种特殊的电介质,能与电磁波发生相互作用。等离子体与电磁波的作用包括对波的吸收、反射、透射及波-粒子相互作用。这些作用与等离子体的参数、空间尺度、电子分子碰撞频率及入射电磁波的频率密切相关。

3.6.1 电磁波在非磁化等离子体中的传播

等离子体中的电子振荡频率和离子振荡频率的平方分别为 $\omega_{pe}^2 = n_e e^2/(m_e \varepsilon_0)$、$\omega_{pi}^2 = n_i e^2/(m_i \varepsilon_0)$。由于离子质量远大于电子质量,所以电子的振荡频率 $\omega_{pe} \gg \omega_{pi}$。理论研究表明,等离子体对电磁波的衰减与等离子体厚度 z_0 和等离子体的相对介电常数 ε_p 有关,非磁化等离子体的相对介电常数的一般表达式为

$$\varepsilon_p = 1 - \frac{\omega_{pe}^2}{\omega^2 + \nu_{eff}^2} - j\frac{\nu_{eff}}{\omega}\frac{\omega_{pe}^2}{\omega^2 + \nu_{eff}^2} = \varepsilon_p^r - j\varepsilon_p^i \qquad (3-38)$$

式中,ω_{pe} 为电子静电振荡频率,主要由电子密度决定;ω 为入射电磁波的频率;ν_{eff} 为电子-中性分子碰撞频率。从式(3-38)中可以看出,非磁化等离子体的介电常数为复数,其实部 ε_p^r 和虚部 ε_p^i 都是频率的函数,即非磁化等离子体是具有损耗的色散介质。

当平面电磁波 $\exp[j(\omega t - k \cdot r)]$ 在非磁化碰撞等离子体中传播时,波的传播矢量是一个复矢量,令其为 $k = (\beta - j\alpha)e_k$,e_k 是传播方向的单位矢量,α、β 分别为衰减常数和相位常数。则指数形式的波函数变为 $\exp(j\omega t - \alpha e_k \cdot r - j\beta e_k \cdot r)$。由

于介电常数式(3-38)的实部和虚部不为零,且 $k \cdot E = 0$,所以平面电磁波电场的波动方程的非零解满足如下色散方程:

$$(\beta - \mathrm{j}\alpha)^2 = k_0^2(\varepsilon_p^r - \mathrm{j}\varepsilon_p^i), \quad k_0 = \omega/c \tag{3-39}$$

其解为

$$\alpha = k_0\left\{\frac{1}{2}\left[-\varepsilon_p^r + (\varepsilon_p^{r2} + \varepsilon_p^{i2})^{1/2}\right]\right\}^{1/2}$$

$$\beta = k_0\left\{\frac{1}{2}\left[\varepsilon_p^r + (\varepsilon_p^{r2} + \varepsilon_p^{i2})^{1/2}\right]\right\}^{1/2} \tag{3-40}$$

(1)对于无损耗(无碰撞)等离子体,介电常数的实部 $\varepsilon_p^r = 1 - \omega_{pe}^2/\omega^2$,虚部为零,则在其中传播的电磁波的衰减常数 $\alpha = 0$,相位常数 $\beta = k_0(\varepsilon_p^r)^{1/2}$。假定电磁波在 z 轴方向传播,则指数形式的波函数变为 $\exp[-c^{-1}z\sqrt{\omega_{pe}^2 - \omega^2}]\exp(\mathrm{j}\omega t)$。将等离子体的折射率定义为 $n = \beta c/\omega$,则无损耗等离子体的折射率 $n = \sqrt{1 - \omega_{pe}^2/\omega^2}$。

当入射电磁波频率 $\omega < \omega_{pe}$ 时,电磁波沿 z 轴方向按指数规律衰减,衰减常数为 $-c^{-1}\sqrt{\omega_{pe}^2 - \omega^2}$。通常将入射电磁波的振幅衰减到原来的 $1/e$ 时的厚度称为反射趋肤深度 $\sigma = c/\sqrt{\omega_{pe}^2 - \omega^2}$。由此可知,对于低于等离子体频率的电磁波,无碰撞等离子体对电磁波完全反射。

当入射电磁波频率 $\omega > \omega_{pe}$ 时,衰减常数为零,电磁波可以无损耗地通过等离子体,该频段为通带。等离子体的这种性质可以称为高通滤波器。无碰撞等离子体中电磁波的传播特性如图 3-10 所示。

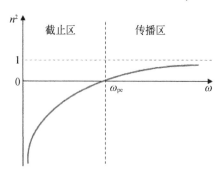

图 3-10　无碰撞等离子体中入射电磁波的频率及其折射率的关系

(2)对于损耗(有碰撞)等离子体,将方程式(3-40)代入式(3-39)后,电磁波的衰减常数和相位常数分别为

$$\alpha = k_0\left(\frac{1}{2}\left\{-\left(1 - \frac{\omega_{pe}^2}{\omega^2 + \nu_{eff}^2}\right) + \left[\left(1 - \frac{\omega_{pe}^2}{\omega^2 + \nu_{eff}^2}\right)^2 + \left(\mathrm{j}\frac{\nu_{eff}}{\omega}\frac{\omega_{pe}^2}{\omega^2 + \nu_{eff}^2}\right)^2\right]^{1/2}\right\}\right)^{1/2}$$

$$\beta = k_0\left(\frac{1}{2}\left\{\left(1 - \frac{\omega_{pe}^2}{\omega^2 + \nu_{eff}^2}\right) + \left[\left(1 - \frac{\omega_{pe}^2}{\omega^2 + \nu_{eff}^2}\right)^2 + \left(\mathrm{j}\frac{\nu_{eff}}{\omega}\frac{\omega_{pe}^2}{\omega^2 + \nu_{eff}^2}\right)^2\right]^{1/2}\right\}\right)^{1/2}$$

$$\tag{3-41}$$

式中,衰减常数 α 代表等离子体对电磁波的碰撞吸收。当频率大于等离子体频率的电磁波入射到等离子体内部时,等离子体通过碰撞吸收入射电磁波的大部分能量,其作用机理是电磁波的电场对自由电子做功,把一部分能量传递给电子,而电场自身的能量被衰减,电子通过与其他粒子的碰撞,把能量转化为无规则运动的能量,并按自由度均分。相位常数 β 代表电磁波在等离子体中的传播,其相速度为 ω/β。

在高频电磁波入射情况下: $\omega \gg \nu_{\mathrm{eff}}$ 且 $\omega \gg \omega_{\mathrm{pe}}$,有

$$\alpha \approx k_0 \frac{\nu_{\mathrm{eff}} \omega_{\mathrm{pe}}^2}{2\omega^3}(1 - \omega_{\mathrm{pe}}^2/\omega^2)^{-1/2} \tag{3-42}$$
$$\beta \approx k_0(1 - \omega_{\mathrm{pe}}^2/\omega^2)^{1/2}$$

显然,相位常数几乎与碰撞频率无关,即折射率几乎与碰撞频率无关。同时,衰减常数 $\alpha \ll \beta$,等离子体变成一种损耗较低的介质,其物理机制为电磁波的电场变化太快,使得等离子体中的电子来不及响应电场的变化,所以碰撞吸收较小。

在低频电磁波入射情况下: $\nu_{\mathrm{eff}} \gg \omega$,$\omega_{\mathrm{pe}} \gg \omega$,此时等离子体是良导体,在一级近似下有

$$\alpha \approx k_0\left(\frac{\omega_{\mathrm{pe}}^2}{2\omega\nu_{\mathrm{eff}}}\right)^{1/2}\left(1 + \frac{\omega}{2\nu_{\mathrm{eff}}}\right) \tag{3-43}$$
$$\beta \approx k_0\left(\frac{\omega_{\mathrm{pe}}^2}{2\omega\nu_{\mathrm{eff}}}\right)^{1/2}\left(1 - \frac{\omega}{2\nu_{\mathrm{eff}}}\right)$$

从中可以看出,衰减常数和相位常数近似相等,此时与电磁波在导体内传播相似,存在趋肤效应,趋肤深度 $\delta = (2/c\alpha\sigma)^{1/2}$,其中,电导率 $\sigma = \varepsilon_0\omega_{\mathrm{pe}}^2/\nu_{\mathrm{e}} + \varepsilon_0\omega_{\mathrm{p}}^2/\nu_{\mathrm{i}}$。

电磁波入射于弱碰撞、低密度等离子体中,满足 $\nu_{\mathrm{eff}} \ll \omega_{\mathrm{pe}} < \omega$,有

$$\alpha \approx k_0(1 - \omega_{\mathrm{pe}}^2/\omega^2)^{1/2}\frac{\omega_{\mathrm{pe}}^2}{2\omega(\omega^2 - \omega_{\mathrm{pe}}^2)}\nu_{\mathrm{eff}} \tag{3-44}$$
$$\beta \approx k_0(1 - \omega_{\mathrm{pe}}^2/\omega^2)^{1/2}$$

显然,折射率几乎与碰撞频率无关,而电磁波的衰减常数与碰撞频率成正比。

电磁波入射于弱碰撞、高密度等离子体中,满足 $\nu_{\mathrm{eff}} \ll \omega_{\mathrm{pe}} > \omega$,有

$$\alpha \approx k_0(\omega_{\mathrm{pe}}^2/\omega^2 - 1)^{1/2} \tag{3-45}$$
$$\beta \approx k_0(\omega_{\mathrm{pe}}^2/\omega^2 - 1)^{1/2}\frac{\omega_{\mathrm{pe}}^2}{2\omega(\omega_{\mathrm{pe}}^2 - \omega^2)}\nu_{\mathrm{eff}}$$

显然,折射率与碰撞频率成正比,这说明碰撞开始影响波的传播,而电磁波的衰减常数几乎与碰撞频率无关,这说明在高密度的情况下,波的衰减主要是由于截止效应而非碰撞。

电磁波入射于强碰撞等离子体中,满足 $\nu_{\text{eff}} \gg \omega_{\text{pe}}$,$\omega$,有

$$\alpha \approx k_0 \omega_{\text{pe}}^2 / (2\omega\nu_{\text{eff}})$$
$$\beta \approx k_0 \tag{3-46}$$

显然,由于碰撞太强,电导率很低,接近于绝缘体,此时碰撞效应已经不影响电磁波的传播,波的吸收也随碰撞的增强而减小。

3.6.2　电磁波在磁化等离子体中的传播

外加磁场使得等离子体变为各向异性的电介质,磁化等离子体的相对介电常数是一个张量,其形式如下:

$$\varepsilon_{\text{p}} = \begin{bmatrix} \varepsilon_{xx} & \varepsilon_{xy} & 0 \\ -\varepsilon_{xy} & \varepsilon_{yy} & 0 \\ 0 & 0 & \varepsilon_{zz} \end{bmatrix} \tag{3-47}$$

式中,

$$\varepsilon_{xx} = 1 - UX/(U^2 - Y^2), \quad \varepsilon_{xy} = -jXY/(U^2 - Y^2), \quad \varepsilon_{zz} = 1 - X/U$$
$$X = (\omega_{\text{pe}}^2/\omega^2), \quad Y = \omega_{\text{Le}}/\omega, \quad U = 1 + j\nu_{\text{eff}}/\omega, \quad \omega_{\text{Le}} = eB/m_{\text{e}} \tag{3-48}$$

通常主要分析外加磁场与入射电磁波的波失平行和垂直两种特殊情况下磁化等离子体中电磁波的传播,详细的讨论请参考文献(李定等,2006)。

1. 等离子体对射频波、螺旋波、微波的投入与吸收

在离子电推进中,为了消除空心阴极及直流气体放电可能对电源和推力器寿命的影响,一个可选的替代方案是利用电磁波与等离子体的相互作用,例如,射频场对电子加热、磁化等离子体对微波的共振吸收来实现对工质的电离。

高频放电是由天线从外部得到功率,通过电磁场对电子的加速作用来维持等离子体。对于 $I\text{e}^{i\omega t}$ 沿 z 轴流动的微小长度为 dz 的天线,在以其中心为原点的球坐标系(r, Θ, ϕ)下,其周围电场在 Θ 方向的振幅为

$$E_\theta = A\left[-\frac{1}{kr} + \frac{1}{(kr)^2} + \frac{1}{(kr)^3} \right] \frac{I\text{d}z}{4\pi} \sin\theta \text{e}^{-ikr} \tag{3-49}$$

式中,$A = k^2\sqrt{\mu_0/\varepsilon_0}$;波数 $k = \omega/c$。从中可以看出,公式右边括号内是由离开天线

的相对距离 r 按 r^{-1}、r^{-2}、r^{-3} 成比例的三项组成的。在远离天线处,r^{-1} 的项强于其他项,而在天线附近,r^{-2} 项、r^{-3} 项占优势。另外,这三项相对于角频率分别与 ω^{-1}、ω^{-2}、ω^{-3} 成正比,所以随着频率的增高,感应电场(r^{-2} 项)比静电场(r^{-3} 项)更有优势,而当频率进入微波波段后电磁波成分(r^{-1} 项)更占优势。

  2. 射频线圈激励的电磁波与放电等离子相互作用

  在电推力器中的射频(RF,1 MHz<f<500 MHz)放电主要基于射频 ICP,其基本原理就是通过射频电场将射频功率传递给等离子体电子,交变的电场加速电子,使电子获得足够的能量去电离气体原子或分子,而离子由于质量很大来不及响应射频场。电感耦合等离子体放电类似于金属电感加热,只不过典型的射频等离子体的电导率 σ 远小于金属。射频电场将在电导负载中感应出涡流,而涡流被约束在等离子体边界处的薄趋肤层内,其趋肤深度 δ 与电导率和角频率 ω 有关:

$$\delta = \left(\frac{2}{\mu_0 \sigma \omega}\right)^{1/2} \tag{3-50}$$

  对于等离子体,电导率为

$$\sigma = \frac{n_e e^2}{m_e(\nu + j\omega)} \tag{3-51}$$

式中,ν 是等离子体电子碰撞频率;n_e 是电子密度;m_e 是电子质量。一般而言,等离子体的趋肤深度在 1～10 cm。射频离子推力器基本的放电室结构如图 3-11 所示。

  在 ICP 放电中的研究表明:在低电子密度下等离子体的趋肤深度大($\sigma \gg r_0$),且在柱半径的尺度内磁场几乎为常数,而电场 E_θ 是非均匀的,从柱的边缘到中心线性下降;在高电子密度下,有 $\sigma \ll r_0$,此时电场和磁场在等离子体趋肤深度内几乎都是指数下降的。射频输入的复功率为耗散功

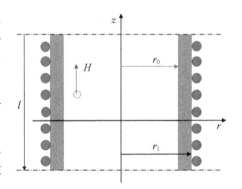

图 3-11　射频离子推力器基本的
放电室结构

率和电磁场的储存功率之和,其实部为系统的平均耗散功率,为

$$P_{\text{abs}} = \text{Re}[P] = \text{Re}\left[-\frac{1}{2}E_\theta H_z 2\pi r_c l\right] = \frac{\pi N^2}{l\omega\varepsilon_0}\text{Re}\left[\frac{jkr_0 J_1(kr_0)}{\varepsilon_p J_0(kr_0)}\right]I_{\text{coil}}^2 \tag{3-52}$$

式中,r_c 为放电室半径与壁厚度之和;l 为放电室的长度($l \gg r_0$)。从式(3-52)中

可以看出：当放电等离子体处于低密度区域时,等离子体的吸收功率随电子密度线性增加,并达到一个最大值,然后在高密度区域随电子密度的-1/2次幂衰减。造成这种现象的物理机制为:在低密度区等离子体的存在对电磁场无修正;随着电子密度增大,等离子体的电导率增加,由于趋肤效应,等离子体的功率吸收只发生在等离子体边界的趋肤层内。

3. 螺旋波与放电等离子体相互作用

螺旋波放电是由在放电室外放置的一个射频天线和两组用于产生轴向恒稳磁场的线圈组成的。在外加磁场的影响下,等离子体的电介质特性发生很大变化,使得低频电磁波（即 $\omega \ll \omega_{pe}$）能够在等离子体内部传播,并不像感应耦合放电方式那样仅局限于在等离子体表面传播。对于平行于磁力线传播的电磁波,在冷等离子体近似下,忽略离子后,碰撞等离子体的色散关系为

$$
\begin{aligned}
n_{R}^{2} &= 1 + \frac{\omega_{pe}^{2}}{\omega\omega_{ce}(1 - \omega/\omega_{ce} + j\nu_{eff}/\omega_{ce})} \\
n_{L}^{2} &= 1 - \frac{\omega_{pe}^{2}}{\omega\omega_{ce}(1 + \omega/\omega_{ce} + j\nu_{eff}/\omega_{ce})}
\end{aligned}
\tag{3-53}
$$

这里的右旋圆偏振波（R 波）表示沿着静磁场 B_0 方向看,波电场是顺时针旋转的;而左旋圆偏振波（L 波）沿着静磁场方向看,波电场是逆时针旋转的。研究表明,螺旋波是沿着磁力线方向（假设沿 z 轴）传播的低频右旋圆偏振波,其频率范围满足:$\omega_{ci} \ll \omega \ll \omega_{ce}$。在碰撞等离子体中,螺旋波的波数是一个复数（$k = k_{real} - jk_{imag}$）,等离子体对螺旋波的特征吸收长度由复波数的虚部确定:$\alpha_z \equiv k_{imag}^{-1}$。当螺旋波在几个波长的距离内被吸收时,可以假设 $\alpha_z \gg \lambda_z$,即等价为 $k_{imag} \leqslant k_{real}$。磁化碰撞等离子体对螺旋波的吸收长度反比于碰撞频率:$\alpha_z \propto \omega_{ce}/\nu_{eff}$,即碰撞频率越大,吸收长度越短。

4. 微波与放电等离子体相互作用

电子回旋共振离子推力器基于微波与等离子体的相互作用,当入射微波的频率 ω 趋近于电子回旋频率 ω_{ce} 时,R 波的折射率趋向于无穷大[式(3-53)色散方程中忽略碰撞项],这时入射电磁波在等离子体中出现共振,称为电子回旋共振加热。由于此时电场矢量旋转频率与电子回旋频率近似相等,在电子看来,波动的电场几乎是不变的,电场能持续不断地加速电子,波的能量转化为电子的动能,并与中性原子发生碰撞,电离产生等离子体。

在忽略碰撞后的色散关系式(3-53)中,当 $n \to 0$,可以得到右旋截止频率 ω_R 为

$$\omega_R = \frac{\omega_{ce}}{2} + \sqrt{\omega_{pe}^2 + \omega_{ce}^2/4} \qquad (3-54)$$

磁化等离子体的右旋圆偏振波的色散关系如图 3-12 所示,从图中可以看出,在磁化等离子体中,R 波具有两个通带,即 $\omega > \omega_R$ 的区域和 $\omega > \omega_{ce}$ 的区域,以及一个阻带,即 $\omega_{ce} \leqslant \omega \leqslant \omega_R$。 值得注意的是,磁化等离子体为入射电磁波开辟了多个窗口,导致频率较低的电磁波也能在等离子体中传播;而非磁化等离子体则具有"高通滤波器"的性质,只有高频电磁波才能通过。

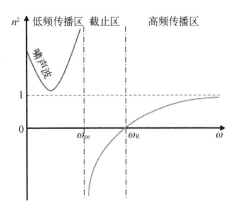

图 3-12 磁化等离子体中右旋偏振波的色散关系

参考文献

陈兆权,王冬雪,夏广庆,等,2014.微波放电等离子体点火与助燃研究进展.固体火箭技术,37(1):63-67.

胡志强,甄汉生,施迎难,1985.气体电子学.北京:电子工业出版社.

兰光,2012.内燃机新型点火方式——微波点火的试验研究与机理模拟.北京:清华大学.

李定,陈银华,马锦秀,等,2006.等离子体物理学.北京:高等教育出版社.

刘长林,2011.大气压微波等离子体射流装置设计及试验研究.武汉:武汉工程大学.

刘繁,汪建华,王秋良,等,2011.常压微波等离子体炬装置的模拟与设计.强激光与粒子束,23(6):1504-1508.

马腾才,胡希伟,陈银华,等,2012.等离子体物理原理.合肥:中国科学技术大学出版社.

毛根旺,朱国强,杨涓,等,2007.水工质微波加热推力器的击穿点火与离解损失估算.推进技术,28(6):688-691.

王冬雪,2014.微波等离子体点火与助燃放电装置的理论模拟与试验研究.大连:大连理工大学.

徐学基,诸定昌,2006.气体放电物理.上海:复旦大学出版社.

杨津基,1983.气体放电.北京:科学出版社.

张庆,张贵新,王淑敏,等,2009.微波表面波等离子体的产生与特性研究.全国微波毫米波会议论文集(下册),北京:电子工业出版社:4.

Alexander P, Michael B, 2011. An introduction to laboratory, space and fusion plasmas. Physics Today, 64(6):55-56.

Blevin H A, Christiansen P J, 1985. Electron-velocity distribution functions in gases: the influence of anisotropic scattering and electron nonconservation by attachment and ionization. Physical Review A, 31(4):2215-2226.

Boswell R W, Giles M, 1977. Generation of whistler-mode radiation by parametric decay of Bernstein waves. Physical Review Letters, 39(5):277-280.

Breizman B N, Arefiev A V, 2000. Radially localized helicon modes in nonuniform plasma. Physical Review Letters, 84(17):3863-3866.

Celik Y, Crintea D L, Luggenholscher D, et al. , 2009. Collisionless wave damping in neutral loop discharges. Plasma Physics and Controlled Fusion, 51: 124040.

Chen F F, 1980. 等离子体物理导论. 林光海译. 北京: 人民教育出版社.

Chen F F, Hsieh M J, Light M, 1994. Helicon waves in a non-uniform plasma. Plasma Sources Science and Technology, 3(1): 49 − 57.

Degeling A W, Jung C, Boswell R W, et al, 1996. Plasma Production from helicon waves. Physics of Plasmas, 3(7): 2788 − 2796.

Goebel D M, Katz I, 2008. Fundamentals of Electric Proplsion: Ion and Hall Thruster. JPL Space Science and Technology Series. California: Wiley.

John D M, Robert R O, Stephan P, et al. , 1994. Midcourse space experiment: introduction to the spacecraft, instruments, and scientific objectives. Journal of spacecraft and Rockets, 31(5): 900 − 907.

Lieberman M A, Lichtenberg A J, 2005. Principles of plasma discharges and materials processing, 2nd ed. New York: Wiley-Interscience.

Lieberman M A, Lichtenberg A J, Savas S E, 1992. Model of magnetically enhanced, capacitive RF discharges. Plasma Science, 19(2): 189 − 196.

Sansonnens L, Howling A A, Hollenstein C, 2006. Electromagnetic field nonuniformities in large area, high-frequency capacitive plasma reactors, including electrode asymmetry effects. Plasma Sources Science and Technology, 15(3): 302 − 313.

Shoji T, Kanawa H, Kohno H, et al. , 1986. Computer-based distribution automation. IEEE Transactions on Power Delivery, 1(1): 265 − 271.

Stix T H, 1992. Waves in Plasma. New York: AIP Press.

Watari T, Hatori T, Kumazawa R, et al. , 1978. Radio-frequency plugging of a high-density plasma. Physics of Fluids, 21(11): 2076 − 2081.

第4章
基础低温等离子体物理

4.1 低温等离子体的基本概念

4.1.1 等离子体的定义及其分类

等离子体是由大量原子、分子、电子及离子组成,在宏观上呈准中性,且具有集体效应的混合气体。与固体、液体、气体一样,等离子体是物质的一种聚集状态,又称为物质的第四态(李定等,2006)。

准中性是指在等离子体中的正负粒子数目基本相等,系统在宏观上呈现电中性,但在小尺度上存在非准中性,并呈现一定的电磁特性。集体效应则突出地反映了等离子体与中性气体的区别,在中性气体中粒子的相互作用是粒子间频繁的碰撞,两个粒子只有在碰撞的瞬间才有相互作用,而等离子体中带电粒子间的相互作用是库仑力作用,体系内的多个带电粒子均同时且持续地参与作用,任何带电粒子的运动状态均受到其他粒子运动的影响。另外,带电粒子的运动产生的电磁场又会影响其他带电粒子的运动。因此,等离子体呈现集体效应。

从电离方式的角度来说,产生等离子体的方式通常有热电离、光电离和气体放电三种。其中,气体放电是目前最普遍的等离子体产生方式。根据放电气压高低,等离子体一般分为低气压(<10 Torr)放电、中等气压(10~100 Torr)放电和高气压放电等离子体;根据气体的电离程度,等离子体可以分为强电离等离子体和弱电离等离子体;根据等离子体的温度又可将其分为高温等离子体和低温等离子体,其中,高温等离子体又包括高温高密度等离子体和高温低密度等离子体,而低温等离子体按物理性质又可分为热等离子体(或近局部热力学平衡等离子体)和冷等离子体(或非热力学平衡等离子体)。

热等离子体(或近局部热力学平衡等离子体)主要由高强度直流电弧放电和高频(几兆赫兹至几十兆赫兹)感应耦合放电方法产生,有时也由交流电弧、脉冲放电、微波放电、激波加热、丝状放电等方法产生。其主要特点是放电所需的电场强度与气体压强的比值较低(E/p),所以热电离是主要的电离机制,粒子的碰撞过程起支配作用,等离子体中带电粒子和中性粒子接近热力学平衡(各种粒子大致处于相同的温度),故又称为热力学平衡等离子体。

冷等离子体(或非热力学平衡等离子体)主要由辉光放电、电晕放电、微波放电、介质阻挡放电、电子束轰击放电等方法产生,放电所需的电场强度与工作室气压的比值较高(电场较强,气压较低),所以气体粒子数密度较低,粒子间碰撞耦合较弱,电子在外电场加速作用下获得的能量不能及时传递给原子、分子、离子、自由基等重粒子,这使得等离子体中的电子温度远高于中性粒子和离子的温度,故称为非热力学平衡等离子体。

4.1.2   低温等离子体的应用

低温等离子体是指在试验室和工业设备中通过气体放电或高温燃烧而产生的温度低于几十万摄氏度的部分电离气体。在试验室和工业设备中,低温等离子体的产生方式包括直流放电、射频放电、微波放电、介质阻挡放电、纳秒脉冲放电、激光诱导放电、电子束轰击放电等。低温等离子体的主要特征包括:等离子体温度较低,一般在 10 eV 及其以下;气体电离率较低(弱电离),一般小于 1%;等离子体的成分复杂,包括电子、离子、原子、分子等,同时与其他物质具有强烈的相互作用。不同的低温等离子体产生方式下的电子数密度、温度范围如图 4-1 所示(Yiguang et al. ,2015)。

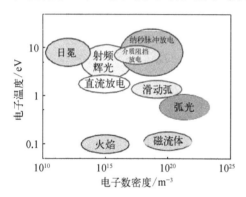

图 4-1   几种低温等离子体的电子数密度与电子温度

低温等离子体物理主要研究部分电离气体的产生、性质及其运动规律。低温等离子体的电离度、电子温度、电子密度、电子与重粒子的温度比、气压、气体成分及几何尺度等都具有非常大的变化范围,例如,低温等离子体的密度在 10^{10} ~ 10^{24} m^{-3},跨越了 14 个量级,等离子体的温度在 10^{-1} ~ 10 eV,等离子体空间尺度从几毫米的微放电管到米量级大型放电室。

低温等离子体物理与技术,经历了一个空间等离子体研究向以材料为导向研究领域的重大转变,高速发展的空间电推进、微电子科学、环境科学、能源与材料科学等为低温等离子体科学技术的发展带来了新的机遇和挑战。低温等离子体的应用领域如图 4-2 所示。

1906 年戈达德提出了用电能加速带电粒子产生推力的设想,1960 年考夫曼运行了第一台电子轰击式离子推力器,至今,全世界有 1 000 余颗地球轨道卫星和深空探测器,使用过近 500 台电推进系统。目前,绝大部分电推进都是利用电能电离工质产生低温等离子体,并将其加速喷出从而产生推力,具有比冲高、寿命长、结构

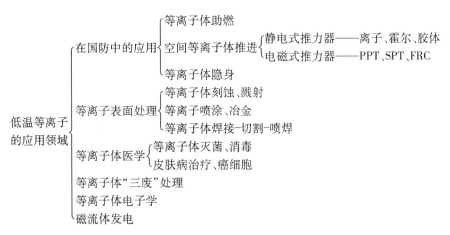

图 4 - 2　低温等离子体的应用领域

紧凑等优点。电推进放电室中产生的等离子体密度约为 $10^{18}\ \mathrm{m}^{-3}$，电子温度约为 10 eV，其产生的推力从毫牛顿到牛顿量级。

目前，几乎没有一种研究方法适用于各种电推进低温等离子体，例如，其放电和电离可以采用统计力学中的动理论方法；各种粒子间的碰撞，粒子与壁之间的相互作用过程可以采用蒙特卡罗方法来研究；等离子体运动和传热问题可以通过单流体或双磁流体力学方程来研究。无论哪种方法，往往都是高度非线性的，需要大型计算机的数值计算，而且在数值解和粒子模拟中仍然存在物理模型与算法上的困难。

4.2　低温等离子体常用特征参量

4.2.1　等离子体基本参量

等离子体是带电粒子与电磁场相互耦合的多粒子复杂体系。等离子体的状态主要取决于带电粒子的密度和温度，这也是等离子体的基本参量。其他的性质和参量大多与等离子体的密度、温度有关。

1. 等离子体密度与电离度

等离子体的基本成分除了带电粒子外还有中性粒子。电子密度和离子密度分别用 n_e 和 n_i 表示，在准中性条件下，$n_e = \sum Z_\alpha n_\alpha$。当只考虑一价离子时，电中性条件近似为 $n_e \approx n_i$，称为等离子体密度。若未电离的中性粒子数密度为 n_0，则气体的电离度 α 定义为

$$\alpha = n_e / (n_e + n_0) \qquad (4-1)$$

当 $\alpha > 0.1$ 时，称为强电离等离子体，$\alpha = 1$ 是完全电离等离子体，而低温等离

子体的电离度较小,一般小于 0.01,此时电离度 $\alpha = n_e/n_0$。 在热力学平衡下,电离和复合达到动态平衡,α 仅与粒子种类、密度和温度相关。这时,电离度和电离条件满足萨哈方程(邵涛等,2015)。

$$\frac{\alpha^2}{1 - \alpha^2} = \left(\frac{2\pi m_e}{\hbar^2}\right)^{3/2} \frac{(kT)^{5/2}}{p} e^{-\frac{eU^+}{kT}} = 0.033 \frac{T^{5/2}}{p} e^{-\frac{eU^+}{kT}} \tag{4-2}$$

式中,α、$\hbar$、U^+ 分别为气体的电离度、普朗克常量及气体的电离能。由此可知,气压越高,气体电离能越低,电子温度越高,电离度越大。

2. 等离子体温度

等离子体温度 T 只有在其达到热力学平衡(或是局部热力学平衡)时才有意义。对处于热力学平衡下的等离子体,其速度服从麦克斯韦分布:

$$f(v) = n\left(\frac{m}{2\pi kT}\right)^{3/2} \exp\left(-\frac{mv^2}{2kT}\right) \tag{4-3}$$

利用上述平衡分布得到粒子的平均动能:

$$E_k = \frac{3}{2}kT = \frac{3}{2}mv_{th}^2 \tag{4-4}$$

式中,$v_{th} = (kT/m)^{1/2}$ 为粒子运动的热速度。从式(4-4)中可以看出,粒子在每个自由度的平均能量等于 $kT/2$。T 与 E_k 如此紧密相连,所以在等离子体物理中,温度通常用能量单位来表示,1 eV 相当于热力学温度 11 600 K。

多粒子体系主要通过粒子间的碰撞来实现粒子间的动量和能量的交换、转移,最终达到热力学平衡。由于等离子体中电子和离子的质量相差巨大,所以同种粒子间达到平衡要比异种粒子间达到平衡快很多。因此,电子和离子在自身达到平衡而整体还未达到平衡之前,用自己的温度来表征。对于试验室及空间等离子体,通常电子温度 T_e 和离子温度 T_i 是不相等的,只有电子和离子最终达到热力学平衡时,才有统一的温度。

在等离子体处于磁场中时,磁场的存在将影响等离子体的性质。磁场对平行于磁场方向运动的带电粒子没有作用,而对垂直于磁场方向运动的带电粒子具有约束作用。因此,等离子体在磁场下存在各向异性,带电粒子的平行速度 $v_{//}$ 和垂直速度 $v_\perp$ 分布可能不同,相应地有平行温度 $T_{//}$ 和垂直温度 $T_\perp$。粒子的分布函数为

$$f(v) = \left(\frac{m}{2k\pi T_{//}}\right)^{1/2}\left(\frac{m}{2k\pi T_\perp}\right)\exp\left(-\frac{mv_{//}^2}{2kT_{//}} - \frac{mv_\perp^2}{2kT_\perp}\right) \tag{4-5}$$

则粒子的平行动能和垂直动能分别为

$$E_{//\mathrm{k}} = \frac{1}{2}\mathrm{m}v_{//}^2 = \frac{kT_{//}}{2}$$

$$E_{\perp\mathrm{k}} = \frac{1}{2}\mathrm{m}v_{\perp}^2 = \frac{kT_{\perp}}{2}$$

(4-6)

4.2.2 等离子体的几个特征参量

1. 粒子平均间距 d

密度为 n 的等离子体表示单位体积内有 n 个粒子。假如把单位体积分为 n 个边长为 d 的立方块,即平均每个立方块内均有 1 个粒子,因此,有 $d^3 n = 1$,则粒子的平均间距为

$$d = n^{-1/3}$$

(4-7)

2. 朗道长度 λ_{L}

朗道长度表示等离子体中一个 α 粒子和一个 β 粒子在碰撞时所能接近的最小距离。很显然,粒子的动能 kT 等于相互作用的势能,即

$$E_{\mathrm{p}} = \frac{Z_\alpha Z_\beta e^2}{4\pi\varepsilon_0\lambda_{\mathrm{L}}} = kT$$

(4-8)

一个 α 粒子以相对速度从无穷远向一个 β 粒子运动,当两个粒子的距离达到 λ_{L} 时,全部动能转化为势能,即

$$\lambda_{\mathrm{L}} = \frac{Z_\alpha Z_\beta e^2}{4\pi\varepsilon_0 \cdot kT} = 1.67 \times 10^{-5} Z_\alpha Z_\beta T^{-1}$$

(4-9)

利用朗道长度可以粗略地估算出库仑碰撞截面:

$$\delta_{\alpha\beta} \approx \pi\lambda_{\mathrm{L}}^2$$

(4-10)

朗道长度与粒子平均间距之比为

$$\eta = \frac{\lambda_{\mathrm{L}}}{d} \approx 1.67 \times 10^{-5} n^{1/3} T^{-1}$$

(4-11)

对于高温等离子体,有 $\eta \ll 1$。平均自由程 $\lambda = 1/(n\sigma)$,其中,σ 是粒子间的碰撞截面,n 为粒子数密度,对于库仑碰撞,有

$$\lambda = \frac{1}{n\sigma_{\alpha\beta}} \propto n^{-1} T^2$$

(4-12)

3. 经典条件

经典条件是指能用经典理论来描述等离子体需要满足的条件,这个条件是粒子的德布罗意波长 λ 远小于粒子的平均间距 d,即

$$\lambda = \frac{\hbar}{mv} \ll d \tag{4-13}$$

利用方程式(4-7),则方程式(4-13)可以等效为 $n^{1/3}T^{-1/2} \ll 1$。如果满足该条件,则忽略等离子体的量子效应,可以用经典理论来描述。很明显,对于高温低密度等离子体,上述经典条件是容易满足的。然而,对于低温高密度等离子体,上述经典条件不满足,需要用量子理论来描述,这类等离子体称为量子等离子体(李定等,2006)。

4. 稀薄条件

在讨论等离子体某些性质时,通常将等离子体看作理想气体来处理。满足什么条件才能把等离子体看作理想气体呢? 这个条件就是,等离子体粒子热运动的特征动能远大于粒子间的平均库仑相互作用势能,即

$$\frac{Z_\alpha Z_\beta e^2}{4\pi\varepsilon_0 d} \ll kT \tag{4-14}$$

由该式可以证明: $n\lambda_L^3 \ll 1$。该条件为稀薄条件,也称等离子体理想气体条件,这时,可以忽略粒子间相互作用势能,等离子体压强可写为 $p = p_e + p_i = n_e kT_e + n_i kT_i$。

4.2.3　等离子体的准中性

宏观电中性是等离子体的基本特征,但这只在一定的尺度上成立。由于受内部粒子热运动的扰动或外部干扰,等离子体的局部可能出现电荷分离,电中性条件被破坏。虽然,在库仑力作用下,电中性可以得到恢复,但是这种偏离与恢复在空间和时间的尺度有限,通常用德拜长度和等离子体振荡频率来表征。

1. 德拜屏蔽与德拜长度

若扰动使等离子体中某处出现电量为 q 的正电荷积累,则由于该团电荷的静电效应,在周围建立的电场会把异号电荷吸引到自己附近,同时排斥同号电荷,结果会出现带负电的"电子云"包围该"正电荷团"。这造成在该电荷团周围一定空间范围内,正负电荷数目不再相等,异号电荷出现过剩,多余的异号电荷产生的电场与原电荷团 q 产生的电场叠加,总的效果会削弱原电荷团的静电势,即它们对原电荷团 q 的场具有屏蔽作用,这种现象在等离子体中称为德拜屏蔽。

假设等离子体中的电子和离子均处于热力学平衡,其中,正电荷 q 中心位于坐

标原点。对于空间电荷分布为 $\rho(r)$ 的平衡粒子体系,空间距中心 r 处的电势分布 $\phi(r)$ 满足泊松方程:

$$\nabla^2 \phi(r) = -\rho(r)/\varepsilon_0 \qquad (4-15)$$

由于空间电荷密度分布具有球对称性,所以在球坐标系下,式(4-15)变为

$$\frac{1}{r^2}\frac{\mathrm{d}}{\mathrm{d}r}\left(r^2\frac{\mathrm{d}\phi}{\mathrm{d}r}\right) = \frac{e}{\varepsilon_0}\left(n_e - \sum n_\alpha Z_\alpha\right) \qquad (4-16)$$

假设势场中,粒子数密度服从玻尔兹曼分布:

$$n_e = n_{e0}\exp\left[\frac{e\phi(x)}{kT_e}\right], \quad n_i = n_{i0}\exp\left(-\frac{Z_i e\phi(x)}{kT_i}\right) \qquad (4-17)$$

式中,n_{e0} 和 n_{i0} 分别表示在电势 ϕ 处的电子密度和离子密度。假设等离子体理想气体条件成立,且满足准中性条件 $n_{e0} = \sum n_{i0}z_i$,在离该带电粒子较远处 $e\phi \ll kT_e$,$Z_i e\phi \ll kT_i$,将式(4-17)进行泰勒展开,并保留一阶小量后将其代入泊松方程,得

$$\frac{1}{r^2}\frac{\mathrm{d}}{\mathrm{d}r}\left(r^2\frac{\mathrm{d}\phi}{\mathrm{d}r}\right) = \frac{\phi}{\lambda_D^2} \qquad (4-18)$$

式中,$\lambda_D = \left[n_{e0}e^2/(\varepsilon_0 kT_e) + n_{i0}Z_i^2 e^2/(\varepsilon_0 kT_i)\right]^{-1/2}$ 是德拜长度,它是等离子体物理中最重要的特征参量之一。电子、离子的德拜长度分别表示为

$$\lambda_{De} = \left(\frac{n_{e0}e^2}{\varepsilon_0 kT_e}\right)^{-1/2}$$

$$\lambda_{Di} = \left(\frac{n_{i0}Z_i^2 e^2}{\varepsilon_0 kT_i}\right)^{-1/2} \qquad (4-19)$$

下面主要求德拜屏蔽势的具体表达式,作变换 $\phi(r) = u(r)/r$,则上述泊松方程变为

$$\frac{\mathrm{d}^2 u(r)}{\mathrm{d}r^2} - \frac{u(r)}{\lambda_D^2} = 0 \qquad (4-20)$$

解该方程,则有

$$\phi(r) = \frac{A}{r}\exp\left(-\frac{r}{\lambda_D}\right) + \frac{B}{r}\exp\left(\frac{r}{\lambda_D}\right) \qquad (4-21)$$

式中,A 和 B 是待定系数,由边界条件决定。引入边界条件:$r\to\infty$,$\phi\to0$;$r\to0$,

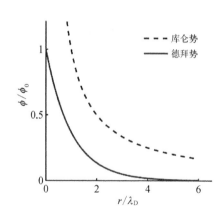

图 4-3　德拜势与库仑势在
空间的衰减曲线

$\phi \to q/(4\pi\varepsilon_0 r)$。

利用上述边界条件,可得 $A = q/(4\pi\varepsilon_0)$,$B = 0$,最终带电粒子周围静电势的表达式为

$$\phi(r) = \frac{q}{4\pi\varepsilon_0 r} e^{-r/\lambda_D} \qquad (4-22)$$

这就是德拜屏蔽势,它是以电荷 q 为中心的真空库仑势乘以衰减因子 $\exp(-r/\lambda_D)$ 得到的。德拜势和库仑势在空间的衰减曲线如图 4-3 所示。

由于衰减因子的作用,德拜势分布随着电荷距离的增加迅速衰减。一般认为屏蔽该势的有效作用力程大致为德拜长度 λ_D,即以 λ_D 为半径的球称为德拜球,在德拜球外,德拜势可忽略。德拜长度的物理意义为:

(1) 等离子体对作用于它的电势具有屏蔽作用,屏蔽半径为德拜长度;

(2) 德拜长度是等离子体电中性条件成立的最小空间尺度,即从 $r > \lambda_D$ 范围来看,等离子体是电中性的;

(3) 德拜长度是等离子体宏观空间尺度的下限,即等离子体存在的空间尺度 $L \gg \lambda_D$。

在求上面的德拜势时,曾经假定电子密度和离子密度服从玻尔兹曼分布,以忽略粒子分布引起的微观起伏带来的影响,这时,要求德拜球内粒子数目足够多,即

$$N_d = n\lambda_D^3 \gg 1 \qquad (4-23)$$

2. 等离子体振荡和频率

等离子体会自发地产生集体振荡,称为等离子体振荡。产生这种振荡的原因与等离子体保持整体电中性有直接关系。等离子体如果受到某种外界扰动,大于德拜长度的某一局部区域内的电中性会受到破坏,出现离子过剩。由于过剩离子产生的强电场作用,电子将以极大的加速度回到电荷分离区,使整体恢复电中性。但由于惯性作用,电子运动不会停止,而是继续运动,这样又重新破坏电中性产生强电场,引起电子反向运动。这一过程不断反复,该现象称为等离子体振荡,是由朗缪尔(Langmuir)在 1929 年研究气体放电过程时发现的,故又称为朗缪尔振荡。在上述过程中,因离子质量较大,故在电子运动的时间尺度内,它们几乎静止不动,同时,忽略粒子间的碰撞,就出现了等离子体中大量电子的集体振荡。离子并不是没有运动,只是为电子的集体振荡提供背景。

电子振荡可以用一个简单模型来描述。在厚度为 L 的片状等离子体中,粒子

数密度为 n。假设电子相对离子运动的
很小距离为 x，于是，在片状等离子体的
一侧出现电子过剩，另一侧出现多余的
离子，如图 4-4 所示。把这两个电荷过
剩区设想为很薄的面，它们的面电荷密
度大小为 $\sigma = n_e e_x$，这时将产生一个
电场：

$$E = \frac{\delta}{\varepsilon_0} = \frac{n_e e}{\varepsilon_0} x e_x \quad (4-24)$$

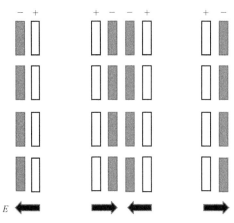

图 4-4　等离子体振荡机制

该电场有把电子拉回原来平衡位置
的趋势。在无外磁场和忽略电子热运动
及碰撞效应的情况下，单个电子的运动满足：

$$m_e \frac{\mathrm{d}^2 x}{\mathrm{d}t^2} = -eE = -\frac{n_e e^2}{\varepsilon_0} x \quad (4-25)$$

式中，m_e 为电子质量；负号表示电子运动方向与电场方向相反。式（4-25）可写为

$$\frac{\mathrm{d}^2 x}{\mathrm{d}t^2} + \omega_{pe}^2 x = 0 \quad (4-26)$$

方程式（4-26）即为振荡方程，其中，$\omega_{pe} = \sqrt{n_e e^2/(\varepsilon_0 m_e)}$ 是电子振荡频率，
称为等离子体振荡频率或者朗缪尔振荡频率，它是等离子体物理中重要的参数
之一。

用上述方法同样可以讨论离子的振荡，设想电子比较活跃，在离子运动的一个
周期内，电子依靠自身的热运动在空间均匀分布。这样，认为离子在电子均匀分布
的背景下振荡，此时对应的离子振荡频率为

$$\omega_{pi} = \left(\frac{n_i Z_i^2 e^2}{\varepsilon_0 m_i} \right)^{1/2} \quad (4-27)$$

式中，m_i 为离子质量，由于 $m_i \gg m_e$，有 $\omega_{pe} \gg \omega_{pi}$。

在一般情况下，若同时考虑电子和离子在电场作用下的运动，则振荡频率为
$\omega_p = (\omega_{pe}^2 + \omega_{pi}^2)^{1/2} \approx \omega_{pe}$，等离子体振荡周期 $\tau_p = 1/\omega_p$，其物理意义如下：

（1）等离子体对热涨落具有阻止作用，振荡周期是等离子体阻止热涨落并转
入朗缪尔振荡的最短时间。

（2）振荡周期是等离子体电中性条件成立的最小时间尺度，即只有从时间间隔 $\tau > \tau_p$ 的范围来看，等离子体才是宏观电中性的。

（3）振荡周期是等离子体存在的时间下限，即等离子体持续时间 $\tau \gg \tau_p$。

3. 等离子体参量和等离子体判据

德拜长度和振荡频率只与等离子体温度和密度有关，是等离子体集体行为的特征参量，它们存在如下关系：

$$\lambda_D = v_{th}/\omega_{pe} \tag{4-28}$$

通常把电子以热速度走过德拜长度所需的时间定义为响应时间：$t_D = \lambda_D/v_{th} = 1/\omega_{pe}$。

因此，振荡频率的倒数就是等离子体对扰动的响应时间。它表示等离子体在某处受到扰动，等离子体将在 ω_{pe}^{-1} 的时间内给予消除，也就是等离子体某区域电中性一旦破坏，等离子体将在 ω_{pe}^{-1} 的时间内恢复电中性。

上面讨论了无外加磁场情况下等离子体两个重要的集体效应，即势对场的屏蔽效应和对扰动的响应特性，这是等离子体不同于中性气体的特有性质。等离子体准中性的条件和判据为

$$L \gg \lambda_D, \ n\lambda_D^3 \gg 1, \ \tau \gg t_D \tag{4-29}$$

只有满足这三个条件的电离气体才能称为等离子体。其中，L 为系统在空间的特征长度，τ 为带电粒子与中性粒子的平均碰撞时间。

4.3   低温等离子体运动学

目前，描述等离子体的运动方法通常有三种。第一种方法是单粒子运动模型，其主要研究带电粒子在给定电磁场中的运动，而不考虑带电粒子的运动对场的反作用及带电粒子之间的相互作用，它能反映带电粒子运动的直观图像，如本书第 5 章所述。第二种方法是流体模型，其主要将等离子体看作导电磁流体，借助流体力学方程和麦克斯韦方程组构成的自洽体系描述等离子体的集体现象，该方法可以描述等离子体中绝大多数观察到的现象。第三种方法是动理学模型，其主要利用统计物理的方法来描述等离子体中每种成分粒子的速度分布函数 $f = f(r, v, t)$，其研究尺度比导电磁流体小，能揭示等离子体中更多的信息（如朗道阻尼）。这里主要介绍后两种方法来描述等离子体。

4.3.1   等离子体运动方程

当等离子体的密度较大时，粒子间碰撞频繁，这时可以将等离子体近似为导电

磁流体来处理,该模型适合于缓慢变化的等离子体(等离子体特征长度和特征时间远大于粒子的平均自由程和平均碰撞时间)。此时,等离子体可近似认为处于局部热平衡,所以可以用流体力学及热力学参量来描述等离子的宏观运动。描述等离子体宏观运动的流体方程组如下。

等离子体的连续性方程:

$$\frac{\partial n}{\partial t} + \nabla \cdot (nv) = \dot{n}_s \qquad (4-30)$$

等离子体的运动方程:

$$nm \frac{\mathrm{d}v}{\mathrm{d}t} = qnE - \nabla p - nm\nu(v - v_o) \qquad (4-31)$$

能量方程:

$$\rho \frac{\mathrm{d}}{\mathrm{d}t}\left(\varepsilon + \frac{v^2}{2}\right) = -\nabla \cdot pv + E \cdot J - \nabla \cdot (-\kappa \nabla T) \qquad (4-32)$$

流体的状态方程:

$$p = p(\rho, T) \qquad (4-33)$$

麦克斯韦方程组:

$$\begin{aligned} \nabla \times E &= -\partial B/\partial t \\ \nabla \times B &= \mu_0 J \\ \nabla \cdot E &= \rho/\varepsilon_0 \\ \nabla \cdot B &= 0 \end{aligned} \qquad (4-34)$$

欧姆定律:

$$J = \sigma E \qquad (4-35)$$

其中,状态方程式(4-33)有等温过程、绝热过程可选。

在宏观上等离子体是两种成分以上的流体,构成的方程组特别复杂,只有在某些特定的情况下才能处理。通常,对于高度电离的等离子体,可以认为其是由电子和离子组成的,同时考虑两者间的耦合,这就是等离子体的双流体模型。

流体方程能自洽地解释等离子体的集体现象,不区分不同速度的粒子所起的不同作用,只关心流体元的平均效果。但有些现象却用流体方法无法描述,必须考虑等离子体中每种成分粒子的速度分布函数 $f(v)$,这种处理方法称为动理论。动理论的方法,就是通过对大量微观粒子运动的研究,用统计方法求出微观量的平均值来说明物质的宏观特性。

等离子体在用流体描述时,物理量只有 3 个空间坐标和 1 个时间坐标(r, t)的函数。当其用动理学描述时,还必须区分具有不同运动速度的粒子,分布函数除了是空间坐标和时间的函数外,还是速度的函数,即 $f = f(r, v, t)$。 在统计物理中,微观粒子的分布函数必须满足的基本方程是玻尔兹曼方程:

$$\frac{\partial f}{\partial t} + v \cdot \nabla f + \frac{F}{m} \cdot \frac{\partial f}{\partial v} = \left(\frac{\partial f}{\partial t} \right)_c \qquad (4-36)$$

式中,F 为作用在粒子上的力;∇ 为空间坐标的梯度算符;$\partial/\partial v = \nabla_v$ 为速度空间的梯度算符。方程的右边代表碰撞引起分布函数的变化率,左边各项的物理意义如下:由于分布函数代表相空间的粒子数密度,方程左边第一项为当地导数,第二项为坐标空间的随流导数,第三项为速度空间的随流导数。假定跟踪粒子轨道,即与粒子一起运动,则在轨道上的位置和速度都是时间的函数。这时,方程式(4-36)可以写为

$$\frac{\mathrm{d}f}{\mathrm{d}t} = \frac{\partial f}{\partial t} + v \cdot \nabla f + \frac{F}{m} \cdot \nabla_v f = \left(\frac{\partial f}{\partial t} \right)_c \qquad (4-37)$$

由此,玻尔兹曼方程的物理意义就明确了:如果没有碰撞项,则 $\mathrm{d}f/\mathrm{d}t = 0$,这就代表相空间粒子数守恒,即从与粒子一起运动的坐标上看,周围的粒子数密度是不变的;当有碰撞时,有些粒子被抛出去,有些粒子被碰进来,粒子数不再守恒,分布函数(粒子数密度)的变化就等于碰撞引起的变化。

对于无碰撞等离子体 $(\partial f/\partial t)_c = 0$,等离子体受到的力为电磁力($F = qE + qv \times B$),则动力学方程为

$$\frac{\partial f}{\partial t} + v \cdot \nabla f + \frac{F}{m} \cdot \nabla_v f = 0 \qquad (4-38)$$

这个方程称为弗拉索夫方程,即无碰撞等离子体的动理论方程,由于该方程无碰撞,所以主要应用于高温等离子体。

4.3.2　等离子体的热运动

处于非平衡态的等离子体,它的部分参量,如密度、温度、流动速度等,通常是非均匀的。由于粒子间的碰撞,在等离子体中会发生粒子迁移、动量迁移、电荷迁移及热量迁移等过程,这些过程统称为输运过程或输运现象。研究输运过程可以采用一种直观分析法,即分析具有非均匀参量(如密度、温度等)等离子体中的一个试验粒子与其他类粒子碰撞时的运动行为,从而得到各输运过程的直观结论。

等离子体是由大量粒子所组成的集合,其中包含电子、离子及中性粒子。这些粒子处于无规则的不断运动之中,它们之间必将发生碰撞相互作用。由于带电粒子间的库仑相互作用是长程力,它们之间发生碰撞一般是多体过程,这使得等离子体中粒子间的碰撞过程极为复杂。一般而言,等离子体中粒子的碰撞特性与等离子体的密度、温度及气体电离度的强弱有关。等离子体间发生碰撞,包括带电粒子间的碰撞及带电粒子和中性粒子间的碰撞等。

电子和中性原子的碰撞频率(Katz et al. ,2003)为

$$\nu_{en} = \sigma_{en}(T_e) n_a \sqrt{\frac{8kT_e}{\pi m}} \tag{4-39}$$

例如,Xe 原子与服从麦克斯韦分布的电子的散射截面可以描述为

$$\sigma_{en}(T_e) = 6.6 \times 10^{-19} \left[\frac{T_{eV}/4 - 0.1}{1 + (T_{eV}/4)^{1.6}} \right] \ (m^2) \tag{4-40}$$

式中, T_{eV} 的单位为 eV。对于电子与离子间的库仑碰撞,在 SI 单位中碰撞频率(Book,1987)为

$$\nu_{ei} = 2.9 \times 10^{-12} \frac{ne\ln \Lambda}{T_{eV}^{3/2}}, \ \ln \Lambda = 23 - \frac{1}{2}\ln\left(\frac{10^{-6} n_e}{T_{eV}^3}\right) \tag{4-41}$$

电子与电子碰撞频率为

$$\nu_{ee} = 5 \times 10^{-12} \frac{n_e \ln \Lambda}{T_{eV}^{3/2}} \tag{4-42}$$

离子与离子碰撞频率为

$$\nu_{ii} = Z^4 \left(\frac{m}{M}\right)^{1/2} \left(\frac{T_e}{T_i}\right)^{3/2} \nu_{ee} \tag{4-43}$$

等离子体中电子与其他粒子的碰撞产生电阻率,这为等离子体提供了一种加热机制。该加热机制通常称为欧姆加热或者焦耳加热。在稳态下,忽略电子的惯性且考虑电子与离子碰撞和电子与中性原子碰撞之后,电子运动方程为

$$0 = -en\left(E + \frac{\nabla p_e}{en}\right) - en v_e \times B - nm(\nu_{ei} + \nu_{en}) + nm\nu_{ei}\nu_i \tag{4-44}$$

带电粒子的流密度 $J = qnv$, 式(4-44)变为

$$\eta J_{e} = E + \frac{\nabla p - J_{e} \times B}{en} - \eta_{ei} J_{i} \tag{4-45}$$

该方程即为欧姆定律。由此可得部分电离的等离子体的电阻率为

$$\eta = \frac{m(\nu_{ei} + \nu_{en})}{e^{2} n} \tag{4-46}$$

很明显,在弱电离等离子体中,带电粒子与中性粒子的碰撞频率越高,电阻率越大。

4.3.3 等离子体的扩散——粒子输运

当等离子体中某种成分粒子的数密度分布不均匀时,由于粒子间的碰撞,这种成分的粒子将会从密度高的地方向密度低的地方迁移,使得各处密度的差别逐渐消失,这一过程称为扩散过程。

等离子体中密度的非均匀性可以用密度梯度 ∇n_{α} 表示;单位时间内穿过垂直于 ∇n_{α} 的单位面积的粒子个数用粒子流通量 Γ_{α} 表示。经验表明,由密度非均匀性引起的粒子流通量 Γ_{α} 与该处的密度梯度 ∇n_{α} 成正比,但方向相反,其关系为

$$\Gamma_{\alpha} = - D_{\alpha} \nabla n_{\alpha} \tag{4-47}$$

该式称为菲克定律。菲克定律是试验定律,描述了扩散过程的宏观规律,其中,比例系数 D_{α} 称为扩散系数,可由试验测量。

1. 无磁场时的扩散和迁移

在离子推力器中,扩散在粒子的输运中很重要。压力梯度和不同带电粒子,以及带电粒子与中性原子之间的碰撞产生等离子体自高密度区域向低密度区域的扩散,沿磁力线或者横跨磁力线。对于忽略磁场后的耗散等离子体,粒子运动方程为

$$nm \frac{dv}{dt} = qnE - \nabla p - nm\nu(v - v_{o}) \tag{4-48}$$

由于电子速度远大于中性粒子的速度,假设等离子体是等温的且扩散是稳态的,可得粒子速度为

$$v = \frac{q}{m\nu} E - \frac{kT}{m\nu} \frac{\nabla n}{n} \tag{4-49}$$

式中,电场项和密度梯度项的系数分别称为迁移率和扩散系数。

$$\mu = \frac{|q|}{m\nu} \left[m^{2}/(V \cdot s) \right]$$

$$D = \frac{kT}{m\nu}(\mathrm{m}^2/\mathrm{s}) \qquad (4-50)$$

这两个系数之间满足爱因斯坦关系(Goebel et al.,2008):

$$\mu = \frac{|q|D}{kT} \qquad (4-51)$$

2. 无磁场时的双极扩散

很多情况下,在离子推力器中,来自给定区域的离子流通量和电子流通量是相等的。假设等离子体中带电粒子由中心高密度区域向边缘低密度区域扩散。在初始时,电子流远大于离子流,在边缘区域积累负电荷而在中心区域有过剩的正电荷,这样,电荷分离将建立一个电场 E,该电场将加速离子向器壁运动而抑制电子向边缘运动。最后离子流和电子流大小相等,这时候,空间电荷不再变化,系统达到准稳态,这种扩散过程称为双极扩散。

对于双极扩散,当系统达到准稳态时,电子流通量和离子流通量相等($\Gamma_\mathrm{i} = \Gamma_\mathrm{e}$),有

$$\mu_\mathrm{i} n_\mathrm{i} E - D_\mathrm{i} \nabla n_\mathrm{i} = -\mu_\mathrm{e} n_\mathrm{e} E - D_\mathrm{e} \nabla n_\mathrm{e} \qquad (4-52)$$

为简单起见,这里忽略了温度非均匀性引起的扩散。式中,μ_i、μ_e 分别为离子和电子的迁移率;D_i、D_e 分别为离子和电子的扩散系数,对于准中性的等离子体($n_\mathrm{e} \approx n_\mathrm{i} = n$),利用式(4-52)可得双极电场 E:

$$E = \frac{D_\mathrm{i} - D_\mathrm{e}}{\mu_\mathrm{i} + \mu_\mathrm{e}} \frac{\nabla n}{n} \qquad (4-53)$$

考虑到 $D_\mathrm{e} \gg D_\mathrm{i}$,$\mu_\mathrm{e} \gg \mu_\mathrm{i}$ 并结合爱因斯坦关系,双极电场可以近似地写为

$$E \approx -\frac{kT_\mathrm{e}}{e} \frac{\nabla n}{n} \qquad (4-54)$$

从该式可知,电场方向与密度梯度方向相反,该双极电场起着阻碍电子向边缘区域扩散而增强离子扩散的作用。由于电荷分离形成的电场是静电场,引入静电势 ϕ,$E = -\nabla \phi$,对方程式(4-54)积分一次得

$$\phi - \phi_0 = \frac{kT_\mathrm{e}}{e} \ln \frac{n}{n_0} \qquad (4-55)$$

式中,ϕ_0、n_0 分别为中心处的电势和粒子数密度。利用式(4-55),进一步得

$$n = n_0 \exp\left(e\, \frac{\phi - \phi_0}{kT_e}\right) \qquad (4-56)$$

从式(4-56)可以看出,当扩散过程处于稳态时,电子服从麦克斯韦分布。

由上面讨论可知,当系统处于准稳态时,电子流等于离子流,即形成双极扩散流 $\Gamma = \Gamma_e = \Gamma_i$。 利用方程式(4-53)可得

$$\Gamma = -\frac{\mu_i D_e + \mu_e D_i}{\mu_i + \mu_e} \nabla n = -D_a \nabla n \qquad (4-57)$$

式中, D_a 为双极扩散系数。

$$D_a = \frac{\mu_i D_e + \mu_e D_i}{\mu_i + \mu_e} \qquad (4-58)$$

考虑到 $\mu_e = \dfrac{e}{m_e \nu} \gg \mu_i = \dfrac{e}{M_i \nu}$,并结合爱因斯坦关系式(4-51),近似可得

$$D_a \approx D_i + \frac{\mu_i}{\mu_e} D_e = D_i\left(1 + \frac{T_e}{T_i}\right) \qquad (4-59)$$

在电推力器中,通常电子温度要高于离子温度($T_e \gg T_i$),双极扩散系数要比离子扩散系数大。

4.3.4　等离子体热传导和黏滞过程——能量和动量输运

当等离子体中某类粒子的温度分布不均匀时,由于粒子间的碰撞,将有热量从温度高处向温度低处迁移,使得各处温度的差别逐渐消失,该过程称为热传导过程。

温度的非均匀性可以用温度梯度 ∇T_α 表示。单位时间内穿过单位面积的热量用热流密度 q_α 来表示。经验表明,热流密度 q_α 正比于温度梯度 ∇T_α ,但两者的方向相反,它们的关系表示为

$$q_\alpha = -\kappa_\alpha \nabla T_\alpha \qquad (4-60)$$

该式称为傅里叶定律,它描述了热传导过程的宏观规律,其比例系数 κ_α 称为热传导系数,可由试验测量。

当等离子体流中某种成分的粒子平均速度不均匀时,由于粒子间的碰撞,将有动量从速度高的流层迁移到速度低的流层,从而使得各部分宏观相对运动速度逐渐消失,这一过程称为黏滞过程。在该过程中部分宏观机械运动转化为热运动,因

此又可称为摩擦过程。平均速度的非均匀性用流动速度的梯度 ∇v_α 表示,单位时间内穿过单位面积的动量流用 p_α 表示。经验表明,动量流 p_α 正比于速度梯度 ∇v_α,它们之间的关系为

$$p_\alpha = -\eta_\alpha \nabla v_\alpha \qquad (4-61)$$

该式为牛顿黏滞定律,它表征了黏滞过程的宏观规律,其比例系数称为黏滞系数。速度梯度 ∇v_α 为二阶张量,其中一个分量 p_{xy} 的含义是单位时间内穿过垂直于 x 轴的单位面积的 y 方向的动量。

以上描述的由碰撞引起的几种典型的不可逆过程都是输运过程,扩散过程是粒子的输运,热传导是能量输运,而黏滞过程是动量输运。这些过程都与粒子间的碰撞密切相关。这些定律中的各个系数都可以由试验测量。从矩方程出发,也可以导出这些稀疏系数的具体表达式。

4.4　等离子体约束边界物理

试验室等离子体都被约束在一定的空间内,即等离子体是有界的。当等离子体与容器壁接触时,将在其表面形成一个电中性被破坏的薄层并将等离子体包围,其电势为负。这一薄层即为等离子体鞘层。等离子体鞘是等离子体物理中重要的课题之一,概念是由朗缪尔在 1928 年研究气体放电时首次提出的。

图 4-5 给出等离子体中几种典型的鞘层。其中,图 4-5(a) 是由绝缘器壁与等离子体接触形成的鞘层;图 4-5(b) 是插入等离子体的电极 V_s 大于等离子体电势 V_p 形成的电子鞘;图 4-5(c) 是插入等离子体的电极 V_s 小于等离子体电势 V_p 产生的离子鞘。理解鞘层的行为和形成对于理解和模拟离子推力器等离子体十分重要。例如,离子推力器中阳极壁面电子鞘与放电室的稳定性密切相关,栅极系统形成的 Child-Langmuir 鞘层(离子鞘)影响离子束流的引出和加速。

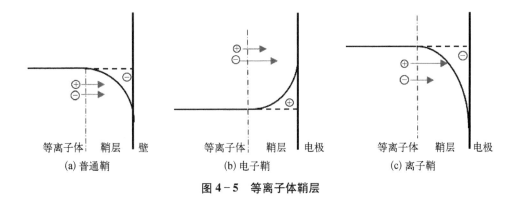

(a) 普通鞘　　　　　(b) 电子鞘　　　　　(c) 离子鞘

图 4-5　等离子体鞘层

4.4.1   玻姆鞘

在等离子体中插入一块金属器壁,由于电子向器壁运动要比离子快,这样,经过一定时间后将会在器壁附近积累一些负电荷,进而形成一个相对等离子体电势的负电势。该负电势将阻止电子进一步向器壁运动,而加速离子向壁面运动。最后,使到达壁面上的电子和离子通量达到平衡。由于德拜效应,该电势无法延伸到离壁面较远的等离子体区域,该势尺度通常为几个电子德拜长度。在该区域,电中性被破坏,它具有过剩的正电荷,将这个处于壁与本底等离子体之间的非电中性区域称为等离子体鞘层。

在忽略粒子间的碰撞后,玻姆从双流体方程出发研究了鞘层结构。在一维情况下,设极板在 $x = 0$ 处,鞘层边缘 $(x = s)$ 有 $n_i(s) = n_{es}$,电势为零。假定鞘层中不发生由碰撞引起的电离、复合、电荷交换等过程,也不发生粒子散射。

电子在鞘层中的电势作用下服从玻尔兹曼分布:

$$n_e(x) = n_{es}\exp(e\phi/T_e) \tag{4-62}$$

假设等离子体中只有一种单荷离子,则离子的连续性方程和能量方程分别为

$$n_i(x)v_i(x) = n_{is}v_{is}$$
$$\frac{1}{2}m_i v_i^2(x) = \frac{1}{2}m_i v_{is}^2 - e\phi(x) \tag{4-63}$$

式中,x 表示鞘内任意位置;s 代表鞘层的边界。利用该方程可得

$$n_i(x) = n_{is}\left[1 - \frac{2e\phi(x)}{m_i v_{is}^2}\right]^{-1/2} \tag{4-64}$$

在鞘内电场满足泊松方程:

$$\frac{d^2\phi(x)}{dx^2} = 4\pi e[n_e(x) - n_i(x)] \tag{4-65}$$

将式(4-62)和式(4-64)代入式(4-65),很容易得到描述一维鞘层电势结构的非线性方程:

$$\frac{d^2\phi}{dx^2} = \exp(\phi) - \left(1 - \frac{2\phi}{Ma^2}\right)^{-1/2} \tag{4-66}$$

在该方程中,各物理量作如下归一化: $e\phi/(kT_e) \rightarrow \phi$, $x/\lambda_D \rightarrow x$, $v_i(s)/c_s \rightarrow Ma$。其中, c_s 是离子声速;Ma 是马赫数。在玻姆鞘层模型中,由于忽略了鞘层中粒子间的碰撞效应,所以式(4-66)是无碰撞鞘的方程。

用 $d\phi/dx$ 乘以方程式(4-66)两边,并对 x 积分一次,得

$$\frac{1}{2}\left(\frac{d\phi}{dx}\right)^2 = \exp(\phi) - 1 - Ma^2\left[1 - \left(1 - \frac{2\phi}{Ma^2}\right)^{1/2}\right] \qquad (4-67)$$

为了得到式(4-67),假定在鞘边缘处,$\phi(s) = d\phi(s)/ds = 0$。如果再给定边界条件 $\phi(0) = \phi_w$,则通过数值方法可以求得鞘层中电势的分布。玻姆鞘宽度一般在几个德拜长度的量级。由于式(4-67)的左边大于零,所以右边也必须大于零,且对鞘中势的任意值都成立,于是 $\phi \ll 1$,将式(4-67)的右边在 $\phi = 0$ 附近展开,保留到 ϕ 的二阶项,得

$$\frac{1}{2}\left(1 - \frac{1}{Ma^2}\right)\phi^2 > 0 \qquad (4-68)$$

由式(4-68)可以得

$$Ma^2 > 1, \quad 即 \ v_i(s) > c_s \qquad (4-69)$$

该不等式称为玻姆判据,其物理意义是对于无碰撞鞘,离子必须以大于声速的速度进入鞘层区。然而,在一般情况下,离子热速度要小于声速,因此玻姆提出在本底等离子体和鞘层之间还存在一个近似准中性的过渡区,该过渡区称为预鞘区。一般情况下,预鞘区的宽度要比鞘层宽度大很多。很显然,在鞘层和预鞘区中粒子的动力学行为不一样。要求出鞘层和预鞘区的电势分布,需要分别求出鞘层和预鞘区的电势,然后,在它们的交界处将两个势进行匹配。

4.4.2　预鞘

在一般等离子体中,尤其在低温等离子体中,电子温度远大于离子温度,这表明离子热速度远小于离子声速 $v_s = \sqrt{T_i/m_i}$,所以玻姆判据不能满足,必然有某种机制加速离子。要形成鞘必须在鞘层前的区域存在电场,这一电场起到加速离子的作用,使离子达到鞘界面时,其速度满足玻姆判据。这一在鞘层前的加速电场区域最早称为预鞘(Hu et al.,1966)。预鞘内的等离子体满足准中性条件,尺度远大于鞘层。在弱碰撞情况下,预鞘的尺度为离子碰撞平均自由程 λ_i 的量级。现在考虑最简单的一维预鞘模型,主等离子体与预鞘的边界为 $x = 0$,且电子满足玻尔兹曼分布:

$$n_e(x) = n_{e0}\exp(e\phi/T_e)$$

式中,n_{e0} 是主等离子体与预鞘界面的电子密度;ϕ 为空间电势。当设边界处 $\phi = 0$ 时,离子的通量方程和动量方程分别为

$$\frac{\mathrm{d}}{\mathrm{d}x}(n_i v_i) = \nu_I n_i \tag{4-70}$$

$$v_i \frac{\mathrm{d}v_i}{\mathrm{d}x} = -\frac{e}{m}\frac{\mathrm{d}\phi}{\mathrm{d}x} - \frac{T_i}{m_i}\frac{1}{n_i}\frac{\mathrm{d}n_i}{\mathrm{d}x} - \nu_i v_i - \nu_I \frac{n_e}{n_i} v_i$$

式中，ν_I、ν_i 分别为电离率和离子的碰撞频率，在预鞘内满足准中性条件 $n_e = n_i = n$。电场大小为 $E = -\mathrm{d}\phi/\mathrm{d}t$，利用玻尔兹曼分布方程、离子的通量方程和动量方程，得

$$\frac{1}{n}\frac{\mathrm{d}n}{\mathrm{d}x} = -\frac{(\nu_i + 2\nu_I)v_i}{v_s^2 - v_i^2} \tag{4-71}$$

$$\frac{\mathrm{d}v_i}{\mathrm{d}x} = \frac{(\nu_i + \nu_I)v_i^2 + \nu_I v_s^2}{v_s^2 - v_i^2}$$

对于弱碰撞的等离子体，在预鞘内空间电势的变化是非常缓慢的。预鞘的尺度远大于鞘层，因此存在两个空间尺度的问题。在预鞘尺度下，鞘层是无限薄的；而在鞘层尺度下，预鞘则在无穷远处。从式（4-71）可以看出，在 $v_i = v_s$ 处为方程的奇点，此处为预鞘与鞘层的分界点，也是玻姆判据满足的位置。

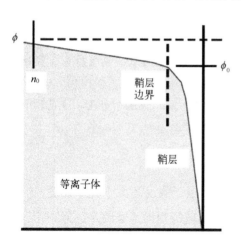

为了平滑地将主等离子体、鞘和预鞘的解连接起来，Franklin 等做了大量的研究工作（Franklin，2003；Riemann，1997；Godyak，1982；Lam，1965），逐渐建立起过渡区理论。典型的一维等离子体鞘、预鞘电势分布如图 4-6 所示。

图 4-6   一维等离子体鞘、预鞘电势分布

4.4.3   C-L 鞘

Child 和 Langmuir 曾研究高偏置电压情况下的鞘层结构（Langmuir，1913；Child，1911）。在这种情况下，因鞘层中绝大部分区域电势很高，故可近似略去离子的初始能量，这时，离子的通量方程和能量方程可以分别写为

$$e n_i(x) v_i(x) = J \tag{4-72}$$

$$\frac{1}{2}m_i v_i^2 = -e\phi(x)$$

式中,J 为稳态时的离子电流。利用该方程组,可得离子密度为

$$n_i(x) = \frac{J}{e}\left(1 - \frac{2e\phi}{m_i}\right)^{-1/2} \tag{4-73}$$

另外,在高偏置电压下,鞘层中的电子密度将随指数下降,故可以略去泊松方程中的电子项。这时,泊松方程变为

$$\frac{d^2\phi}{dx^2} = \frac{J}{e}\left(- \frac{2e\phi}{m_i}\right)^{-1/2} \tag{4-74}$$

如果在 $x = s$ 处有 $\phi(s) = d\phi(s)/dx = 0$,则通过解方程式(4-74),并设在 $x = 0$ 处,$\phi(0) = V_0 < 0$,最后积分方程得鞘层中的离子越过厚度为 d 的鞘层,加速到达电极上的最大电流为

$$J_i = \frac{4\varepsilon_0}{9}\left(\frac{2e}{m_i}\right)^{1/2} \frac{V_0^{3/2}}{\ell_e^2} \tag{4-75}$$

该方程称为 Child-Langmuir 方程(Langmuir,1913;Child,1911),其表明通过平面鞘层每单位面积的电流受到空间电荷效应的限制,正比于电压的 3/2 次方除以鞘层厚度的平方。在离子推力器中,栅极系统参数可以利用 Child-Langmuir 方程设计,此时 ℓ_e 为加速栅电极之间的间隙。在 Child-Langmuir 下,电极收集到的最大电子电流和离子电流可以分别写为

$$J_e = 2.33 \times 10^{-6} \frac{V_0^{3/2}}{s^2}, 电子$$

$$J_i = \frac{5.45 \times 10^{-8}}{\sqrt{M_a}} \frac{V_0^{3/2}}{s^2}, 1 \text{ 价离子} \tag{4-76}$$

$$= 4.75 \times 10^{-9} \frac{V_0^{3/2}}{s^2}, Xe^+$$

式中,M_a 为采用原子质量单位下的离子质量。例如,对于一个直径为 0.25 cm 的孔,在 1 500 V 电压下,由于空间电荷饱和,能够引出的最大 Xe^+ 电流密度约为 5 mA/cm²。

4.4.4　双鞘

目前,仅考虑等离子体边界(此处来自等离子体的粒子流向器壁)在离子推力器的其他位置,例如,在阴极和加速栅结构中存在两组等离子体相互接触但是处于

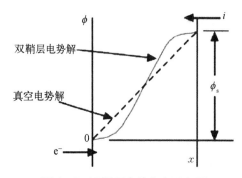

图4-7 双鞘层电势分布示意图

不同的电势,在等离子体之间的离子和电子流处于相反的方向。这种情形称为双鞘层或者双层,在图4-7中进行说明。在这种情形下,电子流来自左侧的0电势边界,离子流来自右侧的处于电势 ϕ_s 的边界。由于在鞘层加速发生前,粒子的速度在接近等离子体边界处相对较小,当地的空间电荷效应是显著的,在两边界处当地的电场降低。在双鞘层内部电势梯度比在真空情形下高得多,此处电势在两边界之间线性变化。

如图4-7所示,假定左边界处于0电势,到达左侧的电子和到达右侧的离子的速度为0,电子和离子在向鞘层运动过程中,利用电子和离子的能量守恒可得电子和离子在鞘层中的速度分别为

$$v_e = \left(\frac{2e\phi}{m_e} \right)^{1/2}$$

$$v_i = \left[\frac{2e}{m_i} (\phi_s - \phi) \right]^{1/2}$$

(4-77)

则电荷密度可表示为

$$\rho = \rho_i + \rho_e = J_i/v_i - J_e/v_e = \frac{J_i}{\sqrt{\phi_s - \phi}} \sqrt{\frac{m_i}{2e}} - \frac{J_e}{\sqrt{\phi}} \sqrt{\frac{m_e}{2e}}$$

(4-78)

一维的泊松方程表示为

$$\frac{dE}{dx} = \frac{\rho}{\varepsilon_0} = \frac{J_i}{\varepsilon_0 \sqrt{\phi_s - \phi}} \sqrt{\frac{m_i}{2e}} - \frac{J_e}{\varepsilon_0 \sqrt{\phi}} \sqrt{\frac{m_e}{2e}}$$

(4-79)

积分得

$$\frac{\varepsilon_0}{2} E^2 = 2J_i \sqrt{\frac{m_i}{2e}} \left[\phi_s - (\phi_s - \phi)^{1/2} \right] - 2J_e \sqrt{\frac{m_e}{2e}} \phi^{1/2}$$

(4-80)

由于空间电荷流限制,在右边界:$E = 0$,$\phi = \phi_s$,代入式(4-80),得

$$J_e = \sqrt{m_i/m_e} J_i$$

(4-81)

该方程称为朗缪尔条件,对于有限速度,Andrews 等(1971)对上述关系进行了修正:

$$J_e = \kappa \sqrt{m_i / m_e} J_i \qquad (4-82)$$

式中,κ 是常数,在 $0.8 \sim 0.2$ 变化(T_e / T_i 自 2 变化至 20),对于离子推力器等离子体($T_e / T_i \approx 10$),$\kappa \approx 0.5$。

在离子推力器的热阴极表面,电子和离子流的方向相反,满足双鞘层判断标准。这里描述的经典双鞘层的形成有几个条件,为了获得等离子体之间的电势差(该电势差相比当地的电子温度较小),电荷分离一定会出现在双鞘层中,这将局部破坏准中性条件;跨过双鞘层的流是空间电荷限制的,这意味着电场在两侧边界上实质为 0;最终,这里讨论的通过双鞘层的流是无碰撞的,碰撞导致阻抗性压降(此处流是流动的),这容易与跨过双鞘层的电势差相混淆。

4.4.5　半开放边界

等离子体边界物理的显著特点是等离子体与限制它的壁之间自然形成离子鞘层,并表现出电场屏蔽特性,这是用各种电势的电极系统构成各种离子器件的物理基础。在一定条件下,等离子体鞘面形成离子发射体,离子推力器出口的栅极作为一种特殊的边界,主要从放电室等离子体中引出离子、加速离子产生推力,并将电子反射回放电室。

1. 离子推力器屏栅鞘的形成

到达壁面上的电子流密度和离子流密度必须相等,才能维持等离子体的浓度平衡。如果以温度表征电子和离子的能量,则可写出动能等式为

$$\frac{1}{2} m_e v_e^2 = \frac{1}{2} M_i v_i^2 = \frac{3}{2} kT \qquad (4-83)$$

由于氙离子的质量远大于电子质量,电子热速度远大于离子热速度。电子将首先到达壁面而形成负电荷堆积,并产生对电子的减速场,限制电子电流密度,同时加速离子从而提高离子电流密度,这个过程称为电子和离子的双极扩散。当两种电荷电流密度相等时,扩散过程达到平衡,在等离子体与壁面之间形成离子浓度增加和电子浓度急剧减少的特殊区域,称为离子鞘。浓度由相同到不同的转变面,称为鞘界面。鞘界面并不是界限分明的几何面,而是一个电子浓度与离子浓度出现差异的物理面。电子一旦进入鞘区的减速场则速度变慢,但仍比离子快得多。保持电流密度相同将导致鞘区的电子数极少。只有能量较高的麦克斯韦分布电子才能有较大的概率进入鞘层,而离子也必须有足够的能量(足够的速度)才能维持两种电流密度平衡,从鞘界面至壁面的距离称为鞘厚。由于金属壁的电势不变,建立平衡结果必定使电子与离子的最终动能相等,可以推出 $n_i =$

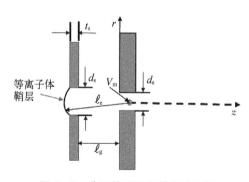

图 4-8 典型的双栅极等离子体鞘

$\sqrt{M_i/m_e}\,n_e \approx 500 n_e$。因此，在理论上分析离子鞘时，可忽略电子的作用。离子鞘的厚度可用德拜长度 [$D = 6.9\sqrt{T_e/n_i}$ (cm)] 来表征，典型的双栅极等离子体鞘如图 4-8 所示。

若电子温度 $T_e = 6$ eV，$n_i = 2.5 \times 10^{11}$ cm^{-3}，则 $D = 2 \times 10^{-3}$ cm。通常，按双栅极结构推算的鞘层厚度可以按 $10D$ 估计，约为 0.2 mm，其中，屏栅与等离子体的电势差小于 30 eV。实际上鞘层的厚度有一定的变化范围。

由屏栅极产生的离子鞘是离子发射极，引出离子束流的稳定性首先在于离子鞘的稳定。按照电子光学概念，阴极发射电子的稳定性取决于阴极温度和阳极电压的稳定。阴极发射电子的先决条件是阴极必须加热到足够高的温度，以使电子具有克服逸出功的热动能。离子发射情况就复杂得多，首先必须知道鞘稳定存在的条件。早期的理论研究由玻姆完成，他得出的结论是离子到达鞘界面时的能量应大于半个电子温度表征的能量，即

$$E_i \geqslant kT_e/(2e) \tag{4-84}$$

该式称为玻姆判据。实际上等离子体中除了麦克斯韦分布电子外，还包括单能的原初电子，故需要对式（4-84）进行修正。假设原初电子和离子都近似于单色，麦克斯韦电子服从典型的麦克斯韦分布情况下，可导出一维稳定离子鞘应满足如下关系：

$$\frac{en_{em}(0)}{kT_e n_i(0)} + \frac{n_{ep}}{2E_{ep} n_i(0)} \geqslant \frac{1}{2E_i} \tag{4-85}$$

式中，下标 ep、em 和 i 分别为原初电子、麦克斯韦电子和离子，以鞘界面为参考原点。在离子推力器工作中，$n_{ep} \leqslant n_i/10$，$E_{ep} \approx 10kT_e/e$。离子鞘稳定条件可修正为

$$E_i \geqslant \frac{kT_e}{2e}\frac{n_i}{n_{em}} \text{(eV)} \tag{4-86}$$

该式称为玻姆判据修正，修正后离子的能量增加约 10%。按照前面确定的电子温度值，则有

$$E_i \geqslant 3.3 \text{ eV}$$

　　离子的运动表现形式为电场中漂移和扩散。在 600℃ 时离子随机热运动能量（速度为 $6×10^4$ cm/s）约为 0.08 eV，还不足稳鞘能量的 3%。等离子体电势比等离子体边界（屏栅）至少高 5 V。当离子向鞘界面运动时，电势差为离子提供能量。只要有足够的电压和等离子体浓度，等离子体可自行满足离子最小能量的要求。实际上，离子只有通过屏栅后才能成为离子束流。

　　2. 玻姆判据估算屏栅可能抽取的最大离子束流

　　如果初始离子束流密度 $J_b = en_iv_i$，取离子能量为修正判据值，则

$$v_i = \sqrt{\frac{kT_e}{e}\frac{n_i}{n_{em}}}\Big/\sqrt{M_i} \qquad (4-87)$$

假设电子温度 $kT_e/e = 6$ eV，$n_i/n_{em} \approx 1.1$，$n_i = (2 \sim 5) × 10^{11}$ cm^{-3}，离子推力器放电室内到达屏栅上游被鞘引出的离子束流密度计算值（刘金声,2003）为

$$J_b = 1.6 × 10^{-19} × (2 \sim 5) × 10^{17} × \left(\frac{6 × 1.6 × 10^{-19} × 1.1}{131 × 1.67 × 10^{-27}}\right)^{1/2}$$

$$= 6 \sim 15\,(\text{mA/cm}^2) \qquad (4-88)$$

　　进一步考虑离子在屏栅孔区的损失因子 $\exp(-2t_s/d_s)$ 和屏栅极有效透明度，鞘引出的离子流只有一部分可以成为离子束流。通常 $t_s/d_s \approx 0.2$，有效透明度约为 70%，实际离子束流密度的最大可能值 $J_{bmax} \approx 3 \sim 7$ mA/cm^2，这一推断已被试验证实。由于离子光学系统受空间电荷效应限制，通常难以得到最高的理论离子束流密度，需要在极端条件下才能实现验证。

4.5　离子束流物理

　　束流一般是指大量带电粒子在电磁场作用下形成的具有一定定向能量的粒子流，它通常具有高流强、小发散度和小能散的特征。通常束流可以分为带电粒子束流（电子束流、离子束流、准中性等离子体束流）及中性的激光束。不同类型的束流研究的物理各有不同，其中，电子束流、离子束流由于受到静电斥力作用，在自由空间传输时总是伴随扩散的发生。

　　在离子推力器中，在栅极系统作用下，从放电室内引出的束流离子速度一般为 20~50 km/s，束流喷流向外部真空环境膨胀形成的羽毛状流场称为羽流。羽流的主要成分包括高能束流离子、未电离的推进剂中性原子、低能交换电荷及非推进剂粒子（如材料溅射产生的粒子）等。这些粒子流会改变航天器周围的等离子体环境，并对航天器产生力热、电势、溅射污染和电磁效应等影响，严重时将影响航天器

的正常工作。因此,必须对电推进的离子束流进行中和。

4.5.1　正离子束流的中和

离子束流的中和是离子推力器工作中的一个重要过程。为了中和离子束流,通常会在推力器的出口安装中和阴极,中和阴极发射的电子电流和电荷必须与离子束流匹配,因此离子束流的中和包括电荷的中和及电流的中和。

通常,在推力器出口附近离子热速度很小、漂移速度很大,而从阴极喷出的电子是服从麦克斯韦分布的热电子,即电子热速度 v_{te}、离子束流漂移速度 v_{beam} 和离子热速度 v_{ti},三者满足 $v_{te} \gg v_{beam} \gg v_{ti}$。若电子和离子以上述速度向后喷出且不存在相互作用,则理论上两者只会机械地掺混在一起,并不会形成电中性等离子体。实际上,高速离子束流在出口处混合了电子后,在很短的时间内发生互相耦合并达到相同的速度,完成离子束流的中和过程。

许多学者试图通过理论分析或数值模拟解释这种离子束流和电子的中和现象(于达仁等,2014),早期研究认为电子与离子耦合和离子束流中和过程是由波与粒子的相互作用和等离子体的不稳定性驱动的。之后,研究人员依然试图用波动理论来解释离子束流的中和过程,但已开始注意到电场对该过程的影响。通常认为离子束流中和过程可以分为 3 个步骤:电子与离子掺混、电子与离子耦合、电中性等离子体束流推进。由于推进器的型号、阴极的安装位置不同,电子与离子掺混、中和过程区别较大。

离子束流中和通常采用 3D 粒子模拟,等离子体电势 ϕ 用泊松方程求解:

$$\nabla^2 \phi = e(n_e - n_i)/\varepsilon_0 \tag{4-89}$$

式中,n_i、n_e 分别为离子数密度和电子数密度。在 PIC 方法中,粒子数密度由粒子形状因子和网格结构的耦合获得,即

$$n_k = \sum_i \omega_i S(x_i - x_k) \tag{4-90}$$

式中,x_k 为网格点的位置;ω_i 为微粒子占的比重。电场满足:

$$E = -\nabla\phi \tag{4-91}$$

利用标准的中心有限差分法,在不考虑磁场的影响下,带电粒子运动方程为

$$m\frac{dv}{dt} = F = qE \tag{4-92}$$

同时,粒子的运动满足:

$$\frac{dx}{dt} = v \tag{4-93}$$

结合文献(Brieda et al.,2005)中的边界条件和网格剖分法(图4-9),数值求解可得离子推力器羽流电势、电子温度及电荷密度空间分布示意图如图4-10所示。

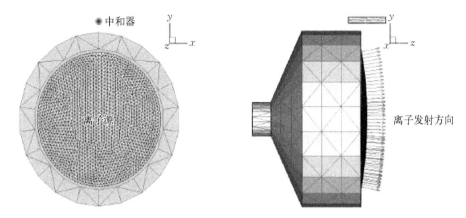

图 4-9　离子推力器表面网格(左图的蜂窝状区域代表发射的离子源,电子源由顶部小的中和器发射,右图中箭头代表归一化的离子发射的方向)

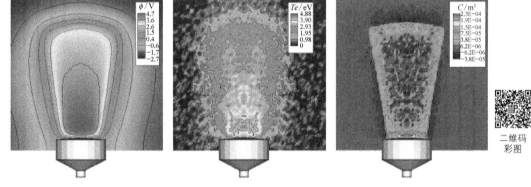

二维码
彩图

图 4-10　离子推力器羽流电势(左),电子温度(中)及电荷密度(右)空间分布示意图

分析表明：由于电子与离子从推进器出口处喷出时的速度相差较大,而质量小且热速度大的电子很快扩散出去,所以在出口处会"滞留"大量的离子。这些离子的存在使得靠近出口区域内的总电荷密度为正,进而形成一个电势峰值,出口附近的高电势能够限制高速电子向外逃逸。在上述电场环境作用下,高速电子和低速离子的速度和密度都将趋向一致,由最初只是机械混合在一起的离子和电子演化为电中性的等离子体,即完成电子与离子耦合,形成电中性等离子体并向下游推进。因此,可以将推力器羽流的中和过程分为电子与离子掺混区、电子与离子耦合区及电中性等离子体射流区。

(1)电子与离子掺混区。该区域在推力器栅极的出口,由速度相差较大的离子和电子从出口被喷出后,能够在靠近出口处形成较高的电势,促进整个中和过程的发展。

（2）电子与离子耦合区。上述电势分布能够降低电子的热速度,并将电子限制在等离子体束区域。此外,该电势分布还会减小电子、离子间的速度差,使两者的速度趋于一致,完成电子与离子的耦合。

（3）电中性等离子体射流区。沿等离子体束流喷射方向,离子的势能转化为动能;电子在电场力的作用下随离子束流一起运动,漂移速度增大而热速度减小,即电子热能减小,其动能和电势能均增大。

4.5.2　射流等离子体的传输

从离子推力器栅极系统引出的速度在 $20 \sim 50 \text{ km/s}$ 的离子束流在与空心阴极发射的电子中和后形成的等离子体以射流的形式高速向后喷出,提供航天器向前运动的推力。羽流中带电粒子在空间中的运动满足:

$$m \frac{\mathrm{d}v}{\mathrm{d}t} = -q \nabla \phi \tag{4-94}$$

Parks 等(1981)建立的羽流传输模型中假设: 粒子流的运动由压力梯度决定,且粒子近似为定常流动,有

$$\nabla \cdot (\rho v) = 0$$
$$v \cdot \nabla v = -\frac{\nabla p}{\rho} \tag{4-95}$$

假设羽流是柱形,在轴向的羽流速度保持不变,忽略轴向压力分布,则羽流传输过程中粒子的连续性方程和运动方程分别为

$$\frac{\partial \rho}{\partial t} + \frac{1}{r} \frac{\partial}{\partial r}(r \rho v_r) = 0$$
$$\frac{\partial v_r}{\partial t} + v_r \frac{\partial v_r}{\partial r} = -\frac{1}{\rho} \frac{\partial p}{\partial r} \tag{4-96}$$

在式(4-96)推导过程中利用了 $z = v_z t$, $\partial/\partial z = v_z^{-1} \partial/\partial t$,其中,$z$ 是羽流的轴向传输距离,v_z 是羽流的轴向传输速度。

假设离子束流剖面为高斯分布,形式为

$$\rho(r) = \frac{\rho_0}{h^2(t)} \exp\left[-\frac{r^2}{2R^2 h^2(t)}\right]$$
$$\rho_0 = \frac{M I_b}{2\pi v_b r_0^2} \tag{4-97}$$

式中,ρ_0 为初始离子束流质量密度;$h(t)$ 为离子束流在径向的扩张,其初始值 $h(0) = 1$;参数 r_0 是初始离子束流半径。在羽流沿轴向传输过程中,离子束流剖面保持为高斯分布,如图 4 - 11 所示。

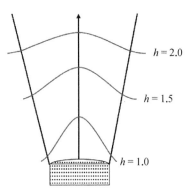

假设羽流在空间传输过程中不断膨胀,其径向半径正比于 $h(t)$,即

$$r(r_0, t) = r_0 h(t) \qquad (4-98)$$

式中,r_0 为初始时刻羽流的半径。随着羽流的扩展,意味着羽流具有径向速度 v_r:

$$v_r(r, t) = r_0 \dot{h}(t) \qquad (4-99)$$

图 4 - 11　在羽流传输过程中,
粒子束密度高斯
分布剖面的展宽

由方程式(4 - 98)和式(4 - 99)可知,羽流的径向速度与初始时刻羽流半径 r_0 无关,即

$$v_r(r, t) = r \frac{\dot{h}(t)}{h(t)} \qquad (4-100)$$

羽流在空间传输过程中质量守恒,即 $\rho r dr = \rho_0 r_0 dr_0$,则有 $\rho = \rho_0 / h^2(t)$,$\rho_0 = \rho_0(r_0)$ 是粒子密度分布在 $z = 0$ 平面,再结合方程式(4 - 96)和式(4 - 97)得

$$h\ddot{h} = - v_B^2 \frac{1}{\rho_0 r_0} \frac{\partial \rho_0}{\partial r_0} = v_B^2 / R^2 \qquad (4-101)$$

式中,$v_B = \sqrt{kT/M}$ 为离子声速。对于等温羽流,上述方程的左边是时间 t 的函数,右边是 r_0 的函数。对 ρ_0 和 h 进行积分得 Park 模型:

$$\rho = \frac{\rho_0}{h^2} = \frac{\rho_{00}}{h^2} \exp[-r^2 / (2R^2 h^2)]$$

$$\dot{h}_0 t = \int_1^h \left(1 + 2 \frac{v_B^2}{R^2 \dot{h}_0^2} \ln x \right)^{-1/2} dx \qquad (4-102)$$

式中,$\dot{h}_0 = v_r(r_0, 0)/r_0$;$\rho_{00}$ 为在 $t = 0$ 时刻轴上的粒子密度。该方程的积分需要通过数值计算,Ashkenazy 等(2000)在上述 Park 模型的基础上考虑了热梯度和二维效应。利用式(4 - 94)~式(4 - 102),可得羽流区的电势(Parks et al.,1981)满足:

$$\phi(r, t) = \frac{kT_i}{e} [\ln \rho_{00} - 2\ln h - r^2 / (2R^2 h^2)] \qquad (4-103)$$

因此,在固定的轴向位置,粒子的径向密度剖面为高斯分布,而径向电势为二次分布。Randolph 给出了羽流区电流分布(Goebel et al.,2008)为

$$j = \frac{R^2}{r^2}\left[k_0\exp\left(\frac{\sin^2\theta}{k_1^2}\right) + k_2\exp\left(\frac{\theta^2}{k_3^2}\right)\right] \tag{4-104}$$

在该模型中,k_0、k_1、k_2、k_3 四个系数可利用试验测量的羽流进行拟合得到。进一步试验研究表明:羽流在空间的传输过程与离子束流的中和度相关(Nakayama et al.,2015),图 4-12(a)、图 4-12(b)分别给出离子束流中和度分别在95%及5%情况下观察到的等离子体羽流传输图像。从图 4-12 可以清晰地看出,下游的羽流在经过束腰半径后在空间扩散;离子束中和不足产生的离子静电排斥力将使下游的羽流在径向扩散,进而影响羽流在空间的传播距离;离子束流中和度越高,束流在空间的扩散越小,在自由空间中传输越远。

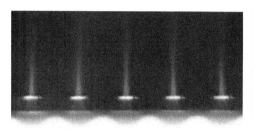

(a) 束流中和度为95%   (b) 束流中和度为5%

图 4-12   推力器离子束流中和度在 95% 及 5% 情况下观察到的等离子体羽流传输图像

参考文献

李定,陈银华,马锦秀,等,2006.等离子体物理学.北京:高等教育出版社.

刘金声,2003.离子束沉积薄膜技术及应用.北京:国防工业出版社.

邵涛,严萍,2015.大气压气体放电及其等离子体应用.北京:科学出版社.

于达仁,刘辉,丁永杰,等,2014.空间电推进原理.哈尔滨:哈尔滨工业大学出版社.

Andrews J G, Allen J E, 1971, Theory of a double sheath between two plasmas. Proceedings of the Royal Society A: Mathematical and Physical Science, 320(1542): 459-472.

Ashkenazy J, Fruchtman A, 2000. Far field analysis of the hall thruster plume. Quebec: 42nd Annual Meeting of the APS Division of Plasma Physics Combined with the 10th International Congress on Plasma Physics, American Physical Society.

Book D L, 1987. Naval research laboratory plasma formulary. Washington D. C.: Naval Research Laboratory.

Brieda L, VanGilder D, Wang J, 2005. Modeling ion beam neutralization and near-thruster plume interactions. Princeton: The 29th International Electric Propulsion Conference, Princeton.

Child C D, 1911. Discharge from hot CD. Physical Review (Series I), 32(5): 492.

Franklin R N, 2003. The plasma-sheath boundary region. Journal of Physics D Applied Physics, 36

（22）：309 - 320.

Godyak V A, 1982. Modified Bohm criterion for a collisional plasma. Physics Letters A, 89(2)：80 - 81.

Goebel D M, Katz I, 2008. Fundamentals of electric proplsion：ion and hall thruster. JPL Space Science and Technology Series. California：Wiley.

Hu P N, Ziering S, 1966. Collisionless theory of a plasma sheath near an electrode. Physics of Fluids, 9(11)：2168 - 2179.

Katz I J, Anderson J, Polk J, et al. , 2003. One-dimensional hollow cathode model. Journal of Propulsion and Power, 19(4)：595 - 600.

Lam S H, 1965. Plasma diagnostics with moderately large langmuir probes. Physics of Fluids, 5(8)：1002.

Langmuir I, 1913. The effect of space charge and residual gases on thermionic currents in high vacuum. Physical Review, 2(6)：450 - 486.

Nakayama Y, Tanaka F, 2015. Experimental visualization of ion thruster neutralization phenomena. IEEE Transaction on Plasma Science, 43(1)：269 - 276.

Parks D, Katz I, 1981. A preliminary model of ion beam neutralization. AIAA Journal.

Riemann K U, 1997. The influence of collisions on the plasma sheath transition. Physics of Plasma, 4 (11)：4158 - 4166.

Yiguang J, Wenting S, 2015. Plasma assisted combustion：dyamics and chemistry. Progress in Energy and Combustion Science, 48：1 - 102.

第 5 章
电磁场中的等离子体运动学

由于内部含有大量的带电粒子,等离子体的运动在包含单个带电粒子的运动之外,往往还蕴含丰富而复杂的集体效应,所以要准确、全面地理解等离子体在电磁场中的运动行为,既要了解单个粒子的运动状态,也要考察等离子体在宏观上的整体运动行为(郑春开,2009;Bittencourt,1980)。

本章将分别从单粒子理论与磁流体理论出发,对离子电推进中等离子体在电磁场中的运动行为进行阐述(Chen,2016;徐家鸾和金尚宪,1981)。

5.1 带电粒子在均匀静态电磁场中的运动

假设电磁场在空间上均匀分布且不随时间变化,即均匀的静态电磁场。由于离子电推进中涉及的等离子体,不论是质量较轻的电子,还是质量相对较重的离子,其速度均远小于光速,属于非相对论情形(Goebel and Katz,2008)。因此,一个带电荷量为 q 的粒子,在电场 E 和磁场 B 共同作用下的运动方程可表述为

$$m\frac{\mathrm{d}v}{\mathrm{d}t} = q(E + v \times B) \tag{5-1}$$

5.1.1 带电粒子在均匀静电场中的运动

当只存在均匀静电场时,带电粒子的运动方程可简化为

$$\frac{\mathrm{d}v}{\mathrm{d}t} = \frac{q}{m}E \tag{5-2}$$

式(5-2)对时间积分,可得

$$v(t) = \frac{\mathrm{d}r}{\mathrm{d}t} = \frac{qE}{m}t + v_0 \tag{5-3}$$

$$r(t) = \frac{qE}{2m}t^2 + v_0 t + r_0 \tag{5-4}$$

可以看出,带电粒子将以加速度 qE/m 做运动。

5.1.2　带电粒子在均匀静磁场中的运动

类似地,当只存在均匀静磁场时,带电粒子的运动方程可简化为

$$\frac{\mathrm{d}v}{\mathrm{d}t} = \frac{q}{m} v \times B \tag{5-5}$$

为方便分析,可将速度 v 分解为平行于磁场 B 方向的分量 $v_{/\!/}$,以及垂直于磁场方向的分量 $v_\perp$,即 $v = v_{/\!/} + v_\perp$,则利用 $v_{/\!/} \times B = 0$,可得

$$\frac{\mathrm{d}v_\perp}{\mathrm{d}t} + \frac{\mathrm{d}v_{/\!/}}{\mathrm{d}t} = \frac{q}{m}(v_\perp \times B) \tag{5-6}$$

式(5-6)两边同时点乘以 B,考虑到 $v_\perp$ 与 $(v_\perp \times B)$ 均与 B 垂直,容易得到

$$\frac{\mathrm{d}v_{/\!/}}{\mathrm{d}t} = 0 \tag{5-7}$$

$$\frac{\mathrm{d}v_\perp}{\mathrm{d}t} = \frac{q}{m}(v_\perp \times B) \tag{5-8}$$

显然,带电粒子在平行于磁场方向上的速度分量保持不变,与初始速度相同;而在垂直于磁场方向上,由于 $v_\perp$ 与磁场 B 垂直,所以粒子的能量不随时间改变,即 $|v_\perp|$ 为常数,所以粒子在垂直于磁场方向上获得的加速度为常量。

下面求解带电粒子的运动轨迹。建立坐标系 (x, y, z),并假设静磁场沿 z 方向均匀分布,则运动方程可改写为

$$\frac{\mathrm{d}v}{\mathrm{d}t} = \frac{qB}{m}(v_y \hat{x} - v_x \hat{y}) = \pm \omega_c (v_y \hat{x} - v_x \hat{y}) \tag{5-9}$$

式中,v_x 和 v_y 分别为带电粒子在 x 和 y 方向的速度分量;$\hat{x}$ 和 $\hat{y}$ 分别为 x 和 y 方向的单位向量;$\omega_c = |q|B/m$ 称为拉莫尔回旋角频率;"+"号和"-"号分别对应带正电荷与负电荷的粒子。

为方便起见,下面仅考虑正电荷带电粒子的情形,将式(5-9)写为分量形式,可得

$$\frac{\mathrm{d}v_x}{\mathrm{d}t} = \omega_c v_y \tag{5-10}$$

$$\frac{\mathrm{d}v_y}{\mathrm{d}t} = -\omega_c v_x \tag{5-11}$$

$$\frac{\mathrm{d}v_z}{\mathrm{d}t} = 0 \tag{5-12}$$

联立式(5-10)与式(5-11),可得

$$\frac{\mathrm{d}^2 v_x}{\mathrm{d}t^2} + \omega_c^2 v_x = 0 \tag{5-13}$$

$$\frac{\mathrm{d}^2 v_y}{\mathrm{d}t^2} + \omega_c^2 v_y = 0 \tag{5-14}$$

对式(5-14)进行二次积分,可得带电粒子在各个方向上的位置分量为

$$x(t) = -\frac{v_\perp}{\omega_c}\cos(\omega_c t + \phi_0) + X_0 \tag{5-15}$$

$$y(t) = \frac{v_\perp}{\omega_c}\sin(\omega_c t + \phi_0) + Y_0 \tag{5-16}$$

$$z(t) = v_{/\!/} t + z_0 \tag{5-17}$$

式中, $X_0 = x_0 + v_\perp \cos\phi_0/\omega_c$ 和 $Y_0 = y_0 - v_\perp \sin\phi_0/\omega_c$ 为积分常量; (x_0, y_0, z_0) 为带电粒子的初始坐标。

联立式(5-15)与式(5-16),有

$$(x - X_0)^2 + (y - Y_0)^2 = \left(\frac{v_\perp}{\omega_c}\right)^2 = r_c^2 \tag{5-18}$$

考虑到带电粒子在 z 方向上匀速运动,因此带电粒子的轨迹是一条以 (X_0, Y_0) 为中心的螺旋线。当沿着磁场的方向观察时,正离子和电子分别沿逆时针方向和顺时针方向旋转,如图 5-1 所示。 (X_0, Y_0) 称为导向中心, $r_c = v_\perp/\omega_c = mv_\perp/|q|B$ 称为拉莫尔回旋半径。

带电粒子的回旋运动同时会产生旋转电流 I,对于正电荷,旋转电流的方向与带电粒子的运动方向一致,对于负电荷则相反。根据安培定律,该电流会在其周围产生磁场。以图 5-1 中所示的带正电荷

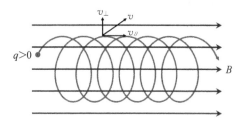

图 5-1　带正电荷的粒子在均匀静磁场中的螺旋线运动轨迹

的粒子为例,其运动轨迹为一螺旋线,在螺旋线的内部区域,旋转电流产生的磁场与外加磁场 B 的方向相反,反之,在螺旋线的外部,旋转电流产生的磁场与外加磁场 B 的方向相同。由于等离子体是大量带电粒子的集合,所以等离子体在宏观上表现出一定的抗磁性。

5.1.3　带电粒子在均匀静态电磁场中的运动

下面考虑带电粒子在均匀静电场和静磁场共同作用下的运动行为。与 5.1.2 节的分析方法类似,将速度 v 和电场 E 沿磁场方向分解,写为分量形式,即 $v = v_\perp + v_{/\!/}$, $E = E_\perp + E_{/\!/}$,则可将运动方程改写为

$$\frac{\mathrm{d}v_\perp}{\mathrm{d}t} = \frac{q}{m}(E_\perp + v_\perp \times B) \tag{5-19}$$

$$\frac{\mathrm{d}v_{/\!/}}{\mathrm{d}t} = \frac{qE_{/\!/}}{m} \tag{5-20}$$

对式(5-20)进行两次积分,可得到 t 时刻带电粒子在平行于磁场方向的速度与位置分别为

$$v_{/\!/}(t) = \frac{qE_{/\!/}}{m}t + v_{/\!/,0} \tag{5-21}$$

$$r_{/\!/}(t) = \frac{qE_{/\!/}}{2m}t^2 + v_{/\!/,0}t + r_{/\!/,0} \tag{5-22}$$

式中, $v_{/\!/,0}$ 和 $r_{/\!/,0}$ 分别为带电粒子平行于磁场方向的初始速度与初始位置。

作为特例,假设电场 $E_\perp$ 相对于磁场 B 为微扰,即磁场对带电粒子的运动起主导作用,则不妨将带电粒子在垂直于磁场方向上的运动速度分解为导向中心的运动速度 v_D 和绕导向中心的回旋运动速度 $v'_\perp$ 两部分,即 $v_\perp = v_\mathrm{D} + v'_\perp$,同时假设对于某一种带电粒子,其导向中心的运动速度 v_D 不随时间变化,即 $\mathrm{d}v_\mathrm{D}/\mathrm{d}t = 0$,则可将式(5-19)改写为

$$\frac{\mathrm{d}v'_\perp}{\mathrm{d}t} = \frac{q}{m}(E_\perp + v'_\perp \times B + v_\mathrm{D} \times B) \tag{5-23}$$

不妨取

$$v_\mathrm{D} = \frac{E_\perp \times B}{B^2} \tag{5-24}$$

这样就可将式(5-23)进一步简化为

$$\frac{\mathrm{d}v'_{\perp}}{\mathrm{d}t} = \frac{q}{m}(v'_{\perp} \times B) \qquad (5-25)$$

可以看出,粒子在垂直于磁场 B 的方向上以速度 $v'_{\perp}$ 绕磁场做回旋运动,而在水平方向上以速度 v_{D} 做漂移运动,所以 v_{D} 也称为漂移速度。同时可以看出,漂移速度与粒子的质量、电荷量、电荷种类均无关,因此对于正、负电荷粒子,它们的漂移速度完全一样,如图5-2所示。

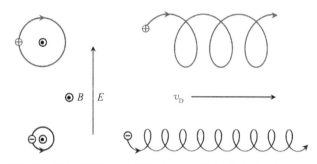

图5-2   垂直于磁场方向的微扰电场引起的带电粒子漂移运动

对于等离子体中的离子和电子,由于其质量相差巨大,离子的拉莫尔回旋半径(简称为回旋半径)远大于电子,而其相应的回旋频率则远小于电子。例如,在离子电推进中,假设放电室中的磁感应强度为100 G,对于电子和氙离子,其回旋角频率分别为1.75 GHz和7.34 kHz,相差约5个数量级;假设电子和氙离子的平均温度分别约为5 eV和0.5 eV,则其相应的回旋半径分别为0.8 mm和120 mm,相差约2个数量级。

以上巨大差距导致离子虽然在每个周期内的漂移距离更大,但单位时间内的回旋次数却更少,这两种作用相互抵消,最终使得离子与电子具有相同的漂移速度。在完全无碰撞的等离子体中,由于电子与离子的漂移速度相同,而电荷量相反,所以漂移运动并不会在等离子体中产生电流。然而,当带电粒子与中性粒子之间的碰撞开始显著时,离子与中性粒子之间的碰撞频率远大于电子与中性粒子之间的碰撞频率,这导致离子比电子的漂移速度要慢,从而使得漂移运动产生一个净电流,称为霍尔电流,其与电场 $E_{\perp}$ 和磁场 B 均垂直,且方向与 v_{D} 相反。

通过对式(5-25)进行积分,可求得粒子运动的总速度为

$$v(t) = \omega_{\mathrm{c}} \times r_{\mathrm{c}} + \frac{E_{\perp} \times B}{B^2} + \frac{qE_{/\!/}}{m}t + v_{/\!/,0} \qquad (5-26)$$

式中,等号右边第一项代表粒子围绕导向中心的回旋运动;等号右边第二项代表导

向中心的漂移运动;等号右边第三、四两项代表沿磁力线方向的加速运动。

下面求解带电粒子的运动轨迹。建立坐标系 (x, y, z),并假设静磁场沿 z 方向均匀分布,则带电粒子运动方程的分量表达式分别为

$$\frac{\mathrm{d}v_x}{\mathrm{d}t} = \frac{q}{m}(E_x + v_y B) \tag{5-27}$$

$$\frac{\mathrm{d}v_y}{\mathrm{d}t} = \frac{q}{m}(E_y - v_x B) \tag{5-28}$$

$$\frac{\mathrm{d}v_z}{\mathrm{d}t} = \frac{q}{m}E_z \tag{5-29}$$

在下面的分析中,假设带电粒子的电荷为正,对于负电荷,仅需在结果中改变 ω_c 的符号即可。

由式(5-29)可方便地求得带电粒子在 z 方向上的位置为

$$z(t) = \frac{qE_z}{2m}t^2 + v_{z,0}t + z_0 \tag{5-30}$$

联立式(5-27)与式(5-28),并利用 $\omega_c = qB/m$ 可得

$$\frac{\mathrm{d}^2 v_x}{\mathrm{d}t^2} + \omega_c^2 v_x = \omega_c^2 \frac{E_y}{B} \tag{5-31}$$

$$\frac{\mathrm{d}^2 v_y}{\mathrm{d}t^2} + \omega_c^2 v_y = -\omega_c^2 \frac{E_x}{B} \tag{5-32}$$

对式(5-32)积分,可得到带电粒子在任意时刻的位置为

$$x(t) = -\frac{v'_\perp}{\omega_c}\cos(\omega_c t + \phi_0) + \frac{E_y}{B}t + X_0 \tag{5-33}$$

$$y(t) = \frac{v'_\perp}{\omega_c}\sin(\omega_c t + \phi_0) - \frac{E_x}{B}t + Y_0 \tag{5-34}$$

式中,积分常数 X_0 与 Y_0 的定义与式(5-15)和式(5-16)中的定义一致。

综上,带电粒子在均匀静态电磁场中的运动有如下特征:

(1) 在平行于磁场的方向上,带电粒子以恒定的加速度 $qE_{//}/m$ 运动;

(2) 在垂直于磁场的方向上,带电粒子做回旋运动,相应的回旋频率与回旋半

径分别为 $\omega_{c} = \lvert q \rvert B/m$ 和 $r_{c} = v'_{\perp}/\omega_{c}$;

（3）带电粒子的导向中心做漂移运动，相应的漂移速度为 $v_{D} = E_{\perp} \times B/B^{2}$，其方向与 $E_{\perp}$ 和 B 均垂直。

5.2　带电粒子在非均匀静态电磁场中的运动

5.2.1　带电粒子在非均匀静电场中的运动

对于非均匀静态电场单独存在的情况，其基本运动方程与式（5-3）和式（5-4）类似，不同在于以加速度 $qE(x,y,z)/m$ 在不同位置处做变加速运动，在此不再详细展开阐述。

当只存在均匀静电场时，建立坐标系 (x,y,z)，带电粒子的运动方程可写为

$$\frac{\mathrm{d}v}{\mathrm{d}t} = \frac{q}{m}E(x,y,z) \tag{5-35}$$

对式（5-35）积分，可得

$$v(t) = \frac{\mathrm{d}r}{\mathrm{d}t} = \frac{qE(x,y,z)}{m}t + v_{0}(x,y,z) \tag{5-36}$$

$$r(t) = \frac{qE(x,y,z)}{2m}t^{2} + v_{0}(x,y,z)t + r_{0}(x,y,z) \tag{5-37}$$

可以看出，带电粒子将以加速度 $qE(x,y,z)/m$ 做运动。

5.2.2　带电粒子在非均匀静磁场中的运动

1. 磁场梯度引起的漂移

假设磁场沿 z 方向，磁力线是直的，并在 y 方向不断变强，其变化量相对于原磁场 B 为一小量，如图 5-3 所示。

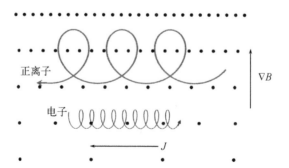

图 5-3　具有梯度的非均匀磁场中电子、离子的漂移轨迹

利用泰勒展开,可将带电粒子在 y 方向上受到的作用力改写为

$$F_y = -qv_\perp \cos(\omega_c t) \left[B_0 + r_L \cos(\omega_c t) \frac{\partial B}{\partial y} \right] \qquad (5-38)$$

式中,B_0 为原点处的磁感应强度。在一个周期内,粒子受到的平均作用力为

$$\langle F_y \rangle = -\frac{1}{2} q v_\perp r_L \frac{\partial B}{\partial y} \qquad (5-39)$$

因此,由于磁场梯度引起的导向中心的漂移速度为

$$v_{\nabla B} = \frac{1}{q} \frac{F \times B}{B^2} = \mp \frac{1}{2B} v_\perp r_L \frac{\partial B}{\partial y} \hat{x} \qquad (5-40)$$

将式(5-40)推广到三维情形,可得梯度漂移速度的更广泛表达式为

$$v_{\nabla B} = \mp \frac{1}{2} v_\perp r_L \frac{\nabla B \times B}{B^2} \qquad (5-41)$$

可以看出,对于离子和电子,其漂移方向相反,并引起一个与 B 垂直的电流 J。

2. 磁场弯曲引起的漂移

假设磁力线以曲率半径 R_c 弯曲,R_c 与 $|B|$ 均为常数,如图 5-4 所示。

当带电粒子沿磁力线运动时,将受到离心力的作用,进而引起导向中心的漂移,离心力的大小为

$$F_c = \frac{m v_\parallel^2}{R_c} \hat{r} \qquad (5-42)$$

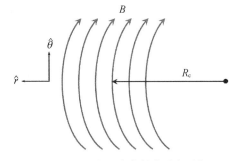

图 5-4　磁力线弯曲的非均匀磁场

则其相应的曲率漂移速度为

$$v_R = \frac{1}{q} \frac{F_c \times B}{B^2} = \frac{m v_\parallel^2}{qB^2} \frac{R_c \times B}{R_c^2} \qquad (5-43)$$

可以看出,曲率漂移速度与电荷量相关,这意味着离子与电子的漂移方向相反,也将在等离子体中产生净电流。

3. 磁场梯度和磁场弯曲同时存在时引起的漂移

一般而言,磁力线弯曲时必然也存在磁场梯度,所以磁场的不均匀性引起的带电粒子漂移应当是梯度漂移和曲率漂移这种作用的叠加。假设磁感应强度分布与图 5-4 类似,同时沿半径方向逐渐减小,如图 5-5 所示。

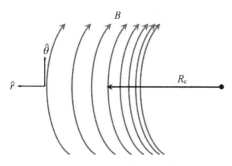

图 5-5   磁力线弯曲、具有梯度的
非均匀磁场

由图 5-5 可以看出，磁场 B 沿 θ 方向，梯度 ∇B 沿半径方向。在真空中，由于 $\nabla \times B = 0$，可得

$$(\nabla \times B)_z = \frac{1}{r} \frac{\partial}{\partial r}(rB_\theta) = 0 \qquad (5-44)$$

积分后容易得到 $rB_\theta = C$，C 为积分常数，从而可得

$$\frac{\nabla |B|}{|B|} = -\frac{R_c}{R_c^2} \qquad (5-45)$$

则由式(5-41)可得梯度漂移速度为

$$v_{\nabla B} = \frac{1}{2} \frac{mv_\perp^2}{qB^2} \frac{R_c \times B}{R_c^2} \qquad (5-46)$$

结合式(5-43)，可得弯曲真空磁场中带电粒子的总漂移速度为

$$v_t = v_{\nabla B} + v_R = \frac{m}{qB^2} \frac{R_c \times B}{R_c^2} \left(\frac{1}{2}v_\perp^2 + v_{//}^2\right) \qquad (5-47)$$

5.2.3   带电粒子在非均匀静态电磁场中的运动

为简单起见，考虑非均匀静电场、非均匀静磁场共同作用下的情形。假设磁场 B 沿 z 方向，电场 E 沿 x 方向，并在 y 方向上呈正弦形式变化，即 $E_x(y) = E_0\cos(ky)$，k 为振荡波数，则运动方程可分解为

$$\frac{dv_x}{dt} = \frac{q}{m}\left[E_x(y) + v_y B\right] \qquad (5-48)$$

$$\frac{dv_y}{dt} = -\frac{q}{m}v_x B \qquad (5-49)$$

$$\frac{dv_z}{dt} = 0 \qquad (5-50)$$

带电粒子在 z 方向上运动非常简单，在此不再赘述。联立式(5-49)与式(5-50)，可得

$$\frac{\mathrm{d}^2 v_x}{\mathrm{d}t^2} + \omega_c^2 v_x = \omega_c \frac{1}{B} \frac{\mathrm{d}E_x(y)}{\mathrm{d}t} \tag{5-51}$$

$$\frac{\mathrm{d}^2 v_y}{\mathrm{d}t^2} + \omega_c^2 v_y = -\omega_c^2 \frac{1}{B} E_x(y) \tag{5-52}$$

假设电场相对于磁场为小量,则可以用微扰法求解上述方程。当不存在电场时,由式(5-16)可得 t 时刻带电粒子在 y 方向上的运动坐标为 $y = y_0 + r_\mathrm{L} \cos(\omega_c t)$,则可将式(5-52)改写为

$$\frac{\mathrm{d}^2 v_y}{\mathrm{d}t^2} + \omega_c^2 v_y = -\omega_c^2 \frac{E_0}{B} \cos[k(y_0 + r_\mathrm{L} \cos\omega_c t)] \tag{5-53}$$

显然,在一个振荡周期内, $\mathrm{d}^2 v_y / \mathrm{d}t^2$ 的平均值为零,则有

$$\omega_c^2 \langle v_y \rangle = -\omega_c^2 \frac{E_0}{B} \langle \cos\{k[y_0 + r_\mathrm{L} \cos(\omega_c t)]\} \rangle \tag{5-54}$$

式中,符号 $\langle \rangle$ 表示一个周期内的平均值。将式(5-54)右边 $\langle \rangle$ 内展开并利用泰勒公式,可得

$$\cos\{k[y_0 + r_\mathrm{L} \cos(\omega_c t)]\} \approx \cos(ky_0)\left\{1 - \frac{1}{4} k^2 r_\mathrm{L}^2 [1 + \cos(2\omega_c t)]\right\} - kr_\mathrm{L} \sin(ky_0) \cos(\omega_c t) \tag{5-55}$$

将式(5-55)代入式(5-54),可得

$$\langle v_y \rangle = -\frac{E_x(y)}{B}\left(1 - \frac{1}{4} k^2 r_\mathrm{L}^2\right) \tag{5-56}$$

因此,考虑到电场的非均匀性,同时用 ∇ 代替 $\mathrm{i}k$,则粒子的漂移速度式(5-24)可修正为

$$v_\mathrm{D} = \left(1 + \frac{1}{4} r_\mathrm{L}^2 \nabla^2\right) \frac{E \times B}{B^2} \tag{5-57}$$

式中,第二项称为有限拉莫尔半径效应。可以看出,由于电子和离子的拉莫尔回旋半径相差很大,所以相应的漂移速度也不同,这导致在等离子体中出现了电荷分离,进而产生一个内部电场,若该内部电场存在与外加电场 E 相同方向的分量,则会形成正反馈机制,使得等离子体中的电场不断增强,最终引起等离子体的不稳定。

5.3   带电粒子在时变电磁场中的运动

假设电场和磁场都是空间均匀的,磁场是恒定的,而电场是随时间变化的。如果外部磁场远大于时变电场产生的磁场,则可近似假设外部磁场也是均匀恒定的。同时,如果电场的空间变化尺度远大于带电粒子的回旋半径,则假设电场均匀也是有效的。本节最后将考虑带电粒子在时变磁场和空变电场中的运动特性。

5.3.1   带电粒子在缓慢变化电场中的运动

对于随时间变化的电场,带电粒子的运动方程可改写为

$$\frac{\mathrm{d}v_{/\!/}}{\mathrm{d}t} = \frac{q}{m}E_{/\!/}(t) \tag{5-58}$$

$$\frac{\mathrm{d}v_{\perp}}{\mathrm{d}t} = \frac{q}{m}\left[E_{\perp}(t) + v_{\perp} \times B\right] \tag{5-59}$$

将式(5-59)两边对时间求导,可得

$$\frac{\mathrm{d}^2 v_{\perp}}{\mathrm{d}t^2} = \frac{q}{m}\frac{\mathrm{d}E_{\perp}(t)}{\mathrm{d}t} + \omega_{\mathrm{c}}^2 \frac{E_{\perp}(t) \times B}{B^2} - \omega_{\mathrm{c}}^2 v_{\perp} \tag{5-60}$$

假设电场随时间变化的特征时间远大于带电粒子的回旋周期,即电场是缓慢变化的,此时仍然可以将粒子垂直于磁场方向的运动速度分解为导向中心的漂移运动速度 $v_{\perp}''$ 和绕导向中心的回旋运动速度 $v_{\perp}'$ 两部分,即 $v_{\perp} = v_{\perp}' + v_{\perp}''$,其中,回旋运动速度 $v_{\perp}'$ 满足

$$\frac{\mathrm{d}v_{\perp}'}{\mathrm{d}t} = \frac{q}{m}(v_{\perp}' \times B) \tag{5-61}$$

从而可将式(5-60)改写为

$$\frac{\mathrm{d}^2(v_{\perp}' + v_{\perp}'')}{\mathrm{d}t^2} + \omega_{\mathrm{c}}^2(v_{\perp}' + v_{\perp}'') = \omega_{\mathrm{c}}^2 \frac{E_{\perp}(t) \times B}{B^2} + \frac{q}{m}\frac{\mathrm{d}E_{\perp}(t)}{\mathrm{d}t} \tag{5-62}$$

由于假设电场随时间的变化很缓慢,即 $\mathrm{d}^2 v_{\perp}''/\mathrm{d}t^2 \approx 0$,当垂直方向不存在电场时,式(5-61)可化简为

$$\frac{\mathrm{d}^2 v_{\perp}'}{\mathrm{d}t^2} + \omega_{\mathrm{c}}^2 v_{\perp}' = 0 \tag{5-63}$$

将式(5-61)和式(5-63)代入式(5-62)中,可得

$$v''_\perp = \frac{E_\perp(t) \times B}{B^2} + \frac{m}{qB^2}\frac{\mathrm{d}E_\perp(t)}{\mathrm{d}t} \qquad (5-64)$$

式(5-64)即为带电粒子在随时间缓慢变化电场中的漂移运动速度,其中,等式右边第一项为电场引起的霍尔漂移速度,而第二项为电场缓慢变化引起的漂移运动速度,即

$$v_\mathrm{p} = \frac{m}{qB^2}\frac{\mathrm{d}E_\perp(t)}{\mathrm{d}t} \qquad (5-65)$$

从式(5-65)可以看出,电场的变化速率越快,v_p 越大;同时 v_p 与电荷的符号有关,所以等离子体中离子和电子的漂移方向相反,进而引起电荷的极化,产生极化电流。因此,v_p 也称为极化漂移速度。可见,等离子体具有一定的电介质特性。

一般地,极化电流密度可表示为

$$J_\mathrm{p} = \frac{1}{\delta V}\sum_i q_i v_{\mathrm{p},i} = \frac{1}{\delta V}\Big(\sum_i m_i\Big)\frac{1}{B^2}\frac{\partial E}{\partial t} = \frac{\rho}{B^2}\frac{\partial E}{\partial t} \qquad (5-66)$$

式中,δV 为小体积元;ρ 为等离子体的质量密度。将等离子体看作电介质后,根据安培定律有

$$\nabla \times H = j + \varepsilon_0\left(1 + \frac{\rho}{\varepsilon_0 B^2}\right)\frac{\partial E}{\partial t} \qquad (5-67)$$

因此,等离子体的有效介电常数 ε 为

$$\varepsilon = \varepsilon_0\varepsilon_\mathrm{r} = \varepsilon_0\left(1 + \frac{\rho}{\varepsilon_0 B^2}\right) \qquad (5-68)$$

对于电推进中涉及的氙等离子体,等离子体密度一般为 $10^{18}\ \mathrm{m}^{-3}$ 量级。假设磁感应强度 $B = 100\ \mathrm{G}$,则 ε_r 约为 10^8,即使对于强磁场 B 约为 1 T,也有 ε_r 约为 $10^4 \gg 1$,因此在一般情况下,等离子体通常可以看作介电常数极大的电介质。

5.3.2　带电粒子在随时间任意变化电场中的运动

下面考虑随时间任意变化的电场对带电粒子运动的影响,同样假设电场在空间是均匀分布的,而磁场是均匀恒定的。一般而言,可以将时变电场设为 $E(t) = E_0\mathrm{e}^{-\mathrm{i}\omega t}$,其中,$\omega$ 为电场的变化角频率,则带电粒子的运动方程可改写为

$$\frac{\mathrm{d}v}{\mathrm{d}t} = \frac{q}{m}(E_0 \mathrm{e}^{-\mathrm{i}\omega t} + v \times B) \tag{5-69}$$

自然地,可以将带电粒子的运动速度表示为时变电场引起的速度及稳恒磁场引起的速度的矢量和,即 $v = v_\mathrm{e} \mathrm{e}^{-\mathrm{i}\omega t} + v_\mathrm{m}$,代入式(5-69)可得

$$\frac{\mathrm{d}v_\mathrm{m}}{\mathrm{d}t} = \frac{q}{m}(v_\mathrm{m} \times B) \tag{5-70}$$

$$-\mathrm{i}\omega v_\mathrm{e} = \frac{q}{m}(E_0 + v_\mathrm{e} \times B) \tag{5-71}$$

式(5-71)描述的即为带电粒子绕磁场 B 的回旋运动,回旋频率即为 ω_c。对于方程式(5-70),将运动方程沿平行于磁场方向与垂直于磁场方向进行分解,有

$$v_{\mathrm{e},\,/\!/} = -\frac{q}{\mathrm{i}\omega m}E_{0,\,/\!/} \tag{5-72}$$

$$\left(-\mathrm{i}\omega + \frac{q}{m}B \times\right)v_{\mathrm{e},\,\perp} = \frac{q}{m}E_{0,\,\perp} \tag{5-73}$$

利用 $\omega_\mathrm{c} = -qB/m$,可将式(5-73)进一步改写为

$$(\mathrm{i}\omega + \omega_\mathrm{c} \times)v_{\mathrm{e},\,\perp} = -\frac{q}{m}E_{0,\,\perp} \tag{5-74}$$

式(5-74)等号两边同乘以 $(\mathrm{i}\omega - \omega_\mathrm{c} \times)$ 可得

$$(\omega_\mathrm{c}^2 - \omega^2)v_{\mathrm{e},\,\perp} = -\frac{q}{m}(\mathrm{i}\omega - \omega_\mathrm{c} \times)E_{0,\,\perp} \tag{5-75}$$

从而可以求得电场引起的垂直于磁场方向上的运动速度为

$$v_{\mathrm{e},\,\perp} = \frac{q}{m}\frac{(\mathrm{i}\omega - \omega_\mathrm{c} \times)}{(\omega^2 - \omega_\mathrm{c}^2)}E_{0,\,\perp} \tag{5-76}$$

结合式(5-72),容易得到带电粒子总的运动速度为

$$v = v_\mathrm{m} + \frac{q}{m}\left[-\frac{1}{\mathrm{i}\omega}E_{0,\,/\!/} + \frac{(\mathrm{i}\omega - \omega_\mathrm{c} \times)}{(\omega^2 - \omega_\mathrm{c}^2)}E_{0,\,\perp}\right]\mathrm{e}^{-\mathrm{i}\omega t} \tag{5-77}$$

从式(5-77)可以看出,带电粒子沿磁力线方向以角频率 ω、幅值 $v_{\mathrm{e},\,/\!/}$ 做振荡运动,而带电粒子在水平方向的速度矢量与电场矢量的实部分别为

$$\mathrm{Re}(v_{e,/\!/}\,\mathrm{e}^{-\mathrm{i}\omega t}) = \frac{q}{\omega m}E_{0,/\!/}\sin(\omega t) \qquad (5-78)$$

$$\mathrm{Re}(E_{0,/\!/}\,\mathrm{e}^{-\mathrm{i}\omega t}) = E_{0,/\!/}\cos(\omega t) \qquad (5-79)$$

可见,水平方向速度的振荡比电场的振荡在相位上落后 1/4 个周期,即落后 90°。

在垂直于磁场方向的分量上,带电粒子的运动是回旋角频率为 ω_c 的回旋运动与角频率为 ω、幅值为 $v_{e,\perp}$ 的振荡运动的叠加。为了对以上物理图像有更加清晰的理解,可将振荡电场 $E_\perp$ 分解为左旋圆偏振与右旋圆偏振两个电场分量,即

$$E_\perp = E_L + E_R = (E_{0L} + E_{0R})\,\mathrm{e}^{-\mathrm{i}\omega t} \qquad (5-80)$$

式中,E_L 与 E_R 代表沿磁场方向看,电场矢量随时间分别做逆时针旋转与顺时针旋转。式(5-80)中,

$$E_{0L} = \frac{1}{2}(1 - \mathrm{i}\hat{B}\times)E_{0\perp} \qquad (5-81)$$

$$E_{0R} = \frac{1}{2}(1 + \mathrm{i}\hat{B}\times)E_{0\perp} \qquad (5-82)$$

式中,$\hat{B} = B/B$ 为沿磁场方向的单位矢量。

在式(5-81)和式(5-82)左侧分别进行矢量运算,可得

$$(\mathrm{i}\omega - \omega_c\times)E_{0L} = \mathrm{i}\left(\omega + \frac{qB}{m}\right)E_{0L} \qquad (5-83)$$

$$(\mathrm{i}\omega - \omega_c\times)E_{0R} = \mathrm{i}\left(\omega - \frac{qB}{m}\right)E_{0R} \qquad (5-84)$$

将式(5-83)和式(5-84)代入式(5-76),并利用 $\omega_c = |q|B/m$,可得

$$v_{e,\perp} = \frac{q}{m}\frac{(\mathrm{i}\omega - \omega_c\times)}{(\omega^2 - \omega_c^2)}(E_{0L} + E_{0R}) = \mathrm{i}\frac{q}{m}\left(\frac{1}{\omega \mp \omega_c}E_{0L} + \frac{1}{\omega \pm \omega_c}E_{0R}\right) \quad (5-85)$$

式中,$\mp$ 中上面的代表正电荷粒子,下面的代表负电荷粒子。从式(5-85)很容易看出,带电粒子在垂直于磁场方向上的运动速度同样存在左旋偏振与右旋偏振,即

$$v_{e,\perp} = v_L + v_R \qquad (5-86)$$

式中,

$$v_L = i \frac{q}{m} \frac{1}{\omega \mp \omega_c} E_{0L} \qquad (5-87)$$

$$v_R = i \frac{q}{m} \frac{1}{\omega \mp \omega_c} E_{0R} \qquad (5-88)$$

对于离子电推进中的等离子体,以其中的正离子(如氙离子)为例,当电场左旋圆偏振分量的振荡角频率与离子的拉莫尔回旋频率相等时,由式(5-87)可知,此时离子的运动速度变得非常大,这种情况称为离子回旋共振加热,可用于离子的加速,提高推力器的比冲。

相应地对于带负电荷的电子,达到共振条件与电场的右旋圆偏振分量有关,此时电场的振荡频率与电子的拉莫尔回旋频率相等,即 ECR 是等离子体中电子高效加热的方式之一。

当然,在共振条件下真实粒子的速度不可能无穷大,因此有必要对谐振状态下粒子的运动特性进行单独分析。

为简单起见,假设电场只有垂直于磁场方向的分量,且其振荡频率与粒子的回旋频率相等,即

$$E = E_{0,\perp} e^{-i\omega_c t} \qquad (5-89)$$

在以上假设条件下,粒子沿平行于磁场方向不受外力作用,所以以初始平行速度运动,对于垂直于磁场方向的速度分量,有

$$m \frac{dv_\perp(t)}{dt} = q[E_{0,\perp} e^{-i\omega_c t} + v_\perp(t) \times B] \qquad (5-90)$$

式(5-90)对时间求导,可得

$$m \frac{d^2 v_\perp(t)}{dt^2} = q\left[-i\omega_c E_{0,\perp} e^{-i\omega_c t} + \frac{dv_\perp(t)}{dt} \times B\right] \qquad (5-91)$$

结合式(5-90)和式(5-91)可得

$$\frac{d^2 v_\perp}{dt^2} + \omega_c^2 v_\perp = -i\omega_c \frac{q}{m} E_{0,\perp} e^{-i\omega_c t} + \frac{q^2}{m^2}(E_{0,\perp} \times B) e^{-i\omega_c t} \qquad (5-92)$$

式(5-92)为非齐次微分方程,其解由相应的齐次方程的通解 v_m 和特解组成。v_m 的形式与式(5-70)一致,而特解具有形式 $v_\perp(t) = Hte^{-i\omega_c t}$,其中,$H$ 为特解所决定的系数,对特解关于时间进行两次微分,可得

$$\frac{\mathrm{d}^2 v_\perp(t)}{\mathrm{d}t^2} = -2i\omega_c H e^{-i\omega_c t} - \omega_c^2 v_\perp(t) \qquad (5-93)$$

则式(5-92)可改写为

$$-i\omega_c \frac{q}{m} E_{0,\perp} e^{-i\omega_c t} + \frac{q^2}{m^2} (E_{0,\perp} \times B) e^{-i\omega_c t} = -2i\omega_c H e^{-i\omega_c t} \qquad (5-94)$$

从中可以求得

$$H = \frac{q}{2m} E_{0,\perp} + \frac{iq^2}{2\omega_c m^2} (E_{0,\perp} \times B) \qquad (5-95)$$

从而可得粒子在垂直于磁场方向的速度为

$$v_\perp(t) = v_m + \frac{q}{2m} (1 \mp i\hat{B} \times) E_{0,\perp} t e^{-i\omega_c t} \qquad (5-96)$$

式中,符号 $\mp$ 中上部代表正电荷粒子,下部代表负电荷粒子。则对于等离子体中的离子和电子,结合式(5-81)与式(5-82)可得相应的垂直于磁场方向的运动速度分别为

$$v_{i,\perp}(t) = v_m + \frac{q}{m} E_{0L} t e^{-i\omega_c t} \qquad (5-97)$$

$$v_{e,\perp}(t) = v_m + \frac{q}{m} E_{0R} t e^{-i\omega_c t} \qquad (5-98)$$

从式(5-98)可以看出,离子与电子的加速度分别为

$$a_{i,\perp} = \frac{q}{m} E_{0L} \qquad (5-99)$$

$$a_{e,\perp} = \frac{q}{m} E_{0R} \qquad (5-100)$$

以上运动方程表明粒子在回旋运动过程中,速度持续变大,所以回旋半径也随之变大,运动轨迹为一螺旋线。以电子为例,其典型的运动物理图像如图 5-6 所示。

综合以上分析,可以得到粒子运动的总速

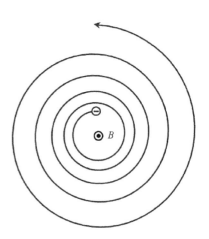

图 5-6　共振条件下电子在垂直于磁场方向上的运动轨迹

度为

$$v_e = v_{e,/\!/} + v_L + v_R \tag{5-101}$$

下面引入粒子迁移率张量 m 来求解带电粒子的速度在每个方向上的分量,其满足 $v_e = mE_0$,联立式$(5-72)$、式$(5-87)$与式$(5-88)$,可得

$$\begin{pmatrix} v_L \\ v_R \\ v_{e,/\!/} \end{pmatrix} = i\,\frac{q}{\omega m} \begin{bmatrix} \dfrac{1}{\omega \mp \omega_c} & 0 & 0 \\ 0 & \dfrac{\omega}{\omega \pm \omega_c} & 0 \\ 0 & 0 & 1 \end{bmatrix} \begin{pmatrix} E_{0L} \\ E_{0R} \\ E_{0,/\!/} \end{pmatrix} \tag{5-102}$$

在直角坐标系中,式$(5-102)$可进一步改写为

$$\begin{pmatrix} v_{ex} \\ v_{ey} \\ v_{ez} \end{pmatrix} = i\,\frac{q}{\omega m} \begin{bmatrix} \dfrac{\omega^2}{\omega^2 - \omega_c^2} & \pm\dfrac{i\omega\omega_c}{\omega^2 - \omega_c^2} & 0 \\ \mp\dfrac{i\omega\omega_c}{\omega^2 - \omega_c^2} & \dfrac{\omega^2}{\omega^2 - \omega_c^2} & 0 \\ 0 & 0 & 1 \end{bmatrix} \begin{pmatrix} E_{0x} \\ E_{0y} \\ E_{0z} \end{pmatrix} \tag{5-103}$$

除了迁移率之外,等离子体电导率也是非常重要的物理量。假设等离子体密度为 n_0,并满足准中性条件,则在外部电场 E 的作用下等离子体中的电流密度可表示为

$$J = -ev_e n_0 + ev_i n_0 = en_0(m_i - m_e) \cdot E \tag{5-104}$$

式中, m_i 和 m_e 分别为离子与电子的迁移率张量。则相应的电导率张量 δ 满足

$$J = \delta \cdot E = (\delta_i + \delta_e) \cdot E \tag{5-105}$$

结合式$(5-104)$和式$(5-105)$,可得直角坐标系中离子和电子的电导率张量分别为

$$\delta_i = \frac{ie^2 n_0}{\omega m_i} \begin{bmatrix} \dfrac{\omega^2}{\omega^2 - \omega_{ci}^2} & \dfrac{i\omega\omega_{ci}}{\omega^2 - \omega_{ci}^2} & 0 \\ -\dfrac{i\omega\omega_{ci}}{\omega^2 - \omega_{ci}^2} & \dfrac{\omega^2}{\omega^2 - \omega_{ci}^2} & 0 \\ 0 & 0 & 1 \end{bmatrix} \tag{5-106}$$

$$\delta_e = \frac{ie^2 n_0}{\omega m_e} \begin{bmatrix} \dfrac{\omega^2}{\omega^2 - \omega_{ce}^2} & -\dfrac{i\omega\omega_{ce}}{\omega^2 - \omega_{ce}^2} & 0 \\ \dfrac{i\omega\omega_{ce}}{\omega^2 - \omega_{ce}^2} & \dfrac{\omega^2}{\omega^2 - \omega_{ce}^2} & 0 \\ 0 & 0 & 1 \end{bmatrix} \tag{5-107}$$

从式(5-106)和式(5-107)中可以看出,等离子体电导率张量为虚数,这意味着等离子体电流与外部电场之间存在 90°相位差。

5.3.3　带电粒子在时间变化磁场和空间变化电场中的运动

为便于理解,假设在电子回旋周期的时间间隔内磁场的变化很小,即磁场随时间的变化相对于电子的回旋运动要慢得多。同时假设磁场沿 z 方向,并在空间均匀分布,其大小随时间不断增大。根据法拉第电磁感应定律,该变化的磁场产生涡旋的电场,使得粒子得以加速,从而导致粒子在垂直于磁场方向上的运动轨迹不再是圆形。然而,磁场随时间的变化很缓慢,这使得感应产生的角向电场也较弱,因此粒子的运动轨迹仍然近似为一个圆。

利用法拉第电磁感应定律,考虑到 $B = B\hat{z}$,$E = E_\theta(r)\hat{\theta}$,则在柱坐标系中有

$$\frac{1}{r} \frac{\partial}{\partial r}(rE_\theta) = -\frac{\partial B}{\partial t} \tag{5-108}$$

由于磁场的变化很缓慢,可以认为 $\partial B/\partial t$ 为常量,所以对式(5-108)积分可得

$$\int_0^r \frac{\partial}{\partial r'}(r'E_\theta) = -\frac{\partial B}{\partial t} \int_0^r r' \mathrm{d}r' \tag{5-109}$$

从中可以求得角向电场的矢量形式为

$$E_\theta = \frac{1}{2} r \times \frac{\partial B}{\partial t} \tag{5-110}$$

而带电粒子在一个回旋周期内的动能变化可表示为

$$\delta(E_k) = \delta\left(\frac{1}{2}mv_\perp^2\right) = q \oint E_\theta \cdot \mathrm{d}r \tag{5-111}$$

式中, $\mathrm{d}r = \mathrm{d}v_\perp/\mathrm{d}t$ 为沿粒子运动路径的元矢径。由于磁场变化缓慢,角向电场较弱,所以可以近似地将粒子的运动轨迹看作一个闭合的圆环,根据斯托克斯定理,式(5-111)通过积分可改写为

$$\delta\left(\frac{1}{2}mv_\perp^2\right) = q\int_S (\nabla \times E_\theta) \cdot \mathrm{d}S = -q\int_S \frac{\partial B}{\partial t} \cdot \mathrm{d}S \qquad (5-112)$$

式中，S 为由粒子的回旋轨迹所包围的面积。由于带电粒子的回旋半径约为 r_c，所以对式(5-112)积分后可得

$$\delta\left(\frac{1}{2}mv_\perp^2\right) = |q| \ \pi r_c^2 \frac{\partial B}{\partial t} \qquad (5-113)$$

而外部磁场在一个回旋周期内的变化量为

$$\delta B = \frac{2\pi}{\omega_c}\left(\frac{\partial B}{\partial t}\right) \qquad (5-114)$$

利用 $r_c = v_\perp / \omega_c$，以及 $\omega_c = |q| B/m$，所以有

$$\delta\left(\frac{1}{2}mv_\perp^2\right) = \frac{1}{2}mv_\perp^2 \frac{\delta B}{B} = |M| \delta B \qquad (5-115)$$

式中，$|M| = (mv_\perp^2/2)/B$ 为带电粒子的轨道磁矩。所以可将式(5-115)的左边改写为

$$\delta\left(\frac{1}{2}mv_\perp^2\right) = \delta(|M| B) = B\delta |M| + |M| \delta B \qquad (5-116)$$

比较式(5-115)和式(5-116)，可容易看出 $\delta|M|=0$，这说明对于随时间缓慢变化的磁场，带电粒子的轨道磁矩为不变量。

结合式(5-114)可以得到带电粒子在回旋轨迹内的磁通量 $\phi_m = BS = \pi r_c^2 B$ 为常数，即其为绝热不变量。同时可以看出，随着磁场的增加，粒子的回旋半径减小，反之则反。

如果磁场随时间的变化在粒子的回旋轨道内并非空间均匀分布，则其感应产生的电场将不再是以上讨论的简单形式，一般情况下将极为复杂。考虑磁场随时间的变化具有柱对称的空间分布形式，且柱半径 R 远大于带电粒子的回旋半径 r_c，如图 5-7 所示，则在 P 点感应产生的角向电场 E_θ 为

$$E_\theta = \frac{1}{2}R \times \frac{\partial B}{\partial t} \qquad (5-117)$$

则 P 点粒子的漂移速度为

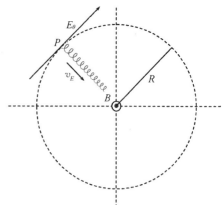

图 5-7 负电荷粒子在逐渐增大磁场中的运动轨迹

$$v_E = \frac{E_\theta \times B}{B^2} = \frac{1}{2}\left(R \times \frac{\partial B}{\partial t}\right) \times \frac{B}{B^2} \qquad (5-118)$$

由于 $B \perp R$，则式(5-118)可化简为

$$v_E = \frac{E_\theta \times B}{B^2} = -\frac{1}{2}\left(\frac{\partial B}{\partial t}\right)\frac{R}{B} \qquad (5-119)$$

因此,带电粒子的导向中心将沿 R 的方向逐渐向轨道内部偏移。

由轨道磁矩的表达式可以看出,随着磁场的增加,粒子的动能也将呈线性增加。另外,由于粒子回旋轨道内的磁通量也是不变的,所以随着磁通密度的增大,包围磁通量的面积将收缩,导向中心向内部移动,即伴随磁力线沿径向移动,这使得粒子看起来像是"冻结"在磁力线上并随之移动。整体看来,磁场的增大使得等离子体中的带电粒子互相靠近,形成磁压缩。反之,对于磁场减小的情形,对应着等离子体减压缩。对于二维情形,带电粒子数密度 n 的增加正比于截面 πr_c^2，进而正比于磁感应强度 B，等离子体的这一特性称为磁泵浦,是常用的等离子体加热方式之一。

5.4　电磁场中的等离子体输运理论

5.4.1　等离子体输运的一般理论

本节将从等离子体动理论出发,结合等离子体中微观粒子的分布特性,阐述等离子体输运的一般理论,并推导出等离子体的各类输运系数(Lieberman and Lichtenberg,2006)。

描述等离子体中粒子运动的一般动理论方程为

$$\frac{\partial f_\alpha}{\partial t} + v_\alpha \cdot \frac{\partial f_\alpha}{\partial r} + a_\alpha \cdot \frac{\partial f_\alpha}{\partial v_\alpha} = \sum_\beta C_{\alpha\beta}(f_\alpha, f_\beta) = \left(\frac{\partial f_\alpha}{\partial t}\right)_c \qquad (5-120)$$

式中, α、β 为粒子的种类; v_α 和 a_α 分别为 α 类粒子的速度和加速度; $C_{\alpha\beta}(f_\alpha, f_\beta)$ 为在单位时间、单位相体积中 α 类粒子和 β 类粒子相互碰撞引起的 f_α 的净改变量,式(5-120)右边也称为动理论方程的碰撞项。

求解式(5-120),可采用将分布函数按照微扰项的幂展开为级数然后逐次求近似的方法。当等离子体处于非平衡态且粒子碰撞起主导作用时,等离子体内部产生的不可逆过程将会促使等离子体逐渐向平衡态靠拢。如果粒子密度 $n_\alpha(r, t)$、质量平均速度 $u_\alpha(r, t)$ 和温度 $T_\alpha(r, t)$ 在与平均自由程可以相当的空间距离上,以及在与碰撞频率相当的时间间隔内,发生的变化都小到可以略去不计,那么分布函数 $f_\alpha(r, v_\alpha, t)$ 在每一小范围内接近于局部麦克斯韦分布,这样就可以把 f_α

展开为

$$f_\alpha = f_\alpha^{(0)} + \varepsilon f_\alpha^{(1)} + \varepsilon^2 f_\alpha^{(2)} + \cdots \qquad (5-121)$$

式中，ε 是为了指出各项的级数而引入的参数，在具体求解过程中可令其为 1；$f_\alpha^{(0)}$ 是零级近似，它就是局部的麦克斯韦分布，由局部的等离子体参量 n_α、u_α 和 T_α 共同决定。其满足

$$\frac{n_\alpha}{n_{\alpha 0}} f_\alpha^{(0)} = n_\alpha \left(\frac{m_\alpha}{2\pi T_\alpha} \right)^{3/2} e^{-m_\alpha v_\alpha^2 / (2T_\alpha)} \qquad (5-122)$$

假设等离子体中粒子的碰撞起主导作用，则可认为动理论方程中的碰撞项比其他项均大一个级数，从而可将式（5-120）改写为

$$\frac{\partial f_\alpha}{\partial t} + v \cdot \nabla f_\alpha + a_\alpha \cdot \nabla_v f_\alpha = \frac{1}{\varepsilon} \left(\frac{\partial f_\alpha}{\partial t} \right)_c \qquad (5-123)$$

通过式（5-123）的展开，可使原来的非线性积分微分方程化为一组线性积分方程，然后通过求解该方程组即可求得 f_α 的逐级近似。一般情况下，求解到一级解 $f_\alpha^{(1)}$ 就足够了。

假设等离子体偏离平衡态不远，则将分布函数展开到一级项即可，于是可得

$$f_\alpha = f_\alpha^{(0)} + \varepsilon f_\alpha^{(1)} \qquad (5-124)$$

将其代入动理论方程式（5-120），可得

$$\frac{\partial f_\alpha}{\partial t} + v_\alpha \cdot \frac{\partial f_\alpha}{\partial r} + a_\alpha \cdot \frac{\partial f_\alpha}{\partial v_\alpha} = -\nu_\alpha f_\alpha^{(1)} \qquad (5-125)$$

假设输运过程稳定，则 $\partial f_\alpha / \partial t = 0$，再考虑到 $f_\alpha^{(1)} \ll n_\alpha f_\alpha^{(0)} / n_{\alpha 0}$，从而可以得到分布函数的一级近似表达式为

$$f_\alpha = \frac{n_\alpha}{n_{\alpha 0}} f_\alpha^{(0)} - \frac{1}{\nu_\alpha} \left[v_\alpha \cdot \frac{\partial}{\partial r} \left(\frac{n_\alpha}{n_{\alpha 0}} f_\alpha^{(0)} \right) + a_\alpha \cdot \frac{\partial}{\partial v_\alpha} \left(\frac{n_\alpha}{n_{\alpha 0}} f_\alpha^{(0)} \right) \right] \qquad (5-126)$$

而粒子通量密度为

$$\Gamma_\alpha = \frac{n_\alpha}{n_{\alpha 0}} \int v_\alpha f_\alpha^{(0)} \, \mathrm{d}v_\alpha - \int \frac{v_\alpha}{\nu_\alpha} \left[v_\alpha \cdot \frac{\partial}{\partial r} \left(\frac{n_\alpha}{n_{\alpha 0}} f_\alpha^{(0)} \right) + a_\alpha \cdot \frac{\partial}{\partial v_\alpha} \left(\frac{n_\alpha}{n_{\alpha 0}} f_\alpha^{(0)} \right) \right] \mathrm{d}v_\alpha$$

$$(5-127)$$

考虑到 $f_\alpha^{(0)}$ 满足麦克斯韦分布，因此式（5-127）等号右边第一项积分项等于

零,从而可以进一步得到

$$\varGamma_\alpha = -\int \frac{v_\alpha}{\nu_\alpha}\left[v_\alpha \cdot \frac{\partial}{\partial r}\left(\frac{n_\alpha}{n_{\alpha0}}f_\alpha^{(0)}\right) + a_\alpha \cdot \frac{\partial}{\partial v_\alpha}\left(\frac{n_\alpha}{n_{\alpha0}}f_\alpha^{(0)}\right)\right]\mathrm{d}v_\alpha \quad (5-128)$$

式中,等号右边第一项代表热运动引起的粒子扩散;等号右边第二项表示在外加场作用下粒子的迁移。

假设外加电场 E 一直存在,下面分别求解无外加磁场和有外加均匀稳恒磁场时,等离子体的迁移率、电导率、扩散系数、双极扩散系数、热传导系数和黏滞系数等主要的几类输运系数。

5.4.2　无磁场时等离子体的输运特性

1. 迁移率

设粒子密度 n_α 和温度 T_α 各处均匀且不随时间变化,同时等离子体受到恒定外加电场 E 的作用,则有粒子的迁移通量密度为

$$\varGamma_{\mathrm{m},\alpha} = -\frac{n_\alpha}{n_{\alpha0}}\int \frac{v_\alpha}{\nu_\alpha}\frac{Z_\alpha eE}{m_\alpha}\cdot\frac{\partial f_\alpha^{(0)}}{\partial v_\alpha}\mathrm{d}v_\alpha \quad (5-129)$$

由于

$$v_\alpha^2 = v_{\alpha x}^2 + v_{\alpha y}^2 + v_{\alpha z}^2 \quad (5-130)$$

而 $f_\alpha^{(0)}$ 仅是 v_α 的函数,所以

$$\frac{\partial f_\alpha^{(0)}}{\partial v_\alpha} = \frac{v_{\alpha x}}{v_\alpha}\frac{\partial f_\alpha^{(0)}}{\partial v_\alpha}\hat{x} + \frac{v_{\alpha y}}{v_\alpha}\frac{\partial f_\alpha^{(0)}}{\partial v_\alpha}\hat{y} + \frac{v_{\alpha z}}{v_\alpha}\frac{\partial f_\alpha^{(0)}}{\partial v_\alpha}\hat{z} \quad (5-131)$$

将式(5-131)代入式(5-129)可得

$$\varGamma_{\mathrm{m},\alpha} = -\frac{n_\alpha}{n_{\alpha0}}\int \frac{Z_\alpha e}{m_\alpha \nu_\alpha v_\alpha}(E_x v_{\alpha x}^2\hat{x} + E_y v_{\alpha y}^2\hat{y} + E_z v_{\alpha z}^2\hat{z})\cdot\frac{\partial f_\alpha^{(0)}}{\partial v_\alpha}\mathrm{d}v_\alpha \quad (5-132)$$

根据对称性,在速度空间中三个方向上的积分应当是彼此相等的,因此可将式(5-132)化简为

$$\varGamma_{\mathrm{m},\alpha} = -\frac{4\pi n_\alpha Z_\alpha eE}{3n_{\alpha0}m_\alpha\nu_\alpha}\int_0^\infty v_\alpha\frac{\partial f_\alpha^{(0)}}{\partial v_\alpha}v_a^2\mathrm{d}v_\alpha \quad (5-133)$$

式(5-133)利用分部积分法可进一步化简为

$$\Gamma_{m,\alpha} = -\frac{4\pi n_\alpha Z_\alpha eE}{3n_{\alpha0}m_\alpha \nu_\alpha}\left[-v_a^3 f_\alpha^{(0)}\bigg|_0^\infty + \int_0^\infty f_\alpha^{(0)} \mathrm{d}(v_a^3) \right] \qquad (5-134)$$

当 v_a 趋近于无穷大时, $f_\alpha^{(0)}$ 趋近于零要比 v_a^3 趋近于无穷大更快,因此式(5-134)中等号右边第一项为零,从而有

$$\Gamma_{m,\alpha} = -\frac{n_\alpha Z_\alpha eE}{n_{\alpha0}m_\alpha \nu_\alpha}\int_0^\infty f_\alpha^{(0)} 4\pi v_a^2 \mathrm{d}v_\alpha = \frac{n_\alpha Z_\alpha eE}{m_\alpha \nu_\alpha} \qquad (5-135)$$

因此 α 类粒子在电场 E 作用下的迁移率可定义为

$$\mu_\alpha = \frac{Z_\alpha e}{m_\alpha \nu_\alpha} \qquad (5-136)$$

而 $n_\alpha \mu_\alpha$ 也称为约化迁移率。将以上结果应用于等离子体中的电子和离子,可得

$$\mu_e = -\frac{e}{m_e \nu_{en}} \qquad (5-137)$$

$$\mu_i = \frac{Z_i e}{m_i \nu_{in}} \qquad (5-138)$$

由于 $\nu_{\alpha n} = n_\alpha \sigma_{\alpha n}\langle v_\alpha \rangle$, 当 $T_e \approx T_i$、碰撞截面 $\sigma_{en} \approx \sigma_{in}$ 时,近似地有

$$\frac{|\mu_e|}{\mu_i} \approx \frac{D_e}{D_i} \approx \sqrt{\frac{m_i}{m_e}} \qquad (5-139)$$

这说明电子与离子的迁移率之比近似等于二者质量平方根的反比,同时有 $|\mu_e| \gg \mu_i$。

2. 电导率

α 粒子运动形成的电流密度 j_α 可写为

$$j_\alpha = Z_\alpha e\Gamma_{m,\alpha} = Z_\alpha en_\alpha \mu_\alpha E \qquad (5-140)$$

则 α 粒子对应的电导率为

$$\sigma_\alpha = Z_\alpha en_\alpha \mu_\alpha \qquad (5-141)$$

因此,等离子体总的电导率可表示为

$$\sigma = \sum_\alpha \sigma_\alpha = \sum_\alpha Z_\alpha en_\alpha \mu_\alpha = \sum_\alpha \frac{Z_\alpha^2 e^2 n_\alpha}{m_\alpha \nu_\alpha} \qquad (5-142)$$

对于离子电推进等离子体,其中的带电离子绝大部分由电子和一价正离子组

成,因此其电导率可具体写为

$$\sigma = en_e \mid \mu_e \mid + en_i \mu_i \approx en_e \mid \mu_e \mid = \frac{e^2 n_e}{m_e \nu_{en}} \qquad (5-143)$$

3. 扩散系数

设等离子体温度处处均匀且不随时间变化,粒子数密度是位置 r 的函数: $n_\alpha = n_\alpha(r)$,则粒子的扩散通量密度可表示为

$$\Gamma_{d, \alpha} = - \int \frac{v_\alpha}{\nu_\alpha} \left[v_\alpha \cdot \frac{\partial}{\partial r} \left(\frac{n_\alpha}{n_{\alpha 0}} f_\alpha^{(0)} \right) \right] dv_\alpha = - \frac{1}{n_{\alpha 0} \nu_\alpha} \int v_\alpha f_\alpha^{(0)} v_\alpha \cdot \frac{\partial n_\alpha}{\partial r} dv_\alpha \qquad (5-144)$$

将式(5-122)代入式(5-144),积分后可得

$$\Gamma_{d, \alpha} = - \left(\frac{T_\alpha}{m_\alpha \nu_\alpha} \right) \nabla_\alpha \qquad (5-145)$$

因此 α 类带电粒子的扩散系数为

$$D_\alpha = \frac{T_\alpha}{m_\alpha \nu_\alpha} = \frac{\langle v_\alpha^2 \rangle}{3\nu_\alpha} \approx \nu_\alpha \lambda_\alpha^2 \qquad (5-146)$$

由式(5-146)可以看出,扩散系数等于平均自由程的平方与碰撞频率的乘积,因此是一种无规则的运动。

将式(5-146)分别应用于等离子体中的电子和离子,有

$$D_e = \frac{T_e}{m_e \nu_{en}} \qquad (5-147)$$

$$D_i = \frac{T_i}{m_i \nu_{in}} \qquad (5-148)$$

比较式(5-136)和式(5-146)可得

$$D_\alpha = \frac{T_\alpha}{Z_\alpha e} \mu_\alpha \qquad (5-149)$$

扩散系数与迁移率之间的这种关系称为爱因斯坦关系。

4. 双极扩散系数

根据式(5-139)可知,电子的扩散速度要比离子的大得多,如果容器壁是绝缘

体,那么在器壁附近会出现电子的积累,即空间电荷,从而形成电场。该电场使得电子的迁移率降低而离子的迁移率提高。电子和正离子的通量密度可分别写为

$$\Gamma_e = - D_e \nabla n_e + n_e \mu_e E \qquad (5-150)$$

$$\Gamma_i = - D_i \nabla n_i + n_i \mu_i E \qquad (5-151)$$

式中,E 为空间电荷引起的电场。当达到稳定状态时,$\langle v_e \rangle = \langle v_i \rangle = \langle v \rangle$,$\Gamma_e = \Gamma_i = \Gamma$。利用 $n_e \approx n_i = n$,联立式(5-150)和式(5-151)可得

$$E = \frac{D_e - D_i}{\mu_e - \mu_i} \frac{\nabla n}{n} \qquad (5-152)$$

从而可以将带电粒子的通量密度改写为 $\Gamma = - D_a \nabla n$,式中,

$$D_a = \frac{D_e \mu_i - D_i \mu_e}{\mu_i - \mu_e} \qquad (5-153)$$

称为双极扩散系数。考虑到 $|\mu_e| \gg \mu_i$,同时利用爱因斯坦关系,可得

$$D_a \approx \left(1 + \frac{T_e}{T_i}\right) D_i \qquad (5-154)$$

当 $T_e \approx T_i$ 时,$D_a \approx 2D_i$,即双极扩散系数近似为离子扩散系数的 2 倍。

5. 热传导系数

当讨论传热过程时,一般假设压强处处均匀且不变,即

$$p_\alpha = n_\alpha T_\alpha \qquad (5-155)$$

因此当温度不均匀时,粒子数密度也必然是不均匀的,满足

$$\frac{n_\alpha}{n_{\alpha 0}} f_\alpha^{(0)} = n(r) \left[\frac{m_\alpha}{2\pi T_\alpha(r)}\right]^{3/2} e^{-m_\alpha v_\alpha^2 / [2T_\alpha(r)]} \qquad (5-156)$$

在无外场稳态传热情况下,根据式(5-127)可得

$$v_\alpha \cdot \frac{\partial}{\partial r}\left(\frac{n_\alpha}{n_{\alpha 0}} f_\alpha^{(0)}\right) = - \nu_\alpha f_\alpha^{(1)} \qquad (5-157)$$

结合式(5-156),式(5-157)左边可展开为

$$v_\alpha \cdot \frac{\partial}{\partial r}\left(\frac{n_\alpha}{n_{\alpha 0}} f_\alpha^{(0)}\right) = \frac{n_\alpha}{n_{\alpha 0}} f_\alpha^{(0)} v_\alpha \cdot \left(\frac{1}{n_\alpha} \nabla n_\alpha - \frac{3}{2} \frac{1}{T_\alpha} \nabla T_\alpha + \frac{m_\alpha v_\alpha^2}{2T_\alpha^2} \nabla T_\alpha\right)$$

$$(5-158)$$

在压强均匀的假设前提下,有 $\nabla(n_\alpha T_\alpha) = 0$, 即

$$\frac{1}{n_\alpha}\nabla n_\alpha = -\frac{1}{T_\alpha}\nabla T_\alpha \qquad (5-159)$$

因此可将式(5-157)进一步简化为

$$\frac{n_\alpha}{n_{\alpha 0}}f_\alpha^{(0)}v_\alpha \cdot \left(\frac{m_\alpha v_a^2}{2T_\alpha^2} - \frac{5}{2T_\alpha}\right)\nabla T_\alpha = -\nu_\alpha f_\alpha^{(1)} \qquad (5-160)$$

则热流密度为

$$Q_\alpha = \int \frac{1}{2}m_\alpha v_a^2 v_\alpha f_\alpha \mathrm{d}v_\alpha = \frac{1}{2}m_\alpha \int v_a^2 v_\alpha f_\alpha^{(1)}\mathrm{d}v_\alpha \qquad (5-161)$$

从式(5-160)和式(5-161)中消去 $f_\alpha^{(1)}$, 积分后可得

$$Q_\alpha = -\frac{5n_\alpha T_\alpha}{2m_\alpha \nu_\alpha}\nabla T_\alpha \qquad (5-162)$$

因此 α 类粒子的热传导系数为

$$\kappa_\alpha = \frac{5n_\alpha T_\alpha}{2\,m_\alpha \nu_\alpha} \qquad (5-163)$$

6. 黏滞系数

在无外加场且流动稳定的情形下,假设局部平均速度 u_α 沿 x 轴方向,其梯度沿 z 轴方向,粒子数密度 n_α 和温度 T_α 分布均匀且恒定,于是有

$$\frac{n_\alpha}{n_{\alpha 0}}f_\alpha^{(0)} = n_\alpha\left(\frac{m_\alpha}{2\pi T_\alpha}\right)^{3/2}\mathrm{e}^{-m_\alpha\{[v_{\alpha x}-u_\alpha(z)]^2+v_{\alpha y}^2+v_{\alpha z}^2\}/(2T_\alpha)} \qquad (5-164)$$

将式(5-164)代入式(5-157),同时考虑到 $v_\alpha \cdot \partial/\partial r = v_{\alpha z}\mathrm{d}/\mathrm{d}z$, 可得

$$\frac{n_\alpha}{n_{\alpha 0}}f_\alpha^{(0)}[v_{\alpha x} - u_\alpha(z)]\frac{m_\alpha v_{\alpha z}}{T_\alpha}\frac{\mathrm{d}u_\alpha}{\mathrm{d}z} = -\nu_\alpha f_\alpha^{(1)} \qquad (5-165)$$

根据黏滞系数的定义,有

$$\gamma_\alpha \frac{\mathrm{d}u_\alpha}{\mathrm{d}z} = -\int m_\alpha v_{\alpha x}v_{\alpha z}f_\alpha \mathrm{d}v_\alpha = -m_\alpha \int v_{\alpha x}v_{\alpha z}f_\alpha^{(1)}\mathrm{d}v_\alpha \qquad (5-166)$$

从以上两式中,消去 $f_\alpha^{(1)}$,积分后可得

$$\gamma_\alpha = \frac{n_\alpha T_\alpha}{\nu_\alpha} \tag{5-167}$$

5.4.3 均匀稳恒磁场中等离子体的输运系数

磁场的存在将使沿垂直于磁场方向及平行于磁场方向的等离子体输运性质有所不同,这种各向异性使得输运系数不再是标量而是张量的形式(Piel and Brown, 2011)。一般来说,磁场对带电粒子的约束作用将使垂直于磁场方向上的输运系数比平行于磁场方向上的小,且随着磁场的增强而大为降低。

1. 迁移率

假设粒子数密度 n_α 和温度 T_α 处处均匀且恒定不变,但等离子体处在一个均匀的恒定外磁场 B 中,B 的方向与所取的 z 轴方向一致。另外,还假设有一个电场 E 作用于该磁化等离子体上,于是粒子的加速度为

$$a_\alpha = \frac{Z_\alpha e}{m_\alpha}(E + v_\alpha \times B) \tag{5-168}$$

代入动理论方程,同时利用 $\partial f_\alpha/\partial t = 0$, $\partial f_\alpha/\partial r = 0$,以及具有麦克斯韦分布的 $f_\alpha^{(0)}$ 满足的关系式 $(v_\alpha \times B) \cdot \partial f_\alpha^{(0)}/\partial v_\alpha = 0$,可得

$$\frac{Z_\alpha eE}{m_\alpha} \cdot \frac{\partial f_\alpha^{(0)}}{\partial v_\alpha} + \frac{Z_\alpha e}{m_\alpha}(v_\alpha \times B) \cdot \frac{\partial f_\alpha^{(1)}}{\partial v_\alpha} = -\nu_\alpha f_\alpha^{(1)} \tag{5-169}$$

式(5-169)两边同时左乘以 v_α,并在速度空间中积分,可得

$$\frac{Z_\alpha e}{m_\alpha \nu_\alpha}\left\{ \int v_\alpha \left(E \cdot \frac{\partial f_\alpha^{(0)}}{\partial v_\alpha}\right) dv_\alpha + \int v_\alpha \left[(v_\alpha \times B) \cdot \frac{\partial f_\alpha^{(1)}}{\partial v_\alpha}\right] dv_\alpha \right\} = -\int v_\alpha f_\alpha^{(1)} dv_\alpha \tag{5-170}$$

式(5-170)等号右边的积分为

$$-\int v_\alpha f f_\alpha^{(1)} dv_\alpha = n_\alpha u_\alpha \tag{5-171}$$

式(5-170)等号左边第二项的积分为

$$\frac{Z_\alpha e}{m_\alpha \nu_\alpha} \int v_\alpha \left[(v_\alpha \times B) \cdot \frac{\partial f_\alpha^{(1)}}{\partial v_\alpha}\right] dv_\alpha = -\frac{n_\alpha \omega_{c\alpha}}{\nu_\alpha}(u_{\alpha y}\hat{x} - u_{\alpha x}\hat{y}) \tag{5-172}$$

式中，$\omega_{c\alpha} = Z_\alpha eB/m_\alpha$，为 α 粒子的回旋频率，将式(5 - 171)和式(5 - 172)及式(5 - 140)代入式(5 - 170)，可得

$$\frac{Z_\alpha e n_\alpha}{m_\alpha \nu_\alpha} E + \frac{n_\alpha \omega_{c\alpha}}{\nu_\alpha}(u_{\alpha y}\hat{x} - u_{\alpha x}\hat{y}) = n_\alpha(u_{\alpha x}\hat{x} + u_{\alpha y}\hat{y} + u_{\alpha z}\hat{z}) \quad (5 - 173)$$

其在三个方向上的分量形式分别为

$$\frac{Z_\alpha e n_\alpha}{m_\alpha \nu_\alpha} E_x + \frac{n_\alpha \omega_{c\alpha}}{\nu_\alpha}u_{\alpha y} = n_\alpha u_{\alpha x} \quad (5 - 174)$$

$$\frac{Z_\alpha e n_\alpha}{m_\alpha \nu_\alpha} E_y - \frac{n_\alpha \omega_{c\alpha}}{\nu_\alpha}u_{\alpha x} = n_\alpha u_{\alpha y} \quad (5 - 175)$$

$$\frac{Z_\alpha e n_\alpha}{m_\alpha \nu_\alpha} E_z = n_\alpha u_{\alpha z} \quad (5 - 176)$$

由式(5 - 176)可以很容易得到粒子沿 z 方向的迁移率(也称为纵向迁移率)，为

$$\mu_{\alpha /\!/} \equiv \mu_{\alpha z} = \frac{Z_\alpha e}{m_\alpha \nu_\alpha} \quad (5 - 177)$$

这与无磁场时的迁移率是一样的，说明带电粒子沿磁场方向的迁移运动不受磁场影响。

联立式(5 - 174)和式(5 - 175)可得

$$n_\alpha u_{\alpha x} = n_\alpha \frac{\mu_{\alpha z}\nu_\alpha^2}{\nu_\alpha^2 + \omega_{c\alpha}^2}E_x - n_\alpha \frac{\mu_{\alpha z}\omega_{c\alpha}\nu_\alpha}{\nu_\alpha^2 + \omega_{c\alpha}^2}E_y \quad (5 - 178)$$

$$n_\alpha u_{\alpha y} = n_\alpha \frac{\mu_{\alpha z}\omega_{c\alpha}\nu_\alpha}{\nu_\alpha^2 + \omega_{c\alpha}^2}E_x + n_\alpha \frac{\mu_{\alpha z}\nu_\alpha^2}{\nu_\alpha^2 + \omega_{c\alpha}^2}E_y \quad (5 - 179)$$

可以看出，粒子在 x 和 y 方向上的迁移运动是互相耦合在一起的，不妨引入：

$$\mu_{\alpha \perp} = \frac{\mu_{\alpha z}\nu_\alpha^2}{\nu_\alpha^2 + \omega_{c\alpha}^2} = \frac{Z_\alpha^2 e^2 \nu_\alpha}{m_\alpha(\nu_\alpha^2 + \omega_{c\alpha}^2)} \quad (5 - 180)$$

$$\mu_{\alpha H} = \frac{\mu_{\alpha z}\omega_{c\alpha}\nu_\alpha}{\nu_\alpha^2 + \omega_{c\alpha}^2} = \frac{Z_\alpha^2 e^2 B}{m_\alpha^2(\nu_\alpha^2 + \omega_{c\alpha}^2)} \quad (5 - 181)$$

式中，$\mu_{\alpha \perp}$ 和 $\mu_{\alpha H}$ 分别称为横向迁移率和霍尔迁移率。

根据以上结果,可将带电粒子的迁移率方便地写为各向异性的张量形式,即

$$\mu_\alpha = \begin{bmatrix} \mu_{\alpha\perp} & -\mu_{\alpha H} & 0 \\ \mu_{\alpha H} & \mu_{\alpha\perp} & 0 \\ 0 & 0 & \mu_{\alpha//} \end{bmatrix} \qquad (5-182)$$

式中,横向迁移率 $\mu_{\alpha\perp}$ 描述了带电粒子在垂直于磁场方向上的运动;霍尔迁移率 $\mu_{\alpha H}$ 则描述了带电粒子在垂直于磁场和电场方向上的运动。

由以上表达式可以方便地得到以下结论:

(1) 当磁场为零时,$\omega_{c\alpha} = 0$,此时 $\mu_{\alpha H} = 0$,不存在 $E \times B$ 漂移。

(2) 当 $\omega_{c\alpha} = \nu_\alpha$ 时,$\mu_{\alpha H} = \mu_{\alpha\perp}$,带电粒子在 x 和 y 方向上的迁移率相同。

(3) 当 $\omega_{c\alpha} < \nu_\alpha$ 时,$\mu_{\alpha H} < \mu_{\alpha\perp}$,此时横向迁移运动更显著。

(4) 当 $\omega_{c\alpha} > \nu_\alpha$ 时,$\mu_{\alpha H} > \mu_{\alpha\perp}$,此时霍尔迁移运动更显著。

2. 电导率

联立式(5-147)和式(5-182),容易得到 α 粒子的电导率张量为

$$\sigma_\alpha = \begin{bmatrix} \sigma_{\alpha\perp} & -\sigma_{\alpha H} & 0 \\ \sigma_{\alpha H} & \sigma_{\alpha\perp} & 0 \\ 0 & 0 & \sigma_{\alpha//} \end{bmatrix} \qquad (5-183)$$

式中,

$$\sigma_{\alpha//} = \frac{n_\alpha Z_\alpha^2 e^2}{m_\alpha \nu_\alpha} \qquad (5-184)$$

$$\sigma_{\alpha\perp} = \frac{\sigma_{\alpha//} \nu_\alpha^2}{\nu_\alpha^2 + \omega_{c\alpha}^2} \qquad (5-185)$$

$$\sigma_{\alpha H} = \frac{\sigma_{\alpha//} \omega_{c\alpha} \nu_\alpha}{\nu_\alpha^2 + \omega_{c\alpha}^2} \qquad (5-186)$$

分别称为纵向电导率、横向电导率和霍尔电导率。

因此,等离子体总的电导率张量为

$$\sigma = \sum \sigma_\alpha = e \sum Z_\alpha n_\alpha \mu_\alpha \qquad (5-187)$$

3. 扩散系数

根据爱因斯坦关系,可以写出有磁场时 α 粒子的扩散系数张量为

$$D_\alpha = \frac{T_\alpha}{Z_\alpha e}\mu_\alpha = \begin{bmatrix} D_{\alpha\perp} & -D_{\alpha H} & 0 \\ D_{\alpha H} & D_{\alpha\perp} & 0 \\ 0 & 0 & D_{\alpha/\!/} \end{bmatrix} \qquad (5-188)$$

式中，

$$D_{\alpha/\!/} = \frac{T_\alpha}{m_\alpha \nu_\alpha} \qquad (5-189)$$

$$D_{\alpha\perp} = \frac{D_{\alpha/\!/} \nu_\alpha^2}{\nu_\alpha^2 + \omega_{c\alpha}^2} \qquad (5-190)$$

$$D_{\alpha H} = \frac{D_{\alpha/\!/} \omega_{c\alpha} \nu_\alpha}{\nu_\alpha^2 + \omega_{c\alpha}^2} \qquad (5-191)$$

分别称为纵向扩散系数、横向扩散系数和霍尔扩散系数。

由以上表达式可以方便地得到以下结论：

（1）磁场对带电粒子的纵向扩散无影响；

（2）与无磁场时相比，有磁场时横向扩散（横越磁场的扩散）减小 $\nu_\alpha^2/(\nu_\alpha^2 + \omega_{c\alpha}^2)$ 倍；

（3）当 $\omega_{c\alpha} \gg \nu_\alpha$ 时，霍尔扩散成为垂直于磁场方向扩散的主导因素，其约为横向扩散的 $\omega_{c\alpha}/\nu_\alpha$ 倍；

（4）在强磁场情况下，$D_{\alpha\perp} = D_{\alpha/\!/} \nu_\alpha^2/(\nu_\alpha^2 + \omega_{c\alpha}^2) \propto 1/\omega_{c\alpha}^2 \propto 1/B^2$，即横越磁场的扩散系数与磁场强度的平方成反比。

当 $\omega_{c\alpha} \gg \nu_\alpha$ 时，横向扩散系数可进一步分析为

$$D_{\alpha\perp} = \frac{D_{\alpha/\!/} \nu_\alpha^2}{\nu_\alpha^2 + \omega_{c\alpha}^2} \approx \frac{T_\alpha \nu_\alpha}{m_\alpha \omega_{c\alpha}^2} \sim \nu_\alpha r_{c\alpha}^2 \qquad (5-192)$$

由于离子的回旋半径 r_{ci} 远大于电子的回旋半径 r_{ce}，可得

$$D_{i\perp} \gg D_{e\perp} \qquad (5-193)$$

因此，当存在磁场时，横向扩散的主要贡献来源于离子，而电子由于质量很小，受磁场约束其在横向上的扩散被极大地减弱了。

4. 双极扩散系数（Jahn，1968）

考虑离子电推进中的离子和电子双极扩散的情形，忽略平行于磁场方向的扩散，与式（5-150）和式（5-151）类似，并利用达到稳态时的条件 $\Gamma_e = \Gamma_i$ 与等离子

体准中性条件,可得

$$n\mu_{e\perp} E_{\perp} - D_{e\perp} \nabla n = n\mu_{i\perp} E_{\perp} - D_{i\perp} \nabla n \qquad (5-194)$$

从而求得双极扩散系数为

$$D_{a\perp} = \frac{\mu_{i\perp} D_{e\perp} - \mu_{e\perp} D_{i\perp}}{\mu_{i\perp} - \mu_{e\perp}} \qquad (5-195)$$

在强磁场中,由于 $\omega_{c\alpha}^2 \gg \nu_\alpha^2$,所以有 $\mu_{e\perp} \gg \mu_{i\perp}$ 及 $\mu_{i\perp} D_{e\perp} = -(T_{e\perp}/T_{i\perp}) \mu_{e\perp} D_{i\perp}$,则式(5-195)可进一步化简为

$$D_{a\perp} \approx D_{e\perp} \left(1 + \frac{T_{e\perp}}{T_{i\perp}} \right) \qquad (5-196)$$

当 $T_{e\perp} = T_{i\perp}$ 时,$D_{a\perp} \approx 2D_{e\perp}$,即横越磁场的双极扩散系数是电子横向扩散系数的2倍。

磁场的存在并不影响等离子体的热传导和黏滞性,因此均匀稳恒磁场中等离子体的热传导系数和黏滞系数与式(5-163)和式(5-167)一致。

参考文献

徐家鸾,金尚宪,1981. 等离子体物理学. 北京:原子能出版社.

郑春开,2009. 等离子体物理. 北京:北京大学出版社:34-35.

Bittencourt J A, 1980. Fundamentals of plasma physics. New York:Springer-Verlag:95-115.

Chen F F, 2016. 等离子体物理学导论. 北京:科学出版社:26-28.

Goebel D M, Katz I, 2008. Fundamentals of electric propulsion:ion and hall thrusters. New York:John Wily & Sons:50.

Jahn R G, 1968. Physics of electric propulsion. New York:Dover Publications:69.

Lieberman M A, Lichtenberg A J, 2006. Principles of plasma discharge and materials processing. New York:John Wiley:492.

Piel A, Brown M, 2011. Plasma physics:An introduction to laboratory, space, and fusion plasmas. Physics Today, 64(6):55.

第6章
离子光学物理

6.1 带电粒子光学基础

6.1.1 静电透镜

带电粒子在均匀电场中的运动仅是场的特殊情况,在实际应用领域中,更多遇到的是非均匀场。在一些电子器件装置中,正是利用某些特殊结构的非均匀场达到控制带电粒子的运动、实现所要求的功能。例如,静电透镜系统就是一种典型的非均匀场。本小节将介绍静电透镜的概念和理论。

1. 带电粒子在非均匀电场中的运动规律

带电粒子在电场中运动时会发生折射现象。对于通过有两个不同电势 U_1 和 U_2 空间的交界面 S_1-S_2(图6-1)的电子会受到折射。设等位区 I 和等位区 II 的电势分别为 U_1 和 U_2,且 $U_2 > U_1$。平面 S_1 和 S_2 之间的距离为 d,则两平面之间的电场强度 E 为

$$E = \frac{U_2 - U_1}{d} \tag{6-1}$$

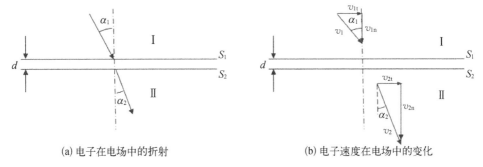

(a) 电子在电场中的折射   (b) 电子速度在电场中的变化

图 6-1 电子在电场中的折射

在电场空间 I 和 II 的内部,由于是等电势的,所以电势梯度为零;而在交界面 S_1 和 S_2 的中间层内有电场,且垂直于界面,因此当带电粒子穿越这一空间时,其运

动速度会受到影响。如果把带电粒子的速度 v_1、v_2 分别沿切线方向和法线方向进行分解,则得 v_{1t}、v_{1n} 和 v_{2t}、v_{2n}。

由于电场力垂直于界面,所以带电粒子只在法向得到加速度,而切向速度保持不变,即

$$v_{1t} = v_{2t} \tag{6-2}$$

或

$$v_1 \sin \alpha_1 = v_2 \sin \alpha_2 \tag{6-3}$$

所以得

$$\frac{\sin \alpha_1}{\sin \alpha_2} = \frac{v_2}{v_1} \tag{6-4}$$

设电子具有初始能量 w_0,则从电子的能量守恒关系 $\frac{1}{2} m_e v^2 + eU = w_0$ 可得

$$v_1 = \sqrt{\frac{2}{m}(w_0 - eU_1)}$$

$$v_2 = \sqrt{\frac{2}{m}(w_0 - eU_2)} \tag{6-5}$$

如果 $w_0 = 0$,即电子从初速度、电势均为零的点开始运动,则可得

$$\frac{\sin \alpha_1}{\sin \alpha_2} = \frac{n_{e2}}{n_{e1}} \tag{6-6}$$

式中,n_{e1}、n_{e2} 为电子折射率。折射率公式为

$$n_e = \sqrt{2\frac{e}{m}U} = v_e \tag{6-7}$$

式中,v_e 为电子速度,式(6-7)反映了电子在电场中的折射规律,称为电子光学折射定律。

电场在空间的变化是连续的,所以电子的轨迹是渐变、光滑的。为了对轨迹进行近似的定量计算并显示其与光学透镜的相似性,可将实际透镜中的电势按等势面分层,如图 6-2 所示。假定每层间电势是恒定的,便可得到阶跃状的电势分布,也就得到折线状的电子轨迹,如图 6-3 所示。

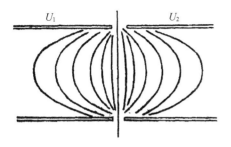

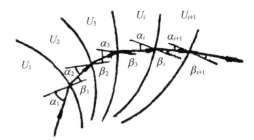

图 6-2 电子光学透镜   图 6-3 折射定律得到的电子运动轨迹

2. 静电透镜概念

由于非均匀电场对电子有连续折射的作用,根据这一作用可以形成电子光学静电透镜。非均匀电场的结构相当复杂,有的甚至不能用有限项的基本函数表示。要求解非均匀电场中的电子轨迹,并不是一件容易的事,甚至会遇到无法克服的困难。对于某些特殊电场,如某些轴对称电场,尚可通过解析式求解,而有些电势则要借助于计算机才能找到较为精确的数值解。静电光学中一个重要的研究对象是轴对称光学系统,相应的场为轴对称场,它既比较典型,又具有实际应用价值。

离子推力器采用的栅极加速系统就是典型的轴对称场。轴对称场在圆柱坐标系中只与轴向坐标 z 和径向坐标 r 有关。柱状离子束中的离子在同轴圆孔电极形成的轴对称电场作用下加速引出,如图 6-4 所示。在这样的系统中,每一个等势面在近轴区呈球面状,在十分靠近轴的区域内与轴夹角很小的带电粒子便在轴对称场内运动,这就类似于光线在一个由无穷多薄透镜组成的具有渐变折射率的复合光学透镜中传播。

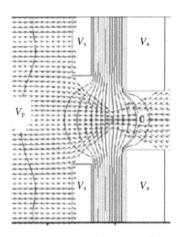

图 6-4 圆孔静电透镜示意图

6.1.2 双栅离子光学原理

离子推力器栅极系统亦称离子光学系统,是由多孔栅极构成的,如图 6-5 所示。栅极系统的主要作用是从放电室等离子体中引出、聚焦、准直、加速喷出离子产生推力。传统的离子推力器栅极系统分为双栅极系统和三栅极系统。双栅极系统由屏栅和加速栅组成,通常栅极间距在 1 mm 左右。靠近放电室的栅极为屏栅,通常带有 1 000 V 以上高压,可以保护加速栅不受高能离子的直接轰击。另一个为加速栅,通常带有几百伏负电压,可以阻止束流等离子体电子反流到放电室。屏栅孔径比加速栅孔径大,这是为了尽可能提高其离子透明度以增加离子引出数量,提高引出效率。三栅极系统增加了一个减速栅,减速栅的作用主要是保护加速栅,减

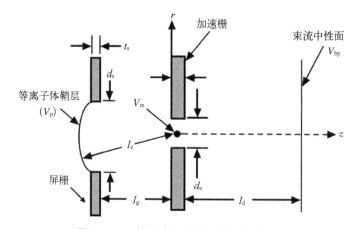

图 6-5   双栅极离子光学系统结构示意图

小电荷交换离子对加速栅的溅射腐蚀。

图 6-5 给出了双栅极离子光学系统结构示意图。离子首先从等离子体鞘层发射面引出，由于该发射面是曲面，所以对引出的离子有聚焦作用。对于双栅极离子光学系统，屏栅是正电势，加速栅是负电势，栅极间的等势线分布如图 6-6 所示。在电场中，由于离子的受力方向垂直于等势线，所以栅极间电场聚焦、加速离子后，又会有一定的发散作用，即栅极系统引出的离子不是会聚的离子，而是沿轴线发散射出的离子束流，发散角越小越好，理想的离子束流方向应平行于轴向，可以通过调节双栅极电势、栅极几何结构等手段，来控制束流发散角。

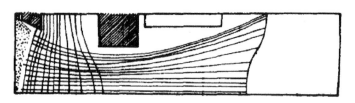

图 6-6   双栅极离子光学系统栅极间的等势线分布

栅极系统与电子透镜都可以称为光学系统，但二者又存在不同之处。电子透镜的主要任务在于：在轴对称的电场中，从给定的某些点上发射出的发散角很小、呈锥形的电子束，能会聚在空间的另一点上，这就是聚焦。简言之就是能够得到聚焦良好的细电子束。离子推力器栅极系统的主要任务是：利用轴对称的静电场将等离子体发射面上不同发散角的离子准直，减小离子发散角，形成平行的离子束。

6.1.3   空间电荷效应

栅极系统束流引出能力除了受到离子发射面发射能力的影响外，还受到空间电荷效应的影响。鉴于栅极间相互平行，利用平行板模型研究栅极系统的离子束流引出能力。

1. 空间电荷限制流

利用低气压气体放电可以产生等离子体,从中可以引出离子束,气体电离主要是由电子与原子的碰撞或电子与分子的碰撞引起的。在等离子体中有自由运动的电子和离子,它们在数量上相等,因此从宏观上来看,等离子体是中性的,在其内部电场为零,若给其施加适当的电场,离子束便可以通过一个小孔从放电室中的等离子体中引出。

无论是离子还是电子,都认为有一个发射面,离子或电子从这个发射面上发射。对于离子,这个发射面就是等离子体的边界面。为了保证发射面稳定,发射面上的电场强度应为零。

当离子离开发射面时,需要一定的初速度。但是,在研究空间电荷流时,一般忽略初始速度影响。另外假设发射面具有足够强的发射能力,即电流不受发射面发射能力的限制,只受空间电荷场的影响。

考虑在平行板内某点处的电势 ϕ,它由两个电势叠加而成,即

$$\phi = \phi_e + \phi_s \tag{6-8}$$

式中, ϕ_e 为电极在该点处激励的电势; ϕ_s 为空间电荷激励的电势。该点处的电场就是

$$E = \nabla\phi = \nabla\phi_e + \nabla\phi_s \tag{6-9}$$

注意,在式(6-8)和式(6-9)中都采用了规范化电势。在空间电荷限制流的情况下,发射面上的电场应为零,所以有

$$\nabla\phi_s = -\nabla\phi_e \tag{6-10}$$

一般地,电势 ϕ、空间电荷密度 ρ、离子的速度 $\dot{r}$ 及电流密度 j 应当分别满足以下三个方程:

$$\nabla^2\phi = \frac{\rho}{\varepsilon_0} \tag{6-11}$$

$$\dot{r}^2 = 2\eta\phi \tag{6-12}$$

$$j = \rho\dot{r} \tag{6-13}$$

式中, $\eta = \dfrac{q}{m}$ 为离子的荷质比。由式(6-12)和式(6-13)得

$$j^2 = 2\eta\phi\rho^2 \tag{6-14}$$

将式(6-14)代入式(6-11)得

$$\nabla^2 \phi - K\phi^{-\frac{1}{2}} = 0 \qquad (6-15)$$

式中,

$$K = \frac{j}{\varepsilon_0 (2\eta)^{1/2}} \qquad (6-16)$$

在式(6-15)中,如果各点处的电势值 ϕ 增加 a 倍,要保证该式仍然成立,电流密度 j 应当按某个比例适当变化。设电流密度变化 β 倍,则式(6-15)为

$$\nabla^2 \phi - \frac{\beta}{\alpha^{\frac{3}{2}}} K\phi^{-\frac{1}{2}} = 0 \qquad (6-17)$$

显然,只有当

$$\frac{\beta}{\alpha^{\frac{3}{2}}} = 1 \qquad (6-18)$$

时,式(6-15)与式(6-17)才能保证形式上的相同,这就证明了电流密度与电势之间必定存在以下关系:

$$j = f(r_0, r)\phi^{\frac{3}{2}} \qquad (6-19)$$

式中, $f(r_0, r)$ 为系统的几何参数 r_0 和位置 r 的函数。

2. 平行板电荷限制流

对于由两个无限大平行平面组成的电极系统,设平面的法线方向为 z,则其间的电势分布只与坐标 z 有关。令发射面的坐标 $z = 0$,吸收面的坐标为 z_a,平面间的电势 ϕ 和其他物理量满足方程式(6-11)~式(6-13)。令 S 为与 z 轴垂直的某个截面,其上流过的电流为 I,则有

$$I = \int_S j \cdot \mathrm{d}S = jS \qquad (6-20)$$

或写为

$$j = I/S \qquad (6-21)$$

将式(6-21)代入式(6-13),并注意到 $j = j_z$, $\dot{r} = \dot{z}$,可得

$$\rho = \frac{j_z}{\dot{z}} \qquad (6-22)$$

再将式(6-12)代入式(6-22),得

$$\rho = \frac{I}{\sqrt{2\eta}\,S}\phi^{-\frac{1}{2}} \qquad (6-23)$$

将式(6-23)代入式(6-11)得

$$\phi'' - K\phi^{-\frac{1}{2}} = 0 \qquad (6-24)$$

式中,

$$K = \frac{I}{\sqrt{2\eta}\,\varepsilon_0 S} \qquad (6-25)$$

式(6-24)为非线性微分方程,为了求解,以 $2\phi'$ 乘以式(6-24)两边,得

$$\frac{\mathrm{d}}{\mathrm{d}z}(\phi'^2) - 4K\frac{\mathrm{d}}{\mathrm{d}z}(\phi^{\frac{1}{2}}) = 0 \qquad (6-26)$$

积分得

$$\phi'^2 = 4K\phi^{\frac{1}{2}} + c_1 \qquad (6-27)$$

两边开平方得

$$\phi'^2 = (4K\phi^{\frac{1}{2}} + c_1)^{\frac{1}{2}} \qquad (6-28)$$

令

$$u = 4K\phi^{\frac{1}{2}} + c_1 \qquad (6-29)$$

代入式(6-28)得

$$\frac{u - c_1}{2K} \cdot \frac{u'}{4K} = u^{\frac{1}{2}} \qquad (6-30)$$

积分得

$$z = \frac{1}{12K^2}(4K\phi^{\frac{1}{2}} + c_1)^{\frac{3}{2}} - \frac{1}{4K^2}(4K\phi^{\frac{1}{2}} + c_1)^{\frac{1}{2}} + c_2 \qquad (6-31)$$

　　为了确定积分常数 c_1 和 c_2,需要利用边界条件。在发射面($z = 0$)上有

$$\phi(0) = 0, \ \phi'(0) = 0$$

将以上边界条件代入式(6-28)和式(6-31)可得

$$c_1 = 0, \ c_2 = 0 \qquad (6-32)$$

再利用 $\phi(z_2) = \phi_a$，式(6-31)化为

$$z_2 = \frac{2}{3} K^{-\frac{1}{2}} \phi_a^{\frac{3}{4}} \qquad (6-33)$$

将式(6-25)代入式(6-33)，并解出 I 得

$$I = \frac{4\sqrt{2\eta} \, \varepsilon_0 S}{9 z_2^2} \phi_a^{\frac{3}{2}} \qquad (6-34)$$

这就是平行板电极空间电荷流的 3/2 次方定律，写为电流密度的形式就是

$$j = \frac{4\sqrt{2\eta} \, \varepsilon_0}{9 z_2^2} \phi_a^{\frac{3}{2}} \qquad (6-35)$$

式中，$\dfrac{4\sqrt{2\eta} \, \varepsilon_0}{9 z_2^2}$ 相当于式(6-19)中的函数 $f(r_0, r)$。

栅极系统与平行板模型类似，因此栅极系统的离子引出能力遵守 3/2 次方定律。栅极单孔束流密度最大值为

$$j_b = \frac{4}{9} \varepsilon_0 \sqrt{\frac{2e}{m}} \frac{V^{3/2}}{z^2} \qquad (6-36)$$

式中，V 为两栅间电压；z 为栅间距；m 为离子质量。

假定通过屏栅孔的离子流是均匀的，则单孔束流密度乘以 $\dfrac{\pi}{4} d_s^2$，可以得到单孔束流为

$$I_b = \frac{4}{9} \varepsilon_0 \sqrt{\frac{2e}{M_i}} \frac{V^{3/2}}{z^2} d_s^2 \qquad (6-37)$$

定义导流系数

$$P = \frac{I_b}{V^{3/2}} \qquad (6-38)$$

因此，栅极能够获得的最大导流系数可以由式(6-37)和式(6-38)得到

$$P_{\max} = \frac{4}{9}\varepsilon_0 \sqrt{\frac{2e}{m}} \frac{d_s^2}{z^2} \left(\frac{A}{V^{3/2}} \right) \tag{6-39}$$

从式(6-39)可知,要使栅极的导流系数最大,就需要栅极间距小于孔的直径。导流系数只是离子光学几何参数的函数,表征离子光学结构所能通导束流的能力。

6.2　单级离子光学系统聚焦物理

6.2.1　离子束聚焦原理

离子光学系统采用等离子体鞘层发射离子的方法。在离子引出过程中,离子鞘层构成一个等效的电极-离子发射极。离子鞘面的形状和相对栅极的位置并非固定不变,而是受多种因素的影响,具有某些流体性质。等离子体电势、等离子体浓度、离子加速电压和减速电压、栅极之间的距离、离子光学系统的导流能力及抽取束流的大小等都会改变离子鞘层的形状和位置。所以,离子光学系统表现出相当大的复杂性和不确定性。其显著的特征是,离子发射电极形状和位置不完全取决于离子光学系统的设计,也与采用的工作条件有关。正常工作条件下的鞘面是弯曲的,近似于球面的一个截段,凹面对着屏栅孔,鞘面位于屏栅上游。这种几何形状使鞘面发射的离子全部进入离子光学栅孔,并且具有正常的离子束轨道。如果加速电压不足和等离子体浓度过高(德拜长度减小),则鞘面向栅孔方向移动,鞘面变得较平,离子得不到良好的聚焦,离子束轨道呈发散状态。严重时鞘面挤入孔中,鞘面变成凸向栅孔方向,造成严重的散焦,使离子光学导流能力变得很差。当然,鞘面过于弯曲和距离过大也是要避免的,因为这会造成过聚焦。散焦和过聚焦都会导致较严重的加速栅截获。图6-7给出双栅极离子光学系统等离子体边界、离子鞘层形状和位置与加速电压的关系。

由图6-7可以看出,只有正常轨道的离子才能不直接入射到加速栅,并且发射离子的轨道发散度小或偏离轴向的束发散角小。由图6-7还可以看出,屏栅极起两个作用:在正常工作条件下,屏栅极把等离子体边界限制在它的上游,并构成聚焦电极。

对于双栅极离子光学系统,离子聚焦发生在离子加速区,该区分为两个部分:离子鞘至屏栅孔之间和两栅之间。其中,离子聚焦发生在离子鞘至屏栅孔之间,在该区域离子速度较小,趋向于垂直电势面运动,鞘层形状对离子的运动轨道起决定作用;两栅之间为离子主要加速区域,只靠等离子体与屏栅间的电势差(等于等离子体悬浮电势差)加速聚焦离子是不够的,还要经过屏栅对地的更大电势差来加速和聚焦离子,使其获得很高的速度。离子通过双栅孔后虽然还要通过减速场,

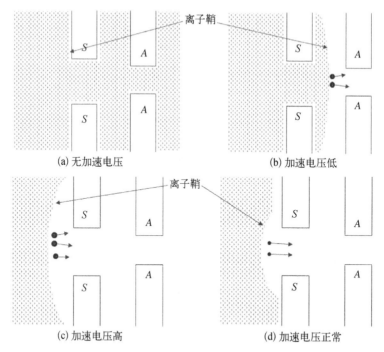

(a) 无加速电压　　　　　　　　　　　(b) 加速电压低

(c) 加速电压高　　　　　　　　　　　(d) 加速电压正常

图 6-7　等离子体边界、离子鞘层形状和位置与加速电压的关系

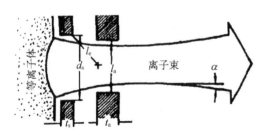

图 6-8　双栅极离子光学系统结构参数

但不会有大的发散。图 6-8 中的 d_s、d_a、t_s、t_a 分别表示屏栅和加速栅的孔径及厚度；l_e 为有效加速长度。V_n 和 V_t 分别表示净加速电压和总加速电压，$R = V_n/V_t$ 为二者的比值。V_n 决定了离子的能量，$V_n = V_{arc} + V_s$，V_{arc} 为等离子体放电电势。屏栅极电压 V_s 控制等离子体电势。

由图 6-8 可以看出,理想的情况是鞘面发射的离子全部通过加速场,不被加速栅孔边缘截获,并且在通过双栅孔后离子束的束发散角最小。因此,束发散角 α 的大小和加速栅对离子束的截获,直接反映了离子鞘层的形状及位置的好坏、离子光学系统设计的优劣和离子源工作条件使用的正确与否。

决定束发散角的参数之一是归一化导流系数 K。屏栅几何透明度(栅极孔总面积与栅的开孔区面积之比)对鞘层的形状和位置也有明显的影响,当栅极透明度高时就可以使用较大的导流系数,抽取较大束流且束发散角小。但是为了减少中性气体的损耗,提高气体利用率,使用小孔加速栅有很好的性能。这就是说,虽然束流变大,但由于鞘层形状和位置优良,发射和聚焦的离子束可以通过更小的加速栅孔,因此离子束的发散也小。

决定束发散角的参数之二是 $R(V_n/V_t)$。该参数反映了加速场和减速场对离子聚焦和散焦的程度,可以描写离子束的发散特性。R 越大,束发散角 α 就越小,但返流条件限制了最大可使用的 R 值。

决定束发散角的参数之三是栅极间距。鞘层发射的离子流经过双栅区域抽取为束流,因受空间电荷限制而遵守 3/2 次方定律。在理想平行板电极系统中,电势面平行于电极面,带电粒子的运动轨道垂直于电极。实际的双栅电极是有限尺寸的多孔栅板,只要聚焦栅极系统与鞘配合得合理,并且在有限的离子束流密度的情况下,就可近似为理想的平板模型。

为了使双栅极离子光学系统的设计更接近理想二级平板模型,用有效加速长度 $l_e = \sqrt{l_g^2 + \dfrac{d_s^2}{4}}$ 代替 l_g,用总加速电压 V_t 取代 V,于是把鞘面弯曲和等离子体悬浮电势差、弧电压和加速栅负电压等因素都引入平行板模型中。

设计离子光学首先要考虑离子束的准直性,所以限制了归一化导流系数的实用值,一般不超过理论极限值的 50%。验证离子光学系统导流能力比较直观,当加速栅出现明显离子截获时所对应的归一化导流系数值,为该设计的使用上限值。图 6-9 给出不同的归一化导流系数 κ、R 和 l_g/d_s 三个相关参数条件下,束发散角 α 与归一化导流系数 κ 的相关曲线。由图 6-9 可以看出,束发散角是判断离子光学系统性能的主要参数之一。

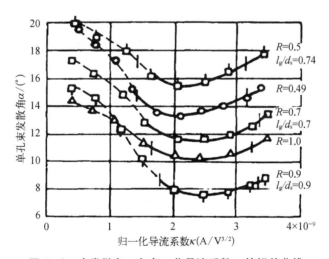

图 6-9　束发散角 α 与归一化导流系数 κ 的相关曲线

为了说明等离子体浓度的影响,采用数值模拟求解鞘层形状、位置及离子轨道的变化,其结果如图 6-10 所示。由图 6-10 可以看出,等离子体浓度低的鞘层向

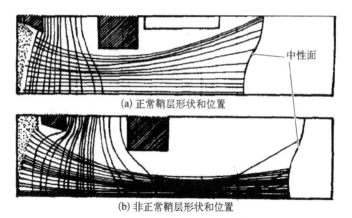

(a) 正常鞘层形状和位置

(b) 非正常鞘层形状和位置

图 6-10   数值模拟得到的鞘层形状、位置和发射离子轨迹图

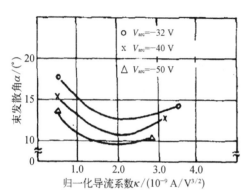

图 6-11   归一化导流系数相关的放电电压 V_{arc} 与束发散角 α 的关系曲线

屏栅孔上游移动,鞘面也比较弯曲。降低等离子体的浓度虽然减小了束流,但束发散角因空间电荷效应的减弱也随之减小,离子束径较小。

放电电压 V_{arc} 的取值似乎和离子光学性质无直接关系,然而放电电压直接影响离子的初始状态,进而通过离子光学系统将其对束发散角的影响表现出来。试验测试归一化导流系数相关的放电电压 V_{arc} 与束发散角 α 的关系曲线如图 6-11 所示。

6.2.2   过聚焦与欠聚焦

如前所述,离子鞘面的形状直接影响引出离子的运行轨迹。当离子鞘面曲率过大时,交叉的离子冲击到加速栅孔下游边缘上,造成截获电流增大,这时离子束会产生过聚焦,引出离子轨迹会发生交叉;当离子鞘面曲率过小,甚至凸向离子加速区域时,离子束发生欠聚焦。在正常的引出离子束区域内,截获电流值相对比较平稳,且达到最小。以上三种工作模式及引出离子束示意见图 6-12。

屏栅孔形状、屏栅厚度、栅间距、等离子体密度和归一化导流系数都会影响屏栅孔等离子体鞘层的形状。因此,在开展栅极系统设计时,要将上述影响因素作为输入条件,通过数值仿真获得各影响因素的最佳组合。

目前,栅极的聚焦性能是通过仿真程序模拟离子运行轨迹进行预测的。图 6-13 是一个利用 PIC 方法计算得到的离子运行轨迹。图 6-13 中对一个三栅极系统半个小孔进行模拟(单位:m),模拟两种导流系数的情况。图 6-13(a)为导

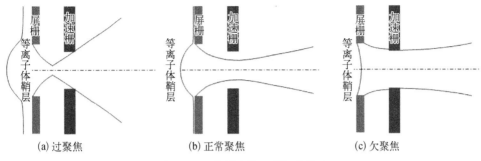

(a) 过聚焦　　　　　　　　(b) 正常聚焦　　　　　　　　(c) 欠聚焦

图 6-12　离子束的三种聚焦状态

流系数过高的情况,在这种情况下,对于一个给定的电压,离子束电流过高,部分离子直接撞击在加速栅极上游表面,此时离子为欠聚焦状态。图 6-13(b)为导流系数过低的情况,离子在加速栅孔内发生相互交叉,此时离子为过聚焦状态。

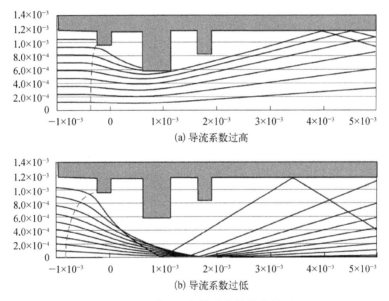

(a) 导流系数过高

(b) 导流系数过低

图 6-13　离子运行轨迹数值仿真结果

如上所述,栅极系统工作时的导流系数直接影响离子聚焦性能,当偏离最佳导流系数时,引出离子会发生过聚焦或欠聚焦,导致离子直接对加速栅和减速栅进行轰击。因此,在设计离子推力器时,应合理选择工作参数,使栅极系统工作在最佳导流系数附近,以获得最佳性能。

6.2.3　曲面离子光学边缘聚焦补偿

在一些大口径的离子光学系统中,为了避免其在振动过程中栅极发生形变和损坏,以及工作过程中的热膨胀形变和极间短路问题,一般大口径的离子光学系统都用球面栅。采用球面栅的推力器离子束的发散会产生明显的推力损失。这种束发散由两部分组成：一部分是由球面本身的形状产生的束发散；另一部分是由球面栅加工时造成屏栅与加速栅孔中心线的相对位移而产生的束流发散。

图 6-14 给出造成束流发散并产生推力损失的有效单孔束流矢量图。图 6-15 是球面栅与平面栅引出束流轮廓的对照图。为了使单孔束流的轨迹接近轴向，需要对其中一个栅极的孔中心距做一些调整。孔中心距小于 0.5% 的改变量就足以使束流聚焦，消除推力损失。这种孔中心距的改变就称为"补偿"。

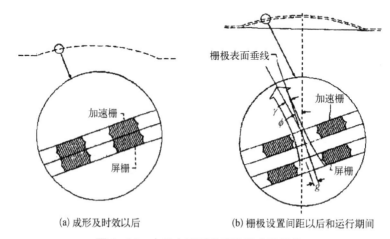

图 6-14   由于小孔对准产生的束流发散

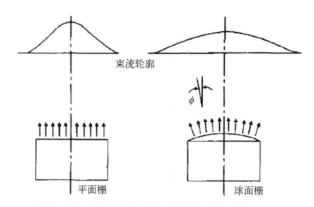

图 6-15   球面栅与平面栅引出束流轮廓的对照图

为了抵消"补偿"产生的应力，需要研究补偿应力 $\varepsilon_{\lambda=0}$ 与栅极几何参数的函数关系，包括栅间距 g、屏栅厚度 t_s、加速栅厚度 t_a、球面栅弯曲半径 R 及推力器轴线与边缘孔法线夹角 γ。由图 6-16 可以得到这些变量之间的关系。

$$\varepsilon_{\lambda=0} = \frac{\Delta l}{l} \qquad\qquad (6-40)$$

或

$$\varepsilon_{\lambda=0} = \frac{g + \left(\dfrac{t_s + t_a}{2\cos\gamma}\right)\sin\gamma}{R\gamma} \qquad (6-41)$$

由

$$R^2 = r_D^2 + (R - h)^2 \qquad (6-42)$$

得

$$R = \frac{r_D^2 + h^2}{2h} \qquad (6-43)$$

$$\sin\gamma = \frac{2hr_H}{r_D^2 + h^2} \qquad (6-44)$$

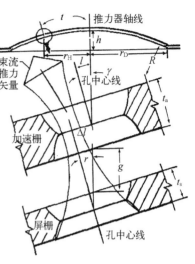

图 6 - 16　球面栅轴向位移

利用上述关系可以得到 $\varepsilon_{\lambda=0}$ 的函数关系式为

$$\varepsilon_{\lambda=0} = \frac{2r_H h^2 \left(\dfrac{2l_g}{r_0^2 + h^2} + \dfrac{t_s + t_a}{r_0^2 - h^2}\right)}{(r_0^2 + h^2)\arcsin\left(\dfrac{2r_H h^2}{r_0^2 + h^2}\right)} \qquad (6-45)$$

式(6 - 45)表明,边缘孔中心线要一致。例如,如果 $g = 0.063\ 5\ \text{cm}$, $t_s = 0.038\ 1\ \text{cm}$, $t_a = 0.076\ 2\ \text{cm}$, $h = 2.286\ \text{cm}$, $2r_H = 28.448\ \text{cm}$, $2r_D = 30.480\ \text{cm}$,那么由式(6 - 45)可得 $\varepsilon_{\lambda=0} = 0.002\ 34$。

为了补偿产生的旁轴束流附加的应力,总应力为

$$\varepsilon_{\lambda=-\gamma} = \varepsilon_{\lambda=0} + \frac{\delta}{R\gamma} \qquad (6-46)$$

式中,δ 为产生旁轴束流导致的边缘孔位移量。研究表明,对于确定的栅极系统,γ 近似正比于栅极的平移分数 $\dfrac{\delta}{d_a}$,其中,d_a 是加速栅孔径。

令 k 是比例常数,则有

$$\gamma = k\frac{\delta}{d_a} \qquad (6-47)$$

代入式(6 - 46)得

$$\varepsilon_{\lambda=-\gamma} = \varepsilon_{\lambda=0} + \frac{d_a}{R\gamma} \quad\quad (6-48)$$

$$\varepsilon_{\lambda=-\gamma} = \frac{2r_H h^2\left(\dfrac{2l_g}{r_0^2+h^2} + \dfrac{t_s+t_a}{r_0^2-h^2}\right)}{(r_0^2+h^2)\arcsin\left(\dfrac{2r_H h^2}{r_0^2+h^2}\right)} + \frac{2h d_a}{(r_0^2+h^2)k} \quad\quad (6-49)$$

式中,r_0 和 r_H 分别为未成形时平面栅开孔区域的半径和成形后球面栅开孔区域的半径,这里 $r_H \approx r_0$;h 为球面栅的拱高;l_g、t_s、t_a、d_a 分别为栅间距、屏栅厚度、加速栅厚度和加速栅孔径,如图 6-16 所示。值 k 与栅极几何参数、栅间距及离子束电流有关。

补偿系数 $\varepsilon_{\lambda=-\gamma}$ 表示加速栅极孔中心距的变化量,它表示加速栅极孔中心距的相对变化量,增大后的加速栅极孔中心距就是原来孔中心距的 $(1+\varepsilon_{\lambda=-\gamma})$ 倍。$\varepsilon_{\lambda=-\gamma}$ 由两部分组成,这两部分分别表示图 6-17(c) 和图 6-17(d) 进行的补偿量的大小。

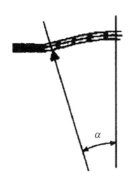

(a) 栅极成形以后——α 是孔中心轴线与边缘孔线间的夹角

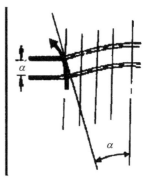

(b) 未进行补偿——束发散角大于 α

(c) 加速栅孔中心距增加, 使屏栅与加速栅的小孔在径向对齐——束发散角等于 α

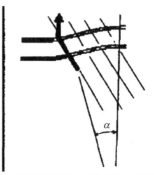

(d) 继续增大加速栅的孔中心距, 使束流与轴向平行

图 6-17   对束流发散角进行补偿的步骤

对于凸面栅,补偿是让加速栅极的孔中心距比屏栅极的稍微大一些,产生的补偿作用如图 6-17 所示。

6.3 单级离子光学系统的加速物理

6.3.1 单荷离子加速

为了加速离子,需要在推力器内部电离室与航天器或空间背景等离子体之间形成电势差。如果只是简单地在电离室与航天器或空间背景等离子体间形成电势差,则并不能对离子进行加速。原因在于在这种情况下由于德拜屏蔽的作用,电势降只会影响电极附近的鞘层区域。如果电势降相对于电子温度 T_e 较小,那么就建立了德拜鞘层;相反若电势降远大于电子温度 T_e,则会形成 Child-Langmuir 鞘层。

在 Child-Langmuir 鞘层情况下,等离子体和电极之间的电势差远大于电子温度,即 $V \gg T_e$。 在这种情况下,电子运动到鞘层边界时会被反射回来,所以鞘层中没有电子,鞘层中的离子则被加速通过栅极小孔成为离子束流。

离子的加速区域分为两个区域,即鞘层发射面到屏栅加速区域和屏栅到加速栅加速区域。由于鞘层发射面与屏栅之间的电势差一般为几十伏,加速能力有限,所以离子的加速主要在屏栅与加速栅之间完成。图 6-18 给出离子引出过程中轴向电势的空间分布情况。

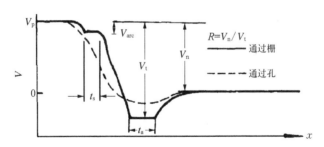

图 6-18 离子引出过程中轴向电势的空间分布情况

离子经过栅极加速后高速喷出,形成离子束流,并产生推力。离子喷出速度、引出束流大小及束流内单荷离子与双荷离子比例直接影响推力器的推力和比冲,本小节介绍单荷离子的加速,双荷离子的影响将在 6.3.2 节介绍。

1. 加速电压

加速电压直接决定离子推力器的比冲。净加速电压 V_n 是放电室与束流等离子体电势之差,如式(6-50)所示。通常情况下,离子推力器的净加速电压为 $500\sim10\,000$ V。

$$V_n = V_s + V_{arc} - V_{bp} \tag{6-50}$$

式中,V_{bp} 为加速栅下游束流等离子体电势,一般很小接近零。因此,净加速电压通

常等于放电室内等离子体电势。在这种假设下,净加速电压也等于屏栅电压加上放电电压,即

$$V_n = V_s + V_{arc} \qquad (6-51)$$

对于放电室等离子体 1 000 V 的电势,当束流等离子体电势为 10 V 时,净加速电压的误差仅为 1%,实际的净加速电压为 990 V,可以近似取为 1 000 V。

2. 离子束流

离子由栅极系统加速引出后,形成离子束流。离子束流的大小直接影响推力器产生的推力值。推力器总束流大小取决于每对小孔引出的束流大小。因此,需要研究每对小孔的束流引出能力。

图 6-19 给出不同束电压下束电流与加速栅极截获电流大小的关系图。由该图可以看出,引出束电流在一定范围内对应的加速栅极截获电流较小,束电流超出这个范围后,会造成加速栅极截获电流的急剧增加。这说明栅极小孔束流引出能力存在一定的范围,即存在导流系数限制。

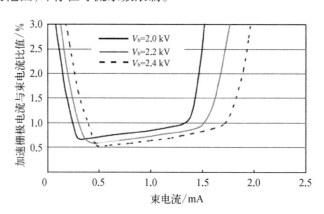

图 6-19　束电流与加速栅极截获电流大小的关系图

在一定的束电压下,栅极小孔存在导流限制,是由空间电荷效应引起的,详细过程见 6.1.3 节。

6.3.2　多荷离子和电荷交换离子影响

多荷离子一般产生在放电室内,由能量较高的电子与单荷离子碰撞产生二次电离。电荷交换离子是由束流离子和放电室中泄漏的中性推进剂原子发生电荷交换碰撞产生的,在这个过程中产生了快速的中性原子和慢速的电荷交换离子。

1. 多荷离子影响

除了单荷离子外,放电室内还存在多荷离子。多荷离子主要是双荷离子。本节主要讲述双荷离子对推力器性能产生的影响。

1）推力

双荷离子对推力器性能的影响主要是对推力和比冲产生影响。若束流中仅为单荷离子,则产生的推力由式(6-52)给出。

$$T = \sqrt{\frac{2M}{e}} I_b \sqrt{V_b} \, [\, \mathrm{N} \,] \qquad (6-52)$$

由式(6-52)可知,推力正比于束电流 I_b。当存在双荷离子时,束电流为

$$I_b = I^+ + I^{++} \qquad (6-53)$$

式中, I^+ 为单荷电流; I^{++} 为双荷电流。总的推力是单荷离子产生的推力与双荷离子产生的推力之和,即

$$T = I^+ \sqrt{\frac{2M}{e}} \sqrt{V_b} + I^{++} \sqrt{\frac{M}{e}} \sqrt{V_b} \qquad (6-54)$$

定义推力关联因子 α 为

$$\alpha = \frac{I^+ + \dfrac{1}{\sqrt{2}} I^{++}}{I^+ + I^{++}} \qquad (6-55)$$

式中, $\dfrac{I^{++}}{I^+}$ 为双荷离子占束流的百分比。因此,在不考虑束流发散角导致的推力损失情况下,总的推力为

$$T = \alpha \sqrt{\frac{2M}{e}} I_b \sqrt{V_b} \qquad (6-56)$$

2）比冲

比冲是衡量推力器性能的另一个重要参数,记为 I_{sp}。比冲定义为推力与单位时间推进剂消耗量的比值,即

$$I_{sp} = \frac{T}{\dot{m}g} \qquad (6-57)$$

式中, g 为重力加速度。由 $T = \dot{m}v_{ex}$,可得出推力器比冲的一般表达式为

$$I_{sp} = \frac{v_i}{g} \frac{\dot{m}}{\dot{m}_p} \qquad (6-58)$$

式中, v_i 为离子由栅极喷出的速度。

推力器的推进剂质量利用率定义为

$$\eta_{m} = \frac{I_{b}}{e} \frac{M}{\dot{m}_{p}} \qquad (6-59)$$

式中，M 为推进剂原子质量；$\dot{m}_{p}$ 为推进剂质量流率。

考虑双荷离子后，质量利用率修改为

$$\eta_{m^{*}} = \alpha_{m} \frac{I_{b}}{e} \frac{M}{\dot{m}_{p}} \qquad (6-60)$$

式中，α_{m} 为质量利用率修正因子。

$$\alpha_{m} = \frac{1 + \dfrac{1}{2} \dfrac{I^{++}}{I^{+}}}{1 + \dfrac{I^{++}}{I^{+}}} \qquad (6-61)$$

将式(6-57)和式(6-60)代入式(6-54)得

$$I_{sp} = \frac{\eta_{m^{*}}}{g} \sqrt{\frac{2eV_{b}}{M}} \qquad (6-62)$$

式中，V_{b} 为束电压。

2. 交换电荷离子影响

离子推力器栅极系统在束流离子的引出过程中，离子除了在电场力作用下的加速度运动，还包括粒子之间的碰撞过程，碰撞种类主要包括离子之间的库仑碰撞、中性原子之间的动量交换碰撞和中性原子与离子之间的电荷交换碰撞。其中，中性原子与离子之间的电荷交换碰撞是加速栅极电流及加速栅腐蚀的重要原因，是影响离子推力器栅极寿命和束流分布的主要因素。电荷交换碰撞为快速的推进剂离子与热运动速度的慢速原子发生的电荷交换碰撞，Xe 电荷交换过程可以表示为

$$Xe_{fast}^{+} + Xe_{slow} \longrightarrow Xe_{fast} + Xe_{slow}^{+}$$

交换电荷离子产生率 dn_{cx}/dt（m^{-3}/s）与离子密度 n_{i}（m^{-3}）、中性气体密度 n_{n}（m^{-3}）、离子速度 v_{i}（m/s）和交换电荷碰撞截面 $\sigma(v_{i})$（m^{2}）有关，交换电荷离子产生率计算公式为

$$\frac{dn_{cx}}{dt} = n_{i} n_{n} v_{i} \sigma(v_{i}) \qquad (6-63)$$

由于交换电荷离子的速度较小,很容易被加速栅负电势吸引撞击加速栅极下游表面,造成栅极的溅射腐蚀。通常交换电荷离子溅射腐蚀形状如图 6-20 所示,称为"凹陷和凹槽"。两个栅极孔之间的腐蚀称为"凹槽",三个栅极孔之间的腐蚀称为"凹陷"。电荷交换离子对加速栅溅射腐蚀引起的加速栅结构失效,是目前研究最多的失效模式,也是失效机理最清楚的失效模式。因此,交换电荷离子是直接威胁栅极系统寿命的主要因素之一。

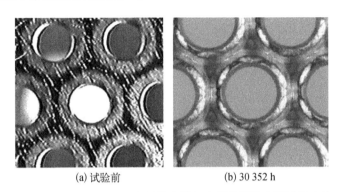

(a) 试验前 　　　　(b) 30 352 h

图 6-20　NSTAR FT2 离子推力器加速栅极下游表面溅射腐蚀

6.3.3　电子反流

为了保持离子推力器电中性,在加速栅极下游,带电的离子束流被中和器发射的电子中和。加速栅极负电压可以有效地阻止电子反流。在正常情况下,加速栅的负电压会在加速栅孔中心附近形成势垒,如图 6-21 所示,势垒的存在阻止了栅极下游电子反流到放电室中。在推力器运行过程中,随着电荷交换离子对加速栅孔壁不断溅射腐蚀使得孔径变大,孔中心阻止电子反流的势垒将会变小。当电子向上游运动的动能超过孔中心势垒产生的电势能时,就会出现电子反流。电子反流不但导致放电室内部分器件温度过高,对放电室组件造成损害,还会增加电能损耗使推力器效率降低。

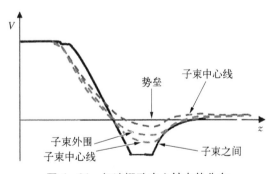

图 6-21　加速栅孔中心轴电势分布

电子反流电流是由麦克斯韦分布的高能电子克服加速栅极的势垒形成的。因此,进入推力器电离室等离子体区的电子反流电流等于羽流等离子体区的电子随机通量乘以束流等离子体和由加速栅极孔内的电势差决定的玻尔兹曼因子。

$$I_{eb} = \frac{1}{4}ne\left(\frac{8kT_e}{\pi m_e}\right)^{1/2} e^{\frac{-(V_{bp}-V_m)}{T_e}} A_a \qquad (6-64)$$

式中，I_{eb} 为电子反流电流；V_{bp} 为羽流等离子体区等离子电势；V_m 为栅极孔内的电势；A_a 为栅极孔的束流横截面积。此外，通过栅极孔流出的离子束电流为

$$I_i = n_i e v_i A_a \qquad (6-65)$$

式中，通过栅极系统的离子速度为

$$v_i = \sqrt{\frac{2e(V_p - V_{bp})}{m_i}} \qquad (6-66)$$

式中，V_p 为放电室内等离子体悬浮电势。利用式(6-64)~式(6-66)，可以得到栅极孔内的最低电势为

$$V_m = V_{bp} + T_e \ln\left[\frac{2}{I_{eb}}\sqrt{\pi\frac{m_e}{m_i}\left(\frac{V_p - V_{bp}}{T_e}\right)}\right] \qquad (6-67)$$

该方程描述了为了阻止电子反流，栅极孔内所需的最低电势。实际上最低电势由栅极的几何形状、栅极表面的电势及离子空间电荷密度等因素共同决定。在双栅极系统中的电势分布如图 6-21 所示，这最早是由 Spangenberg(1948) 在不考虑空间电荷影响的条件下，通过对真空条件下薄栅极进行建模，对拉普拉斯方程求解细节得到的，Williams 等(2003) 和 Kaufman(1975) 对 Spangenberg 表达式进一步修正，使之适用于大多数离子推力器栅极结构，修正后的表达式为

$$V_m^* = V_a + \frac{d_a(V_p - V_a)}{2\pi l_e}\left[1 - \frac{2t_a}{d_a}\arctan\left(\frac{d_a}{2t_a}\right)\right] e^{-t/d} \qquad (6-68)$$

式中，V_m^* 为忽略离子空间电荷情况的最低电势；V_a 为外加的加速栅极上的电势。该式仅在离子束空间电荷可以忽略的情况下适用。因此，需要进一步分析离子空间电荷密度对最低电势的影响。栅极小孔内的离子空间电荷会造成最低电势的降低，这可以采用高斯定理的积分形式进行估计：

$$\oint E \cdot dA = \frac{1}{\varepsilon_0}\int_V \rho dV \qquad (6-69)$$

式中，E 为电场；dA 为面积微分；ε_0 为真空介电常数；ρ 为表面 s、体积 V 的高斯面内的离子电荷密度。分别在离子束内及离子束和加速栅极孔壁之间的无电荷区域内进行求解，可以获得这两个区域的电势降。最后，把这两个电势降相加即得到加

速栅极和离子束中心之间的总电势降。

假设离子束半径为 $d_b/2$,而加速栅极孔内径为 $d_a/2$。对式(6-69)左端沿半径方向进行积分:

$$\oint E \cdot \mathrm{d}A = \int_0^{2\pi} \int_0^{r_a} E_r r \mathrm{d}\theta \mathrm{d}z = E_r 2\pi rz \qquad (6-70)$$

式中,假定 E_r 与轴向位置无关。如果离子电荷密度均匀分布,则可以对式(6-69)的右端项进行积分得

$$\frac{1}{\varepsilon_0} \int_V \rho \mathrm{d}V = \frac{1}{\varepsilon_0} \int_V \rho r \mathrm{d}r \mathrm{d}\theta \mathrm{d}z = \frac{\rho}{\varepsilon_0} \pi r^2 z \qquad (6-71)$$

综合式(6-70)和式(6-71),可以得到加速栅极孔中心线到离子束外缘的径向电场 E_{r1} 等于

$$E_{r1} = \frac{\rho r}{2\varepsilon_0}, \ 0 < r < \frac{d_b}{2} \qquad (6-72)$$

从离子束边缘到孔壁再次使用高斯公式,可以得到离子束外侧"真空区域"的径向电场 E_{r2} 等于

$$E_{r2} = \frac{\rho d_a^2}{8\varepsilon_0 r}, \ \frac{d_b}{2} < r < \frac{d_a}{2} \qquad (6-73)$$

利用式(6-72)、式(6-73)得到电场,并对其进行积分可以得到由空间离子电荷所产生的中心线到加速栅极壁之间的电势降 ΔV 为

$$\Delta V = -\int_0^{\frac{d_a}{2}} E_{r1} \mathrm{d}r - \int_{\frac{d_a}{2}}^{\frac{d_b}{2}} E_{r2} \mathrm{d}r = -\int_0^{\frac{d_a}{2}} \frac{\rho r}{2\varepsilon_0} \mathrm{d}r - \int_{\frac{d_a}{2}}^{\frac{d_b}{2}} \frac{\rho d_a^2}{8\varepsilon_0 r} \mathrm{d}r = \frac{\rho d_a^2}{8\varepsilon_0} \left[\ln\left(\frac{d_a}{d_b}\right) + \frac{1}{2} \right]$$

$$(6-74)$$

式(6-74)中,加速栅极孔内的离子束电流密度等于电荷密度与离子束速度的乘积。因此,离子电荷密度 ρ 为

$$\rho = \frac{4I_i}{\pi d_b^2 v_i} \qquad (6-75)$$

式中,v_i 为最低电势处的离子速度。

$$v_i = \sqrt{\frac{2e(V_p - V_m)}{M}} \qquad (6-76)$$

将式(6-75)和式(6-76)代入式(6-74)中,可以得

$$\Delta V = \frac{I_{\mathrm{i}}}{2\pi\varepsilon_0 v_{\mathrm{i}}}\left[\ln\left(\frac{d_{\mathrm{a}}}{d_{\mathrm{b}}}\right) + \frac{1}{2}\right] \tag{6-77}$$

由于电势是标量,可以进行求和计算,考虑离子空间电荷密度情况下的最低电势值:

$$V_{\mathrm{m}} = V_{\mathrm{a}} + \Delta V + \frac{d_{\mathrm{a}}(V_{\mathrm{bp}} - V_{\mathrm{a}})}{2\pi l_{\mathrm{e}}}\left[1 - \frac{2t_{\mathrm{a}}}{d_{\mathrm{a}}}\arctan\left(\frac{d_{\mathrm{a}}}{2t_{\mathrm{a}}}\right)\right]\mathrm{e}^{-t/d} \tag{6-78}$$

式(6-78)等于式(6-67)。因此,综合这两式得到反流电子电流和栅极电势的函数关系,其值等于

$$\frac{I_{\mathrm{eb}}}{I_{\mathrm{i}}} = \frac{\mathrm{e}^{[V+\Delta V+(V_{\mathrm{bp}}-V_{\mathrm{a}})C-V_{\mathrm{a}}]/T}}{2\sqrt{\pi\,\dfrac{m_{\mathrm{e}}}{m_{\mathrm{i}}}\,\dfrac{(V_{\mathrm{p}}-V_{\mathrm{bp}})}{T_{\mathrm{e}}}}} \tag{6-79}$$

式中,几何参数 C 由式(6-80)给出:

$$C = \frac{d_{\mathrm{a}}}{2\pi l_{\mathrm{e}}}\left[1 - \frac{2t_{\mathrm{a}}}{d_{\mathrm{a}}}\arctan\left(\frac{d_{\mathrm{a}}}{2t_{\mathrm{a}}}\right)\right]\mathrm{e}^{-t/d} \tag{6-80}$$

式(6-79)和式(6-80)表明电子反流是加速栅极孔径的函数。加速栅极孔径的增加导致最低电势的减小,这会增加给定电压下的反流电流,也可以说增加了给定电流下的反流极限。

需要注意的是,虽然上面描述的分析模型能够说明电子反流的机制,并且理论计算结果和试验测量结果吻合较好,但是计算结果对给定的尺寸及离子束参量非常敏感。因此,这个反流模型实际上只能提供反流电压和电流的估算方法,很容易出现偏差。

6.4 多级离子光学系统物理

6.4.1 多级离子光学系统

1. 双级加速离子光学系统

单级加速离子光学系统的缺点是离子的引出过程和加速过程相互耦合,无法实现束流密度与比冲的同时提高,单级加速离子推力器的比冲一般不超过 6 000 s (Marques and Gabriel,2009)。为了实现束流密度和比冲的同时提高,Fearn(1980)

提出了双级加速技术,即在单级加速系统的基础上增加了引出栅。通过增加引出栅,将离子的引出过程和加速过程分别在引出级和加速级完成,实现了离子的引出过程与加速过程的退耦合,在不减小束流离子密度的同时大幅提高了离子推力器的比冲。双级加速离子光学系统结构如图 6 - 22 所示。

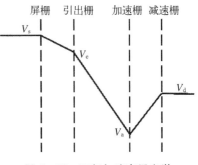

图 6 - 22　双级加速离子光学系统结构图

双级加速离子光学系统由四个栅极组成,分别是屏栅、引出栅、加速栅和减速栅。其中,屏栅和引出栅构成引出级,引出栅和加速栅构成加速级。引出级功能是最大化引出离子,因此引出级间距较小;加速级功能是加速离子,为了获得高比冲离子束流,加速级电势差较高,可以达到几十千伏。

双级加速离子光学系统的退耦合机理是指离子的引出过程和加速过程分别在引出级和加速级完成。离子的引出能力只与引出级的电势差和引出级栅间距有关,引出离子电流密度 j_i 由式(6 - 81)给出,其中, V_{se} 为屏栅与引出栅电势差。

$$j_i = \frac{4\varepsilon_0}{9} \sqrt{\frac{2e}{m_i}} \frac{V_{se}^{3/2}}{d^2} \qquad (6 - 81)$$

由式(6 - 81)可知,对于双级加速离子光学系统,离子的引出能力只与引出级电势有关,与加速级电势无关。

图 6 - 23 给出双级加速栅极系统引出级和加速级等势线分布及离子运行轨迹。由等离子体鞘层发射面引出的会聚离子经过引出级和加速级电场的调节最终沿平行方向射出。由于电场调节功能的增加,双级加速离子光学系统引出的束流发散角要小于单级加速离子光学系统。双级加速离子光学系统的束流发散角只有 $2° \sim 5°$,单级加速离子光学系统的束流发散角一般为 $12° \sim 15°$。

图 6 - 23　双级加速栅极系统引出级和加速级等势线分布及离子运行轨迹

双级加速离子光学系统束流发散角经验公式为

$$\Theta = 0.62S \left[\frac{P}{P_0} - 0.4 \frac{r_e}{r_s} \frac{\Gamma^2}{f(1 + \Gamma)} + 0.53 \frac{r_e}{r_s} - 1 \right]$$

$$+ 0.31s\left(\frac{P}{P_0}\right)\left[1 + \frac{t_s}{t_e} + 0.35\frac{r_s}{r_e}\left(f + \frac{z_3 + t_a + t_e}{z_1}\right)(1 + 0.5\Gamma)^{-1.5}\right]$$

$$(6-82)$$

式中，S、Γ、f、V_{ext} 表达式见式(6-83)~式(6-86)：

$$S = \frac{r_s}{z_1} \qquad (6-83)$$

$$\Gamma = \frac{V_e - V_a}{V_s - V_e} \qquad (6-84)$$

$$f = \frac{z_2}{z_1} \qquad (6-85)$$

$$V_{ext} = V_s - V_e \qquad (6-86)$$

式中，t_s、t_e、t_a、t_d 分别为四个栅极的厚度；r_s、r_e、r_a、r_d 分别为四个栅极的小孔半径；z_1、z_2、z_3 分别为引出级间距、加速级间距和减速级间距；V_s、V_e、V_a、V_d 分别为四个栅极上施加的电压；V_{ext} 为引出级电压。其具体定义如图6-24所示。

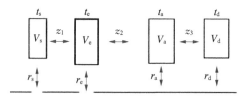

图 6-24　双级加速离子光学系统参数定义

2. 多级加速离子光学系统

多级加速离子光学系统是在双级加速离子光学系统的基础上增加加速级，可以进一步提高离子加速电压，从而提高束流离子的速度，图6-25为三级加速技术示意图。由于多级加速离子光学系统电场调节能力更强，所以束流发散角更小。

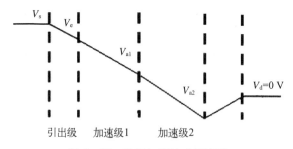

图 6-25　三级加速技术示意图

多级加速离子光学系统的离子引出能力与双级加速离子光学系统一样,只取决于引出级电势差和引出级栅间距。

　　多级加速离子光学系统虽然可以大幅提高离子推力器的比冲,但由于栅极个数多,更易受到交换电荷离子的轰击,栅极腐蚀严重。另外,多级加速离子光学系统栅极个数多增加了系统复杂性,给工程应用带来了一系列难题。双级加速技术主要应用在地面离子加速器上,尚未实现空间应用。

6.4.2　双级加速离子光学系统的离子聚焦和离子加速

1. 双级加速离子光学系统的离子聚焦

　　当引出束流的直径小于栅极孔径时,可以采用线性光学理论研究。根据线性理论,栅极加速系统可以等效成光学透镜,透镜焦距由式(6-87)给出:

$$f = \frac{4V}{E_2 - E_1} \qquad (6-87)$$

式中,V 为离子在栅极处的能量;E_1、E_2 分别为栅极左侧和右侧的电场强度。采用上述公式,可以将双级加速离子光学系统用图 6-26 表示(Coletti et al. ,2010)。对于双级加速离子光学系统,可以等效成两个透镜的组合,由式(6-87)可知,透镜种类可根据栅极两侧电场强度的大小确定。对于双级加速离子光学系统,当 $E_1 < E_2$、$E_2 > E_3$ 时,等效成"凸-凹透镜"组合,如图 6-26(a)所示;当 $E_1 > E_2$、$E_2 > E_3$ 时,等效成"凹-凹透镜"组合,如图 6-26(b)所示。

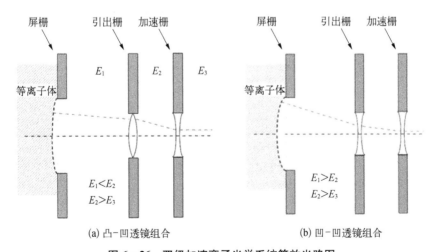

(a) 凸-凹透镜组合　　　　　　　(b) 凹-凹透镜组合

图 6-26　双级加速离子光学系统等效光路图

　　如上所述,在双级加速离子光学系统中,第二个栅极既可以是会聚透镜又可以是发散透镜。当等离子体鞘层发射面曲率较小时,引出的离子聚焦性不好,此时可以采用会聚透镜增加引出离子的会聚性能;相反,当等离子体鞘层发射面曲率较大时,引出离子发生过聚焦,此时可以采用发散透镜对过聚焦的离子进行准直。通过上述过程可以增加双级加速离子光学系统对数流的调节能力,减小束流发散角。

2. 双级加速离子光学系统的离子加速

离子光学系统引出离子的速度大小直接影响推力器的推力和比冲,如式(6-88)和式(6-89)所示。

$$I_{sp} = \cos\theta \sqrt{\frac{2q(V_s - V_d)}{m_i}} \tag{6-88}$$

$$T = \sqrt{\frac{2m_i}{q}} j_i A_g T_g \cos\theta \sqrt{V_s - V_d} \tag{6-89}$$

式中,T_g 和 A_g 为栅极透明度和栅极面积;θ 为束流发散角;V_s 为屏栅电压;V_d 为减速栅电压。

引出级电场强度不能任意增加主要受到两方面限制:一方面是电场强度过高导致两栅之间电压击穿;另一方面是电场强度过高使得等离子体鞘层曲面曲率过大,导致离子直接撞击栅极,降低了推力器性能且缩短了推力器寿命。因此,引出级电场强度 V_{12}/d 通常为 $1\,kV/mm$,单靠引出级无法大幅提高离子的速度。对于双级加速离子光学系统,离子的引出能力与加速级距离无关,为了提高加速电压,可以增加加速级间距,加速级电压可以达到 $80\,kV$,极大地提高了离子的速度。

综上所述,在双级加速离子光学系统中,离子的引出过程由引出级完成,离子的加速过程则主要由加速级完成。双级加速离子光学系统的引出能力未降低,但引出离子的速度大幅提高,因此增大了束流密度,从而提高了推力密度,最终实现了推力器比冲和推力的同时提高。

参考文献

Coletti M, Gessini P, Gabriel S B, 2010. A 4 - gridded ion engine for high impulse mission. San Sebastian: Space Propulsion Conference.

Fearn D G, 1980. The use of ion thrusters for orbit raising. Journal of the British Interplanetary Society, 33: 129 - 137.

Kaufman HR, 1975. Technology of electron-bombardment ion thruster. Advances in Electronics and Electron Physics, 36: 265 - 373.

Marques R I, Gabriel S B, 2009. Dual stage four grid (DS4G) ion engine for very high velocity change missions. Ann Arbor: 31st International Electric Propulsion Conference.

Spangenberg KR, 1948. Vacuum Tubes. New York: McGraw-Hill.

Williams JD, Geobel DM, Wibur PJ, 2003. Analytical model of electron backstreaming for ion thruster. AIAA - 2003 - 4560, 39th Joint Propulsion Conference, Huntsville.

第7章
空心阴极物理

7.1 空心阴极基本概念

7.1.1 阴极及分类

阴极是离子推力器的电子源,常常被喻为离子推力器的心脏,这是由于阴极的优劣直接影响离子电推进的性能和使用寿命。阴极分为热阴极、光电阴极、次级发射阴极和场致发射阴极四类,有时也将后三类阴极统称为冷阴极(承欢和江建平,1986)。

1. 热阴极

把发射体加热到足够高的温度,内部电子的能量随温度的上升而增大,以致其中一部分电子的能量达到或超过发射体材料逸出功而逸出进入真空,这样得到的电子发射就是热电子发射,称为热阴极。热阴极在真空电子器件或装置中应用最为广泛,离子电推进中的电子源通常也采用热阴极。热阴极的加热方法有两种:对发射体或它们的基金属直接通电进行加热的阴极称为直热式阴极;对热子进行通电加热,再由热子将热量辐射和传导给发射体的阴极称为间热式阴极。按阴极制备材料的不同,又有纯金属阴极、原子薄膜阴极、氧化物阴极和扩散阴极、LaB_6阴极等之分。

2. 光电阴极

利用辐射光照射物体使物体内部电子获得能量而逸出的现象,称为光电发射,光电发射体称为光电阴极。光电阴极应用于各类光敏管中,可将可见光转化为电信号,亦可将紫外或 X 射线等不可见光转变为可见光、将微弱光转变为较强光等。

3. 次级发射阴极

当物体被具有一定动能的电子或离子轰击时,它们的能量也会部分转移给物体内部的电子,使电子获得能量而从物体表面逸出,这种电子发射称为次级电子发射或二级电子发射,次级电子发射体就称为次级发射阴极。次级发射阴极是各类电子倍增器件中必需的发射电子。

4. 场致发射阴极

与上述三类阴极不同,场致发射不是给电子提供足够的能量让其越过物体表面势垒而逸出,而是利用外部强电场使表面势垒降低、变窄,使电子由于隧道效应而逸出的一种电子发射现象,场致发射体称为场致发射阴极。现代真空微电子器件和相对论电子器件都采用场致发射阴极作为电子源。

上述四类阴极的工作原理与特点,在专业书籍中均有详细介绍(刘学惫,1980),在此不做详细介绍。近代还发展了其他一些新型电子发射方式,如等离子体空心阴极、铁电阴极、虚火花阴极等。离子电推进通常采用的电子源为等离子体空心阴极。

7.1.2　空心阴极工作原理

离子电推进采用的空心阴极为节流孔式空心阴极(贾艳辉和张天平,2016),其基本结构如图 7-1 所示,其结构工作原理不同于常规的空心阴极放电管。节流孔式空心阴极主要由阴极体组件和触持极组件两部分构成。阴极体组件主要由发射体、阴极管、阴极顶、热屏、加热丝(或加热器)等组成;触持极组件主要由触持极顶、触持极管、热屏、绝缘器等组成。

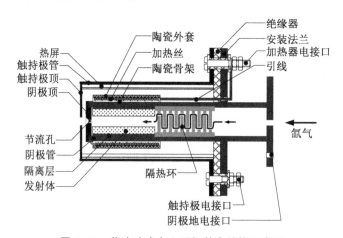

图 7-1　节流孔式空心阴极基本结构示意图

空心阴极工作时涉及流体力学、气体放电、阴极电子学、低温等离子体、热传导等物理过程。下面将从空心阴极启动到稳态工作过程的角度出发对空心阴极工作原理进行介绍。

空心阴极需要在真空环境下工作,启动初期,在阴极管底部通入一定流量的工质气体(离子电推进领域通常使用氙气),在阴极顶和触持极顶小孔的节流作用下,发射体腔体内气体压力可以达到百帕量级;此时采用加热丝(或加热器)在外部对发射体进行加热,发射体通常采用低功函数材料,在固体热传导效应下,发射体材料达到电子发射温度,电子发射遵从 Richardson – Dushman 方程,但此时热电子数量很少;此时在触持极与发射体间施加数十伏特的正电势,在电势差作用下,发射体发射的热电子在触持极与发射体间形成微安培级的电子电流;之后在触持极与发射体间施加数百伏特、毫秒宽的脉冲电势,由于发射体材料发射的热电子的存在,在触持极与发射体之间实现工质气体的放电击穿,气体击穿数毫秒后会在发射体腔体内及其与触持极间形成放电等离子体,密度约为 10^{20} m^{-3};之后关闭阴极加热丝,此时发射体腔体内形成的放电等离子体中的电子在触持极电势作用下,通过空心阴极小孔引出,一部分被触持极吸收,另一部分发射到外部空间形成离子推力器放电室原初电子或中和电子,而放电等离子体中的离子在发射体鞘层电势作用下,加速轰击到发射体表面,能量沉积到发射体表面使发射体温度维持在电子发射温度,进而继续发射热电子使发射体腔体内的气体处于等离子体放电状态,维持空心阴极的稳态工作。

为了使读者进一步了解空心阴极基本工作过程,下面进行详细讨论。

7.2 空心阴极热电子发射物理

7.2.1 热电子发射

导体或半导体中含有大量的电子,这些电子在没有获得足够能量激发的情况下是不能逸出固体的。热电子发射就是利用加热的方法使固体内部电子的动能增加,其中一部分电子动能大到足以克服表面势垒而逸出防护固体表面,形成热电子发射。热电子发射可以由 Richardson - Dushman 公式表示,热阴极电子电流发射密度可表示为

$$J = AT^2 \mathrm{e}^{-e\phi/(kT)} \tag{7-1}$$

式中,A 为发射常数,理想情况下取值为 120 A/(cm^2 · K^2)。

离子电推进空心阴极采用的热电子发射材料不同,发射原理存在一定差别,但均服从 Richardson - Dushman 公式,区别只在于参数取值。

具体应用中不同的电子发射材料 A 的取值与理论值存在明显差异,导致其理论值与实际值存在差异受多方面因素影响,如材料表面晶体结构差异、活性物质在发射表面覆盖度、发射表面热扩散导致的密度差异等。空心阴极使用的电子发射材料发射常数的差异可以通过温度修正功函数来解决。

$$\phi = \phi_{\mathrm{o}} + \alpha T \tag{7-2}$$

式中,ϕ_{o} 为经典逸出功;α 为试验测得的常数,将式(7-2)代入式(7-1)得

$$J = A\mathrm{e}^{-e\alpha/k} \cdot T^2 \cdot \mathrm{e}^{-e\phi_{\mathrm{o}}/(kT)} = DT^2 \mathrm{e}^{-e\phi_{\mathrm{o}}/(kT)} \tag{7-3}$$

式中,D 为与材料相关的温度修正系数。当发射体表面有强电场时,发射体表面势垒降低,强电场的存在降低了发射体材料的逸出功,即为 Schottky 效应。对于空心

阴极内部等离子体密度较高,发射体表面阴极鞘层电势梯度较大,Schottky 效应的作用效果较为明显,考虑 Schottky 效应的 Richardson - Dushman 公式为

$$J = DT^2 \exp\left(\frac{-e\phi}{kT}\right) \exp\left[\left(\frac{e}{kT}\right)\sqrt{\frac{eE}{4\pi\varepsilon_0}}\right] \qquad (7-4)$$

Schottky 效应在空心阴极内部高密度等离子体场合作用明显,阴极鞘层电场强度较大。

7.2.2 钨基体氧化钡的电子发射

钨基体氧化钡阴极是典型的储备式阴极,俗称钡钨阴极。"储备式"是指阴极体内部有充足的活性物质的储备,在阴极工作期间它可以源源不断地供给阴极表面钡,来补足因蒸发、气体毒害或离子轰击等所造成的钡的损失,从而使阴极表面保持在一个热电子发射所必需的、稳定的低逸出功状态。基于这样的工作原理,储备式阴极具有发射能力大、寿命长、耐离子轰击和抗毒性能力强等优点。

常用的钨基体氧化钡发射体材料包括钨酸盐钡钨、铝酸盐钡钨、钪酸盐钡钨等。目前,美欧等成熟离子电推进产品主要采用铝酸盐钡钨发射体材料空心阴极。常用的铝酸盐配方有"532"($5BaCO_3 + 3CaCO_3 + 2Al_2O_3$)、"311"($3BaCO_3 + CaCO_3 + Al_2O_3$)和"411"($4BaCO_3 + CaCO_3 + Al_2O_3$)等。表 7-1 为几种常见的钡钨阴极的发射体逸出功数据。

表 7-1   几种常见的钡钨阴极的发射体逸出功数据

阴　极	($\phi_{eff} = \phi_\rho + \alpha T$)/eV	1 450 K 时的 ϕ/eV
502	$1.53 + 5.73 \times 10^{-4} T$	2.36
532	$1.67 + 3.17 \times 10^{-4} T$	2.13
311	$1.67 + 3.07 \times 10^{-4} T$	2.12
411	$1.67 + 2.82 \times 10^{-4} T$	2.08
532M	$1.43 + 4.35 \times 10^{-4} T$	2.06
532 钪酸盐	$1.43 + 4.36 \times 10^{-4} T$	2.06
311M	$1.43 + 4.25 \times 10^{-4} T$	2.05
311 钪酸盐	$1.43 + 4.25 \times 10^{-4} T$	2.05
411M	$1.43 + 3.99 \times 10^{-4} T$	2.01
411 钪酸盐	$1.43 + 4.01 \times 10^{-4} T$	2.01
钨酸盐	$1.14 + 5.52 \times 10^{-4} T$	1.94

以美国深空一号(DS - 1)和黎明号(Dawn)等任务应用的 NSTAR 离子推力器为例(Sengupta,2005),其主阴极和中和器阴极均采用"411"铝酸盐钡钨阴极。下面将以"411"铝酸盐钡钨发射体材料为例,对钨基体氧化钡电子发射物化过程进行介绍。

"411"铝酸盐钡钨发射体材料中,三钡铝酸盐 $Ba_3Al_2O_6$(也可写为 $3BaO \cdot Al_2O_3$)是电子发射的主要活性物质成分,氧化钙是为增强盐的稳定性而添加的。在加热激活过程中,铝酸盐钡钨发射体材料阴极内部发生了比较复杂的物理化学过程。在此过程中,产生了发射电子的自由钡原子,可能存在的反应包括:

$$Ba_3Al_2O_6 \longrightarrow 2BaO + BaAl_2O_4 (热分解)$$

$$2BaO + \frac{1}{3}W \longrightarrow \frac{1}{3}Ba_3WO_6 + Ba$$

$$\frac{2}{3}Ba_3Al_2O_6 + \frac{1}{3}W \longrightarrow \frac{1}{3}BaWO_4 + \frac{2}{3}BaAl_2O_4 + Ba$$

$$3Ba_3Al_2O_6 + 6CaO + W \longrightarrow 3Ba_2CaAl_2O_6 + Ca_3WO_6 + 3Ba$$

以上 3 个反应中都有自由钡产生。钡原子从钨基底内空隙向外扩散的过程,既可以是沿钨海绵体通过侧壁面的迁移,也可以是蒸气态穿过通孔按克努森流的形式流向表面,最终在空心阴极发射体表面形成电子发射层。究竟是以上哪种输送机理占优势,取决于发射体区的蒸气压和海绵体通孔的孔径。蒸气压高,孔径大,则克努森流占优势;反之则相反。

如图 7 - 2 所示,扩散出来的钡从孔端沿着阴极表面迁移,在表面上形成钨-钡 (W - Ba),更可能是钨-氧-钡(W - O - Ba)的薄膜覆盖系统,此时发射体表面的电

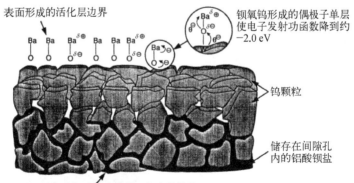

图 7 - 2　钡钨发射体自由钡扩散示意图

子有效逸出功大致为

$$\phi_{eff} = 1.68 + 3.24 \times 10^{-4} T(eV)$$

关于自由电子的发射理论在固体物理学和阴极电子学等专业书籍内均有介绍(林祖伦和王小菊,2013),这里不做详细讨论。当储备式钡钨空心阴极在点火预热阶段将发射体预热到自由钡电子发射温度时,将有一定量的原初电子弥漫在发射体腔体内,并且在触持极开路电压的作用下向空心阴极小孔区流动。当原初电子的电流达到几微安培时,在触持极与阴极顶之间施加点火脉冲电源,即可在发射体和触持极之间建立稳定的放电,空心阴极进入自持放电状态。

7.2.3 LaB₆材料电子发射

碱土和稀土金属的六硼化物都是良好的电子发射体,其中,以六硼化镧

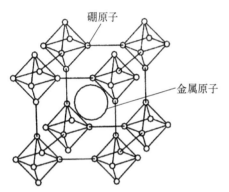

硼原子

金属原子

图7-3 六硼化物的晶体结构

(LaB₆)的发射性能最为优良,是目前得到实用的硼化物阴极中最重要和最普遍的一种。LaB₆属于六方晶系结构,如图7-3所示,图中大球代表镧原子,小球代表硼原子。硼原子构成硼八面体三维框架,将较大的金属原子包围在其立方晶格内。硼原子间键连很紧,使得硼化镧具有较高的熔点。金属原子与周围的硼原子间没有价键关系,这就使得LaB₆具有金属的导电性。由于镧原子被结合紧密的硼原子包围,所以具有稳定的化学性质。

自LaB₆阴极问世以来,许多学者围绕阴极的发射和运用特性进行了大量研究,取得了很大进展。但对于其电子发射机制,至今尚未取得一致认可。目前主要存在以下两种论点。

论点一认为LaB₆是覆盖镧原子的薄膜阴极。其论据为:分析聚集在玻壳和管内各种零件上的蒸发物时,发现蒸发物中多半含有镧,同时,阴极没有LaB₆分解的明显痕迹。

论点二认为LaB₆属于纯金属性质的发射,阴极表面没有镧原子薄膜。其论据为:采用质谱法进行分析时,发现在这种阴极的蒸发物中所含有的镧和硼与近似形式的LaB₆对应。其电子发射机制如图7-4所示。

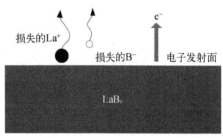

损失的La⁺

损失的B⁻

e⁻

电子发射面

LaB₆

图7-4 六硼化物材料表面电子发射机制

近年来的研究结果比较倾向于后一种论点,即 LaB$_6$ 属于纯金属性质的电子发射。可以采用金属的自由电子模型对其发射机制进行解释。

不同文献报道的 LaB$_6$ 材料逸出功和 Richardson 常数如表 7 - 2 所示。

表 7 - 2　LaB$_6$ 材料逸出功和 Richardson 常数

阴　　极	A	D	ϕ
LaB$_6$	—	29	2.66
	—	110	2.87
	120	—	2.91
	120	—	$2.66 + 1.23 \times 10^{-4} T$

7.3　空心阴极工作过程物理

7.3.1　击穿放电点火过程

气体放电分为两类:一类是非自持放电;另一类是自持放电,在本书第 2 章中已做介绍。放电从非自持放电过渡到自持放电的现象,称为气体击穿或点火。空心阴极点火气体击穿放电发生在阴极顶与触持极间的低气压气体中,点火成功后空心阴极进入不需要外部热源的自持放电状态。

在一般的气体放电物理书籍或文献中都有介绍(江建平等,1980),气体的击穿服从帕邢定律,但空心阴极点火击穿放电与日常认知的平行板电极击穿相比具有其特殊性,主要包括:

(1)非平行板电极,如 7.1.1 节图 7 - 1 所示,为同轴带中心小孔的平板电极;

(2)发生击穿放电的气体具有高速定向流速;

(3)电极间存在压力梯度;

(4)低功函数发射体产生的热电子参与;

(5)空心阴极在施加点火脉冲前,电极间存在开路电压。

虽然存在以上不同,但服从基本的气体击穿理论——帕邢定律,图 7 - 5 所示是改变阴极顶与触持极间距时,不同加热温度下 T6 离子推力器空心阴极点火击穿电压,可以看出,在空心阴极流率一定的情况下,空心阴极顶与触持极之间的击穿放电服从帕邢定律。

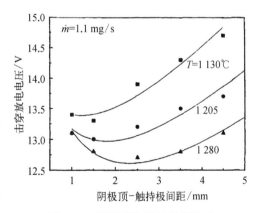

图 7 - 5　阴极顶与触持极间距对点火击穿电压的影响

以下从汤生放电理论入手对空心阴极点火击穿放电进行介绍。汤生放电理论引入三个系数，α、β 和 γ，通常称为第一电离系数、第二电离系数和第三电离系数：

第一电离系数 α 表示一个电子从阴极到阳极经过单位路程与中性气体粒子做非弹性碰撞所产生的电子-离子对数目；

第二电离系数 β 表示一个正离子从阳极到阴极经过单位路程与中性气体粒子做非弹性碰撞所产生的电子-离子对数目；

第三电离系数 γ 表示一个正离子撞击阴极表面时从阴极表面逸出的平均电子数目。

α 和 β 与放电气体的性质、气体压强和给定点的电场强度等有关；γ 与气体性质、电极材料和离子能量等有关。以上参数都能够在空心阴极的气、电、结构和材料参数中找到对应项。

当空心阴极施加点火脉冲后，阴极顶与触持极之间快速由汤生放电或电晕放电过渡到电弧放电，稳态放电过程中阴极顶和触持极之间的电势降约为 10 V，整个击穿过程服从帕邢定律，帕邢定律的经典表达为

$$V_\text{b} = \frac{Bpd}{\ln(pd) + \ln\left[\dfrac{A}{\ln(1 + \gamma^{-1})}\right]}$$

式中，认为气体的击穿取决于阴极处电子的次级发射，即只有 γ 过程所产生的电子引起了放电空间电子雪崩。

由于存在低功函数发射体材料的预加热电子发射，以及阴极顶和触持极顶小孔处的电场畸变，所以空心阴极点火击穿放电电压远远低于普通的平板电极，Xe 工质气体空心阴极击穿放电电压只有十几伏特到数十伏特。空心阴极点火击穿放电还与阴极顶（发射体）温度、工质气体流率、阴极顶小孔直径等有关，由于其受制于多个参数的共同影响，目前还没有能够描述其点火电压的经验公式。国外针对不同参数对点火击穿放电的影响开展了一些验证试验，以图 7-6 为例，是英国 T6 空心阴极点火击穿电压与阴极供气流率和阴极顶温度的关系曲线，可见击穿电压随温度呈指数下降，而阴极供气流率在低温时对击穿电压影响很小。

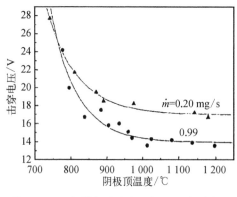

图 7-6   阴极供气流率和阴极顶温度对空心阴极点火击穿电压的影响

7.3.2 等离子体物理过程

本小节内容可参考 Tomas(1999)的著作。

1. 发射体区等离子体过程

空心阴极发射体区几何形状为圆柱体结构,热电子由发射体表面发射,热电子与推进剂原子相互碰撞、电离,在发射体区建立气体放电等离子体区域,在发射体与等离子体界面处的等离子体中存在等离子体鞘层,称为阴极鞘层。发射体发射的热电子被阴极鞘层加速进入发射体区等离子体内参与电离,而鞘层电势加速的离子必须能够加热发射体并维持发射体温度。进入发射体区的电子电流最大值受鞘层边界空间电荷限制效应、发射体材料电子发射功函数和发射体温度等影响,在空心阴极工作过程中,由于等离子体鞘层电势的存在,发射体区部分离子会反流到发射体表面,在加热发射体材料的同时也会抵消一部分空间电荷效应,进而增加发射体表面的电子发射密度。进入发射体区的最大电子电流密度由鞘层边界空间电荷限制作用或发射体表面功函数和温度决定,发射体区离子通过鞘层返流发射体表面中和空间电荷限制效应,进而增大从发射体表面引出的电子电流密度。经过鞘层加速的电子,进入发射体区等离子体后,在碰撞作用下会迅速将自身能量传递给高密度的等离子体,电子麦克斯韦分布尾部能量较高的电子能够电离注入阴极的部分推进剂气体,发射体区等离子体中的电子向阴极管下游迁移,穿过阴极顶小孔后进入放电室或者与束流离子中和。

发射体区等离子体过程可以通过零维粒子和能量平衡模型来描述。首先假设发射体区等离子体密度分布均匀,因此采用少量的参数就可以描述等离子体特征。

$$I_t \phi_s + R I_e^2 = I_i U^+ + \frac{5}{2} T_{eV} I_e + (2 T_{eV} + \phi_s) I_r e^{-\varphi_s / T_{eV}} \qquad (7-5)$$

式中, I_t 为热发射电子电流; ϕ_s 为阴极鞘层电压; R 为等离子电阻; I_e 为空心阴极放电电流; I_i 为发射体区产生的离子电流; U^+ 为氙原子第一电离能; T_{eV} 为发射体区电子温度; I_r 为鞘层边缘自由电子电流。因为阴极内部为稠密等离子体,所以模型中忽略了激发损失和辐射损失。等离子体电阻为电阻率乘以长度,再除以等离子体截面积。

$$R = \eta \frac{l}{\pi r^2} \qquad (7-6)$$

等离子体电阻率为

$$\eta = \frac{1}{\varepsilon_0 \tau_e \omega_p^2} \qquad (7-7)$$

考虑电子与离子、电子与中性原子之间的碰撞,电子碰撞时间 τ_e 为

$$\tau_e = \frac{1}{\nu_{ei} + \nu_{en}} \tag{7-8}$$

式中,ν_{ei} 为电子与离子碰撞频率;ν_{en} 为电子与中性原子碰撞频率。

在发射体区,能量平衡模型为

$$H(T) + I_t \phi_{wf} = I_i \left(U^+ + \phi_s + \frac{T_{eV}}{2} - \phi_{wf} \right) + (2T_{eV} + \varphi_{wf}) I_r e^{-\varphi_s / T_{eV}} \tag{7-9}$$

式中,$H(T)$ 为由辐射和传导引起的发射体能量损失;ϕ_{wf} 为发射体功函数。离子平衡方程为

$$I_e = I_t + I_i - I_r e^{-\phi_s / T_{eV}} \tag{7-10}$$

在阴极鞘层边缘,一个碰撞自由程内自由电子电流为

$$I_r = \frac{1}{4} \left(\frac{8kT_e}{\pi m} \right)^{1/2} n_e e A \tag{7-11}$$

式中,n_e 为鞘层边缘等离子体密度。离子电流根据玻姆电流给出,离子密度仍通过鞘层边缘碰撞自由程估算。

由式(7-9)~式(7-11)消掉离子电流项得

$$\frac{R_i I_e^2 + I_e \left(\phi_s + \dfrac{5}{2} T_{eV} \right)}{H(T) + I_e \phi_{wf}} = \frac{U^+ + \phi_s + 2T_{eV} \left(\dfrac{2M}{\pi m} \right)^{1/2} e^{-\phi_s / T_{eV}}}{U^+ + \phi_s + \dfrac{T_{eV}}{2} + 2T_{eV} \left(\dfrac{2M}{\pi m} \right)^{1/2} e^{-\phi_s / T_{eV}}} \tag{7-12}$$

根据扩散方程

$$\left(\frac{R_i}{\lambda_{01}} \right)^2 n_0 \sigma_i (T_e) \sqrt{\frac{8kT_e}{\pi m}} - D = 0$$

可以求出电子温度。式中,R_i 为发射体内半径;λ_{01} 为零阶贝塞尔函数的初始零点;n_0 为中性原子密度;σ_i 为电离碰撞截面;D 为扩散系数。该方程说明,电子温度必须满足新产生的离子数与扩散至壁面损失的离子数必须维持平衡。如果辐射和传导产生的热损失功率已知,根据式(7-12)即可得到阴极鞘层电压与放电电流的函数关系,发射体热损失可从空心阴极热分析模型中计算得到。一般地,发射体

区等离子体满足 $T_{eV}/2 \ll (U^+ + \phi_s)$。式(7-12)等号右侧近似为1,可进一步简化为一个简单的能量守恒方程,进而得到阴极鞘层电压。

$$\phi_s = \frac{H(T)}{I_e} + \frac{5}{2}T_{eV} + \phi_{wf} - I_e R \qquad (7-13)$$

发射体区等离子体密度可由式(7-5)得到,离子电流项为

$$I_i = n_o \bar{n}_e e \langle \sigma_i v_e \rangle V \qquad (7-14)$$

式中,n_o 为中性原子数密度;$\langle \sigma_i v_e \rangle$ 为电离反应速率系数;V 为发射体区体积;$\bar{n}_e$ 为发射体区平均等离子体密度。引用等离子体边缘处的随机电子流方程,并将式(7-14)代入式(7-5)可以解出平均等离子体密度为

$$\bar{n}_e = \frac{RI_e^2 - \left(\frac{5}{2}T_{eV} - \phi_s\right)I_e}{\left[f_n T_e \left(\frac{kT_e}{2\pi m}\right)^{1/2} eAe^{-\phi_s/T_{eV}} + n_o e \langle \sigma v_e \rangle V(U^+ + \phi_s)\right]} \qquad (7-15)$$

式中,f_n 为壁面处的等离子体密度与平均等离子体密度之比。由于发射体区的电子服从麦克斯韦分布,所以f_n值可由玻尔兹曼关系用中心处与边界处的电势差进行估算。

$$f_n = \frac{n_e}{\bar{n}_e} \approx e^{-(\phi_{axis} - \phi_s)/T_{eV}} \qquad (7-16)$$

式中,发射体区中心轴电势 ϕ_{axis} 必须通过试验测量。

2. 小孔区等离子体过程

电子从发射体区等离子体中引出,通过阴极顶小孔进入放电室或离子束流。对于节流孔的空心阴极,发射体区和羽流区之间的过渡区域通常存在于阴极顶小孔内部或者小孔内部偏下游区域,其位置与小孔尺寸和气体流率有关。电子电流密度在小孔区达到最高,电子与离子、电子与原子碰撞产生电阻热效应,热电子会电离大部分氙气,氙离子碰撞小孔孔壁产生加热作用,小孔区电阻热和离子轰击孔壁热效应大小由小孔尺寸、工质流率和放电电流等决定。节流孔空心阴极的阴极顶小孔长而细,内部气体压力高,小孔区等离子体电阻率大,离子轰击孔壁热效应强,小孔局部加热明显。

对于节流孔式空心阴极,离子与原子电荷交换碰撞自由程很短,离子流入小孔圆柱区域主要由扩散效应决定。

小孔区等离子体参数和过程可以采用零维模型进行较好的描述。假设小孔区

小孔直径大于长度,适用径向离子扩散方程,类似于对发射体区等离子体的建模,建立以电子温度为自变量的小孔区等离子体的扩散方程为

$$\left(\frac{r}{\lambda_{01}}\right)^2 n_0 \sigma_i (T_e) \sqrt{\frac{8kT_e}{\pi m}} - D = 0 \qquad (7-17)$$

式中,r 为阴极顶小孔半径;λ_{01} 为零阶贝塞尔函数的初始零点;n_0 为中性原子密度;σ_i 为麦克斯韦电子温度分布的平均电离截面积;D 为扩散系数。

忽略热传导和热辐射损失,稳态电子能量方程可以表示为

$$0 = -\nabla \cdot \left(-\frac{5}{2} J_i \frac{kT_i}{e} - \kappa_n \frac{\nabla kT_i}{e} \right) + v_i \nabla (nkT_i) + nMv_{in}^2 + Q_T$$
$$(7-18)$$

式中,J_i 为离子电流密度。假设发射体区等离子体中离子和中性原子处于热平衡状态($T_n = T_i$),κ_n 为中性气体热导率。

小孔区积分可以得到关于小孔区平均等离子体密度的控制方程,小孔区等离子体欧姆热与小孔区电子加热能量、电离损失能量相等。

$$I_e^2 R = \frac{5}{2} I_e \left(\frac{kT_e}{e} - \frac{KT_e^{in}}{e} \right) + n_0 \bar{n}_e e \langle \sigma_i v_e \rangle U^+ (\pi r^2 l) \qquad (7-19)$$

式中,l 为阴极顶小孔长度。由式(7-19)即可得到小孔区平均等离子体密度为

$$\bar{n}_e = \frac{I_e^2 R - \frac{5}{2} I_e \frac{k}{e} (T_e - T_e^{in})}{n_0 e \langle \sigma_i v_e \rangle U^+ (\pi r^2 l)} \qquad (7-20)$$

3. 羽流区等离子体过程

前面对空心阴极发射体区与小孔区等离子体物理过程进行了研究,简单模型能够描述等离子体参数分布情况,下面研究的区域是空心阴极小孔区下游外部的羽流区。空心阴极顶小孔流入羽流区的中性气体快速扩散,气体流动转变为过渡流或者无碰撞自由分子流,空心阴极发射的原初电子在放电室等离子体和小孔区等离子体之间电势梯度的作用下加速运动,在环尖场离子推力器放电室内部的羽流区有约 100 G 量级的轴向磁场。该磁场会约束羽流区电子的运动,同时在羽流区电子碰撞推进剂原子所产生的等离子体也会朝着远离阴极的方向快速扩散。

空心阴极羽流区等离子体可以继续分为几个区域:暗区、等离子体球、发散羽流区,如图 7-7 所示,空心阴极在右侧,阳极在左侧。羽流区包括阴极小孔流出的

电子、离子、推进剂原子、放电室阳极流出的推进剂原子、电子与推进剂原子碰撞产生的二次电子和离子等。采用探针测量图 7 - 7 中对应的轴向电势和温度分布如图 7 - 8 所示。两种工况的放电电流是一样的,工质流率 5.5 ml/min 时放电电压为26 V,工质流率 10 ml/min 时放电电压为 20 V,可以发现,由于气体流量和放电电压不同,羽流区的电势和电子温度分布差异显著,工质流率较大时,等离子体电势和温度较低,并且将等离子体球向下游推移。

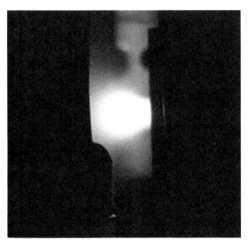
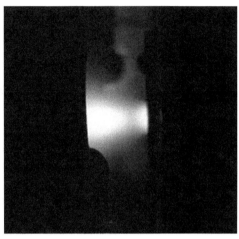

(a) 5.5 ml/min   (b) 10 ml/min

图 7 - 7   NEXIS 离子推力器主阴极 25 A 工况等离子体羽流图像

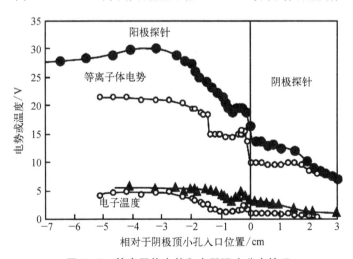

图 7 - 8   等离子体电势和电子温度分布情况

采用简单的一维模型可以较好地理解羽流区的等离子参数及过程。由于羽流区中性气体快速扩散,羽流区近似为无碰撞自由分子流,稳态连续性方程为

$$0 = \nabla \cdot (D_a \nabla n) + \frac{\partial n}{\partial t} \tag{7-21}$$

由电子动量方程容易得到轴线上电子电流密度为

$$J_e = \frac{1}{\eta} \left(E + \frac{\nabla n T_e}{n} \right) \tag{7-22}$$

式中,η 为考虑电子与中性原子、电子与离子碰撞的羽流区等离子体电阻率。

考虑热对流、热传导、焦耳加热、压力梯度作用和电离损失的电子能量方程为

$$0 = -\nabla \cdot \left(-\frac{5}{2} J_e \frac{kT_e}{e} - \kappa \frac{\nabla k T_e}{e} \right) + \eta J_e^2 - J_e \cdot \frac{\nabla n k T_e}{ne} - \dot{n} e U^+ \tag{7-23}$$

式中,J_e 为等离子体内部电子电流密度;κ 为电子热导率;η 为等离子体电阻率;U^+ 为工质气体原子第一电离能。

中性气体(推进剂原子)电离引起的轴向损失可以用简单的指数衰减模型来表示,由电离导致的中性气体密度的变化为

$$\frac{\mathrm{d}n_o}{\mathrm{d}t} = -n_o n_e \langle \sigma_i v_e \rangle \tag{7-24}$$

式中,n_o 为羽流区中性原子密度。中性气体密度由阴极流出的气体密度 n_f 与放电室内背景中性原子密度 n_c 两部分组成:

$$n_o = n_f(z) + n_c \tag{7-25}$$

气体原子数密度随着远离阴极小孔距离增加而降低。

$$\frac{\mathrm{d}n_f(z)}{\mathrm{d}z} = \frac{1}{v_o} \frac{\mathrm{d}n_f}{\mathrm{d}t} = \frac{1}{v_o} \left(\frac{\mathrm{d}n_o}{\mathrm{d}t} - \frac{\mathrm{d}n_c}{\mathrm{d}t} \right) \tag{7-26}$$

式中,v_0 为中性原子运动速度,联立式(7-24)、式(7-26)可得

$$\frac{1}{n_f(z)} \frac{\mathrm{d}n_f(z)}{\mathrm{d}z} = -\frac{1}{v_o} n_e \langle \sigma_i v_e \rangle \tag{7-27}$$

求解式(7-27)可以得到气体原子数密度随阴极小孔距离的增大呈指数衰减。

实际的阴极羽流比上述简单一维模型要复杂得多,在特定情况下增加电子马

赫数会产生双鞘层或不稳定性,这用流体模型难以解释,并且上述一维模型中假设中性气体扩散行为和相关的羽流区电子电流密度是有倾向性选取的,计算出的电势与密度分布才会与试验结果吻合得较好。

但是,以上模型可以帮助读者了解空心阴极的等离子体过程。

7.3.3 热过程物理

本小节内容可参考 Jonathan(1999)的著作。

空心阴极的热状态包括预热阶段和自持放电阶段。预热阶段热功率主要来自加热器或加热丝的电热功率,以热传导、热辐射和热对流为主;自持放电阶段的热功率能量主要来自触持极电源,过程中除涉及常规的热传导、热辐射和热对流外,还涉及等离子体电阻加热、激发态原子退激发辐射、离子复合生热和电子反流等。

1. 预热阶段热过程

预热阶段的热过程相对比较简单,都是常规的固体或气体热过程,采用常规的热传导方程即可描述。

加热器向阴极管到发射体的热传导为固体热传导,

$$\rho C_{\mathrm{p}} \frac{\partial T}{\partial t} + \rho C_{\mathrm{p}} v \cdot \nabla T + \nabla q = Q \tag{7-28}$$

式中,ρ 为导热材料密度;C_{p} 为材料热容;v 为速度场;Q 为加热丝热源;T 为温度;q 为热流向量场,$q = -k\nabla T$,k 为热传导系数。

阴极管和发射体腔体内的推进剂气体为流体热传导,可描述为

$$\rho C_{\mathrm{p}} \frac{\partial T}{\partial t} + \rho C_{\mathrm{p}} v \cdot \nabla T + \nabla q = Q_{\mathrm{p}} + Q_{\mathrm{vd}} \tag{7-29}$$

式中,Q_{p} 和 Q_{vd} 分别为辐射热源和传导热源,来自发射体。

2. 自持放电阶段热过程

下面重点讨论自持放电阶段的热过程。在该工况下,空心阴极热功率的唯一来源是触持极电源。热传导的介质包括固体、气体和等离子体,其中,等离子体中的离子和电子是热效应的重要载体。

前面从等离子体的能量传导物理过程对热过程进行了讨论,下面从热传导角度对空心阴极热物理过程进行讨论。图 7-9 为空心阴极热传导机制示意图,热过程包括辐射、传导、对流、阴极欧姆加热、热发射、离子复合和电子反流等。

通过微分单元 dx 长度上的热流来推导整个空心阴极的热传导过程。如图 7-10 所示,为划分为若干微分单元的空心阴极。下面对每个能量交换单元极如何表征到整个能量方程进行讨论。

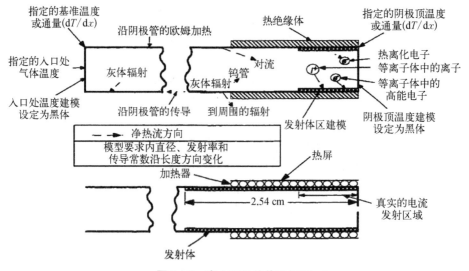

图 7-9   空心阴极热传导机制

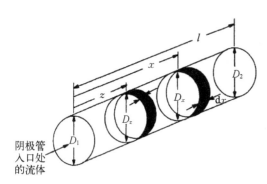

图 7-10   沿阴极管方向的热传导微分单元

1）辐射传热

如图 7-10 所示，从温度为 $T(z)$ 的微分单元 dz 到微分单元为 dx 的辐射热流可表示为

$$\int_{z=0}^{l} \sigma T_w^4(z) \, dF_{dz-dx}(\mid z-x \mid) \pi D_z dz$$

$$(7-30)$$

式中，dF_{dz-dx} 定义为形状函数；T_w 为空心阴极壁温度；σ 为斯蒂芬-玻尔兹曼常数，$5.67 \times 10^{-8} \text{ W/m}^2 \cdot \text{K}^4$。当空心阴极内径 D 是一个常量，并且 $X = \mid z-x \mid$ 时，式（7-30）中的形状函数为

$$dF_{dz-dx}(x) = \left[\frac{1}{D} - \frac{2x^3 + 3xD^2}{2D(x^2 + d^2)^{3/2}} \right] dz \qquad (7-31)$$

2）传导热

假设阴极管内径不变，由于材料传导效应，阴极管的传导热为

$$K_w \frac{D_0^2 - D_x^2}{4D_x} \frac{d^2 T_W}{dx^2} \pi D_x dx \qquad (7-32)$$

式中，K_w 为热传导常数；D_0 为阴极管外径。

如果阴极管不同位置处的内径不同,则假设局部的内径为常数。

3)热对流

图 7 - 10 中热对流过程中热流离开微分单元(图 7 - 10 中为环状)的表达式为

$$h\big[\,T_{\mathrm{w}}(x)\,-\,T_{\mathrm{g}}(x)\,\big]\pi D_x\mathrm{d}x \tag{7-33}$$

式中,h 为对流系数。

阴极管中推进剂气体的温度用层流公式表达为

$$T_{\mathrm{g}}(x) = St\mathrm{e}^{-(St)x}\int_{z=0}^{x}\mathrm{e}^{(St)z}T_{\mathrm{w}}(z)\mathrm{d}z + \mathrm{e}^{-(St)x}T_{\mathrm{g,i}} \tag{7-34}$$

式中,St 为气体的斯坦顿数;$T_{\mathrm{g,i}}$ 为阴极入口处的气体温度。

式(7 - 34)来源于阴极管中的气体平均温度相关的函数。

$$\frac{\mathrm{d}T_{\mathrm{g}}}{\mathrm{d}x} = St(T_{\mathrm{w}} - T_{\mathrm{g}}) \tag{7-35}$$

4)阴极壁的欧姆加热

电流流经阴极壁的欧姆热效应是另一个热源。欧姆加热的数学表达是

$$Q_{\mathrm{total/dx}} = q\pi D_x\mathrm{d}x = i^2R = i^2\,\frac{\rho\mathrm{d}x}{\pi\,\dfrac{D_0^2 - D_x^2}{4}} \tag{7-36}$$

还可以表示为

$$Q_{\mathrm{total/dx}} = \frac{I_{\mathrm{CE}}^2\rho}{\pi^2D_x\,\dfrac{D_0^2 - D_x^2}{4}}\pi D_x\mathrm{d}x \tag{7-37}$$

式中,ρ 为电阻率;I_{CE} 为发射电流。

5)热离化辐射

热离化过程与式(7 - 4)Richardson - Dushman 公式相关,考虑发射体区与阴极顶孔区的等离子体双鞘层效应,热离化辐射可以表示为

$$J_{\mathrm{th}}\bigg(\phi_{\mathrm{eff}} + \frac{5kT_{\mathrm{w}}}{2e}\bigg)\pi D_x\mathrm{d}x \tag{7-38}$$

式(7 - 38)表征的是当电子从功函数 ϕ_{eff} 的表面发射成动能为 $5kT_{\mathrm{w}}/(2e)$ 的自由电子时的能量损耗。

6）离化复合

每一个正离子轰击发射体表面发生中和效应推动一个电子离开发射体,同时离子的动能转化为轰击发射体表面的内能,表征在微分单元上的这一部分热流表示为

$$J_i\left(V_{fall} + \frac{5}{2}\frac{kT_i}{e} + U^+ - \phi\right)\pi D_x \mathrm{d}x \tag{7-39}$$

式中,V_{fall} 为等离子体鞘层边缘和阴极壁之间的电势差; U^+ 为原子的离化能量,也等于离子在阴极壁面获得一个电子成为原子的辐射的能量。

7）电子反流热效应

电子反流热效应是已经发射的能量为 $5kT_e/(2e)$ 的自由电子反流回功函数 ϕ 的发射体表面的热能。这一部分热流表征在微分单元上如下:

$$J_e\left(\frac{5}{2}\frac{kT_e}{e} + \phi\right)\pi D_x \mathrm{d}x \tag{7-40}$$

8）空心阴极热物理过程方程

考虑以上效应,表征空心阴极热物理过程的最终能量方程可以表征为

$$\int_{z=0}^{l}\sigma T_w^4(z)\mathrm{d}F_{dx-dz}(\mid x-z\mid) + \sigma T_{r,1}^4(x)F_{dx-1}(x) + \sigma T_{r,2}^4(x)F_{dx-2}(l-x)$$

$$+ K_w\frac{D_0^2 - D_x^2}{4D_x}\frac{\mathrm{d}^2 T_w}{\mathrm{d}x^2} + \frac{l_{CE}^2\rho}{\pi^2 D_x(D_0^2 - D_x^2)/4}$$

$$+ J_i\left(V_{fall} + \frac{5}{2}\frac{kT_i}{e} + U^+ - \phi\right) + J_e\left(\frac{5}{2}\frac{kT_e}{e} + \phi\right)$$

$$= \sigma T_w^4(x) + \sigma\frac{D_0}{D_x}\left[T_w^4(x) - T_w^4\right]$$

$$+ h\left[T_w(x) - Ste^{-(St)x}\int_{Z=0}^{x}e^{(St)z}T_w(z)\mathrm{d}z + e^{-(St)x}T_{g,i}\right] + J_{th}\left(\phi_{eff} + \frac{5kT_w}{2e}\right) \tag{7-41}$$

式(7-41)就是表征空心阴极热物理过程的数学表达式,等号左端为施加到空心阴极上的能量,右端为空心阴极损失的能量。式(7-41)为非线性微分方程,无法直接求解,需要采用计算机数值方法求解。

3. 能量守恒过程

为了更为深入地理解空心阴极上述热物理过程,下面对阴极顶小孔和发射体

区的等离子体热过程进行详细介绍。温度是能量交换的外在表征之一,将空心阴极划分为小孔区和发射体区,从能量守恒的角度对热过程进行讨论。

1) 阴极顶小孔区

在阴极顶小孔的空间内,可以用气体离化、原子态激发和对流对欧姆加热效应进行描述。

$$q_{Ohmic} = q_{ion} + q_{ex} + q_{conv} \qquad (7-42)$$

式中,q_{Ohmic} 为欧姆热;q_{ion}、q_{ex} 和 q_{conv} 分别为离化、原子态激发和对流能量。

基于电子与原子、电子与离子碰撞的电阻系数可以计算欧姆加热效应。

$$q_{Ohmic} = I^2 R = \frac{\eta}{A_0} \left(I_{e, ins}^2 l_0 + I_{e, ins} b l_0^2 + \frac{1}{3} b^2 l_0^3 \right) \qquad (7-43)$$

式中,η 为等离子体阻抗;A_0 为阴极顶小孔面积;$I_{e, ins}$ 为发射体区到阴极顶小孔区的电子电流;l_0 为小孔长。

等离子体阻抗 η 可表示为

$$\eta = \frac{v m_e}{n_e e^2} \qquad (7-44)$$

式中,v 为电子与离子和电子与原子弹性碰撞频率的总和。电子与离子的碰撞频率采用美国海军研究试验室(United States Naval Research Laboratory,NRL)等离子体标准公式计算。

$$v_{ei} = 3.9 \ln \Lambda \cdot n_e T_e^{-\frac{3}{2}} \qquad (7-45)$$

式中,库仑对数为

$$\ln \Lambda = 23 - \ln \left[\frac{(10^{-6} n_e) \frac{1}{2}}{T_e^{\frac{3}{2}}} \right] \qquad (7-46)$$

电子与原子碰撞频率采用有效的碰撞截面来定义:

$$v_{e, 0} = (n_0 - n_e) \langle \sigma_{e, 0} v_e \rangle \qquad (7-47)$$

式中,n_0 为推进剂原子数密度。电子的速度 v_e 定义为

$$v_e = \sqrt{\frac{k T_e}{m_e}} \qquad (7-48)$$

式(7-47)中,由于电子速度远大于原子速度,所以相对速度用 v_e 代表。

假设推进剂沿小孔流出过程中不断发生电离碰撞,有新的离子和电子不断产生,因此假设小孔中的电子电流随着流体流动的方向线性增加。电子电流的变化代表了电子密度在小孔轴向上的变化,为了简化问题认为其是均匀分布的。定义 $x < l_0$,

$$I_e(x) = I_{e,\,ins} + bx \tag{7-49}$$

式中,

$$I_{e,\,ins} = I_D - 0.6 l n_e c_i (2\pi r_0 l_0 + \pi r_0^2) \tag{7-50}$$

$$b = \frac{I_{e,\,ori} - I_{e,\,ins}}{l_0} = \frac{1}{l_0} \left[0.61 n_e c_i (2\pi r_0 l_0 + \pi r_0^2) \right] \tag{7-51}$$

式中,c_i 为离子声速;r_0 为小孔的半径。

式(7-42)中,由离子流计算出小孔区的离化能量损失 q_{ion} 可以表示为离化率、电荷和离化电势的函数。

$$q_{ion} = \left(\frac{dn_i}{dt} \right)_{ionization} e\phi_i \tag{7-52}$$

$$\left(\frac{dn_i}{dt} \right)_{ionization} = \left(\pi \frac{d_0^2}{4} l_0 \right) \left(\frac{m_e}{2\pi k T_e} \right)^{\frac{3}{2}} 4\pi n_e n_0 \int_0^\infty dv_e v_e^3 \sigma_{ion}(v_e) e^{\frac{m v_e^2}{2k T_e}} \tag{7-53}$$

式中,ϕ_i 为推进剂原子离化电势,氙气第一电离能是 12.12 eV;n_0 为中性原子密度;σ_{ion} 为离化碰撞截面。

式(7-42)等号右侧第二项描述了电子与原子碰撞,原子态由基态到激发态的能量损耗。其计算方法与电离损耗相似,小孔中的激发碰撞率可表示为

$$\left(\frac{dn_{ex}}{dt} \right) = \left(\pi \frac{d_0^2}{4} l_0 \right) \left(\frac{m_e}{2\pi k T_e} \right)^{\frac{3}{2}} 4\pi n_e (n_0 - n_e) \int_0^\infty dv_e v_e^3 \sigma_{ex}(v_e) e^{\frac{m v_e^2}{2k T_e}} \tag{7-54}$$

式中,σ_{ex} 为激发碰撞截面。

因此,自由电子与原子发生激发碰撞的能量损失为

$$q_{ex} = \left(\frac{dn_{ex}}{dt} \right) e U_{ex} \tag{7-55}$$

式中,U_{ex} 为原子激发的平均能量损失,当离子电推进空心阴极采用氙气推进剂时,通常设置为 10 eV。

传导能量损失主要考虑电子从发射体区进入小孔区的电子温度和从小孔出口喷出的电子温度,如式(7-56)所示:

$$q_{conv} = I_{e,ori} T_{e,ori} - I_{e,ins} T_{e,ins} \tag{7-56}$$

式(7-56)中将离开发射体区的电子温度 $T_{e,ins}$ 作为自由参数,当空心阴极工作在斑状模式时,此值可以认为是恒定值。通常,式(7-56)相对于原子激发等能量损失数值非常小。

通过以上讨论,阴极顶小孔区欧姆加热效应被表示为空心阴极工作过程中的等离子体放电等能量损失过程,此热过程被表示为电子温度、电流和密度等相关量的函数。

2) 空心阴极发射体区

在空心阴极稳态工作状态下,发射体区的热过程也可以采用能量传输过程进行表征,其媒介为发射体腔体内的等离子体。发射体区能量的输入和输出均来自本区的电子对流和小孔区的离子对流,还有一部分为欧姆加热。

发射体区热离化电子对流能量为

$$q_{thm} = I_{e,thm}\left(V_f + \frac{3kT_{ins}}{2e}\right) \tag{7-57}$$

式中,电势降 V_f 近似等于等离子电势。

来自小孔区的离子对流能量为

$$q_{i,ori} = (0.61 n_e c_i e\pi r_0^2)_{ori}\left(V_{ds} + \frac{2kT_i}{e}\right) \tag{7-58}$$

到达上游小孔边界的平均离子流热能为 $2kT_i$,因为能量传输更青睐高能粒子。在发射体区和小孔区边界的电势降是由等离子体双鞘层效应引起的,双鞘层电势降 V_{ds} 为

$$V_{ds} = \left(\frac{9I_D kT_e}{7.5A_0 n_e e^2}\sqrt{\frac{m_e}{2e}}\right)^{\frac{2}{3}} \tag{7-59}$$

采用与小孔区相同的方式对耦合加热进行描述。假设等离子体电阻率由等离子体平均密度和温度确定。欧姆加热表示为

$$q_{Ohmic} = I_{e,ins}^2 \eta \frac{r_i}{\frac{4}{3}r_i L_{eff}} \tag{7-60}$$

式(7-60)的能量损失机理与小孔区相似,来自发射体区离子损失、激发碰撞、电子

电流传到和反流到发射体的电子等。式中，η 为等离子体电阻率；r_i 为发射体区的半径；L_{eff} 为发射体有效的发射长度。

同样，上述内容将空心阴极发射体区的热过程表示为放电等离子体参数和阴极结构参数。

7.3.4　半经验分析模型

本小节内容可参考谷增杰等(2017)的文献。

空心阴极自身的放电特性主要取决于发射体区和阴极顶小孔区等离子体过程，本小节将讨论针对空心阴极工作过程的基于物理过程的半经验分析模型。该模型所涉及的关键结构尺寸包括空心阴极发射体区内径 D 和长度 L、阴极顶小孔区直径 d 和长度 l，建模区域如图 7-11 所示。

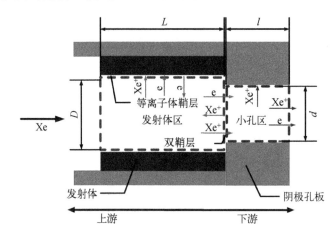

图 7-11　空心阴极关键结构尺寸和模型计算区域

在发射体区，等离子体输运主要取决于碰撞过程，可用径向扩散方程描述。平均等离子体参数可由扩散平衡和能量平衡关系求解，发射体温度由电流平衡关系确定。对于大长径比的节流型空心阴极，阴极顶小孔区等离子体密度高于发射体区，离子流动过程会因电荷交换碰撞平均自由程较小而受限，因此扩散效应是阴极顶小孔区离子的主要运动属性，仍然可用扩散方程描述等离子体输运特性，平均等离子体参数可由能量平衡关系求得。

1. 发射体区模型

1）能量平衡

发射体区的能量平衡关系包括发射体区等离子体能量平衡和发射体能量平衡。由于空心阴极内等离子体密度足够大，激发和辐射能量可由等离子体重新吸收，所以模型忽略激发和辐射能量。

发射体区能量平衡方程为

$$I_t\phi_s + R_{ins} \cdot I_d^2 = I_iU^+ + \frac{5}{2}T_{eV,ins}I_d + (2T_{eV,ins} + \phi_s)I_{e,r} \qquad (7-61)$$

式中,I_t 为热发射电流;ϕ_s 为发射体表面鞘层电压;R_{ins} 为发射体区等离子电阻;I_d 为放电电流;I_i 为发射体区离子电流;U^+ 为氙原子第一电离能;$T_{eV,ins}$ 为发射体区电子温度,$I_{e,r}$ 为从发射体区返回发射体表面的电子电流。

发射体能量平衡关系为

$$H(T) + I_t\phi_{wf} = I_i\left(U^+ + \phi_s + \frac{T_{eV}}{2} - \phi_{wf}\right) + (2T_{eV,ins} + \phi_{wf})I_{e,r} \qquad (7-62)$$

式中,T 为发射体温度;ϕ_{wf} 为发射体逸出功;$H(T)$ 为辐射和传导引起的发射体能量损失。$H(T)$ 中,辐射散失能量与温度 T 的四次方成正比,传导散失能量与温度 T 的一次方成正比,$H(T)$ 的表达式可由 T 的一元四次多项式方程拟合得到。因为空心阴极外侧使用多层隔热材料做了很好的热屏蔽,辐射散失受到抑制,所以 $H(T)$ 表达式中由热传导决定的一次项起主导作用。那么,在空心阴极发射体工作温度范围之内,可以用线性拟合的方法得到 $H(T)$ 的表达式。

发射体表面的热发射电流 I_t 由 Richardson – Dushman 方程给出:

$$I_t = A \cdot D_{emitter}T^2\exp\left[-e\phi_{wf}/(kT)\right] \qquad (7-63)$$

式中,A 为有效发射面积;$D_{emitter}$ 为与发射体材料有关的常数。经过发射体表面鞘层加速轰击发射体表面的离子电流 $I_{i,ins}$ 由玻姆判据给出:

$$I_{i,ins} = eA \cdot \frac{1}{2}n_{e,sheath}\sqrt{\frac{kT_{e,ins}}{M}} \qquad (7-64)$$

式中,$n_{e,sheath}$ 为鞘层附近等离子体密度;$T_{e,ins}$ 为发射体区电子的绝对温度;M 为氙原子和氙离子质量。假设电子温度服从麦克斯韦分布,则返回发射体表面的电子流 $I_{e,r}$ 为

$$I_{e,r} = eA \cdot n_{e,sheath}e^{-\phi_s/T_{eV,ins}} \cdot \frac{1}{4}\sqrt{\frac{8kT_{e,ins}}{\pi m}} \qquad (7-65)$$

式中,m 为电子质量。

2) 电流平衡

发射体区带电粒子守恒关系由电流平衡方程给出:

$$I_d = I_t + I_{i,ins} - I_{e,r} \qquad (7-66)$$

式中,$I_{i,ins}$ 为发射体区产生的离子电流,表达式为

$$I_{\text{i, ins}} = n_{\text{o, ins}} n_{\text{e, ins}} e \langle \sigma_i v_e \rangle_{\text{ins}} V_{\text{ins}} \qquad (7-67)$$

式中，$n_{\text{o, ins}}$ 为发射体区中性原子密度；$n_{\text{e, ins}}$ 为等离子体密度；$\langle \sigma_i v_e \rangle_{\text{ins}}$ 为电离速率系数，是与电离截面积 σ_i 和电子温度有关的函数；V_{ins} 为发射体区体积。

3）扩散平衡

发射体区等离子体输运过程中碰撞起主导作用，通过求解圆柱形几何区域的径向扩散方程可以得到一个只与电子温度有关的特征方程：

$$\left(\frac{R}{\lambda_{01}} \right)^2 n_{\text{o, ins}} \sigma_i (T_{\text{e, ins}}) \sqrt{\frac{8kT_{\text{e, ins}}}{\pi m}} - D_{\text{ins}} = 0 \qquad (7-68)$$

式中，R 为发射体内表面半径；λ_{01} 为零阶贝塞尔函数的初始零点；D_{ins} 为扩散系数。由于电子扩散速度远高于离子，所以双极扩散系数为

$$D_{\text{ins}} = \frac{e}{M} \frac{(T_{\text{iV, ins}} + T_{\text{eV, ins}})}{\sigma_{\text{CEX, ins}} n_{\text{o, ins}} v_{\text{scat}}} \qquad (7-69)$$

式中，$T_{\text{iV, ins}}$ 为离子温度；$T_{\text{eV, ins}}$ 为电子温度，离子的扩散主要由离子与中性气体的电荷交换碰撞决定；$\sigma_{\text{CEX, ins}}$ 为电荷碰撞交换系数；离子散射速度 v_{scat} 由热扩散速度近似。

阴极顶小孔区的流阻远大于发射体区，压强梯度大，入口处的压强显著高于出口处，且羽流区为高真空空间，因此可假设出口压强为零。发射体区气体密度 $n_{\text{o, ins}}$ 可以根据氙气流率、节流孔直径、阴极顶温度等参数利用黏滞流流导公式进行计算。

$$Q = \frac{\pi}{16\xi} \frac{r^4}{l} \frac{P^2}{T} T_{\text{m}} = \frac{\pi}{16\xi} \frac{r^4}{l} \frac{P^2}{T_{\text{r}}} \qquad (7-70)$$

$$n_{\text{o, ins}} = 9.65 \times 10^{24} \times \frac{P}{T} (\text{m}^{-3}) \qquad (7-71)$$

式中，ξ 为气体黏性系数；T 为气体温度。

2. 阴极顶小孔区模型

1）能量平衡

阴极顶小孔区能量平衡方程为

$$I_{\text{d}}^2 R_{\text{ori}} = \frac{5}{2} I_{\text{d}} \left(\frac{kT_{\text{e, ori}}}{e} - \frac{kT_{\text{e, ins}}}{e} \right) + n_{\text{o, ori}} n_{\text{e, ori}} e \langle \sigma_i v_e \rangle_{\text{ori}} V_{\text{ori}} \cdot U^+ \qquad (7-72)$$

式中，R_{ori} 为阴极顶小孔区等离子体电阻；$T_{\text{e, ori}}$ 为阴极顶小孔区电子绝对温度；$n_{\text{o, ori}}$ 为中性气体密度；$n_{\text{e, ori}}$ 为等离子体密度；$\langle \sigma_i v_e \rangle_{\text{ori}}$ 为电离速率系数；V_{ori} 为阴极顶小孔区体积。

2）扩散平衡

阴极顶小孔区依然由径向扩散主导等离子扩散过程，该过程中的特征方程为

$$\left(\frac{r}{\lambda_{01}}\right)^2 n_{o, ori} \sigma_i(T_{e, ori}) \sqrt{\frac{8kT_{e, ori}}{\pi m}} - D_{ori} = 0 \qquad (7-73)$$

式中，r 为节流孔半径。在阴极顶小孔区扩散方程求解中，依然需要求解阴极顶小孔区中性气体密度。考虑到阴极顶小孔区流阻较大，压强从入口到出口基本是随节流孔长度线性下降的，本模型中以节流孔中点的压强作为平均压强，计算方法与发射体区的方法类似。

3）模型求解

定义空心阴极设计尺寸：发射体内径 R 和长度 L、节流孔半径 r 和长度 l。定义发射体材料特性参数：功函数 ϕ_{wf} 和 $D_{emitter}$，温度与散热功率之间的函数 $H(T)$。假设工况参数：工质流率 Q、放电电流 I_d 作为输入条件。预求解的发射体区参数：发射体区电子温度 $T_{eV, ins}$、发射体区等离子体密度 $n_{e, ins}$、中性原子密度 $n_{o, ins}$、阴极鞘层边界等离子体密度 $n_{e, sheath}$、鞘层电势差 ϕ_s、发射体温度 T。

根据发射体区能量平衡和电流平衡关系可得

$$\frac{R_{ins} I_d^2 + I_d\left(\phi_s + \frac{5}{2} T_{eV, ins}\right)}{H(T) + I_d \phi_{wf}} = \frac{U^+ + \phi_s + 2T_{eV, ins}\left(\frac{2m_i}{\pi m_e}\right) e^{-\phi_s/T_{eV, ins}}}{U^+ + \phi_s + \frac{T_{eV}}{2} + 2T_{eV, ins}\left(\frac{2m_i}{\pi m_e}\right) e^{-\phi_s/T_{eV, ins}}}$$

$$(7-74)$$

空心阴极多数情况下 $T_{eV, ins}/2 \ll (U^+ + \phi_s)$，式(7-74)可进一步简化得到鞘层电压。

$$\phi_s = \frac{H(T)}{I_d} + \frac{5}{2} T_{eV, ins} + \phi_{wf} - I_d R_{ins} \qquad (7-75)$$

将式(7-75)代入式(7-61)，可以用折半查找法求得发射体区等离子体密度 $n_{e, ins}$，再由式(7-65)和式(7-72)求解得到 $n_{e, sheath}$，利用式(7-74)求解得到 ϕ_s。

阴极顶小孔区中性气体密度 $n_{o, ori}$ 和电子温度 $T_{eV, ori}$ 求解方法与发射体区类似，采用折半查找法用式(7-72)得到阴极顶小孔区等离子体密度 $n_{e, ori}$。由式(7-64)和式(7-67)迭代计算发射体温度 T。

最后，计算总电压降为

$$U = U_{ins} + U_{ori} = (\phi_s + I_d R_{ins}) + I_d R_{ori} \qquad (7-76)$$

以兰州空间技术物理研究所 LHC - 5L LaB$_6$ 发射体空心阴极为例，对上述模型

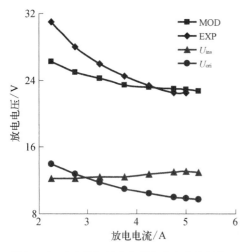

图 7 - 12　空心阴极放电电压与放电电流的关系

进行验证。图 7 - 12 中 MOD 标识为仿真结果，EXP 标识为试验结果，U_{ori} 和 U_{ins} 分别为仿真所得阴极顶小孔区电压降和发射体区电压降。

图 7 - 12 显示随放电电流增加阴极顶小孔区电压降 U_{ori} 显著下降，发射体区电压降 U_{ins} 缓慢升高，总电压降 U 呈下降趋势。由式（7 - 75）可得

$$U_{ins} = \phi_s + I_d R_{ins} = \frac{H(T)}{I_d} + \frac{5}{2} T_{eV,\,ins} + \phi_{wf} \tag{7-77}$$

U_{ins} 的变化主要受 $H(T)/I_d$、$T_{eV,\,ins}$ 和 ϕ_{wf} 影响。发射体区压强一般高于 10^2 Pa，电子与其他粒子能量交换比较充分，电子温度 $T_{eV,\,ins}$ 通常在 $1 \sim 2$ eV，所以 $T_{eV,\,ins}$ 变化不是影响发射体区电压的主要因素。ϕ_{wf} 由发射体材料决定，不随工况变化。在其他条件一定的情况下，放电电流变化主要影响 $H(T)/I_d$，其实质是放电电流 I_d 与发射体温度 T 之间呈指数关系变化，即很小的温度变化量即可以引起很大的放电电流变化量，而阴极热损耗 $H(T)$ 随发射体温度 T 变化接近线性关系。因此，放电电流 I_d 增加，发射体温度 T 升高，$H(T)/I_d$ 的分子 $H(T)$ 线性增加，分母 I_d 指数增加，故发射体区电压降 U_{ins} 显著下降。

$H(T)$ 的线性处理是仿真和试验之间存在偏差的主要原因，当放电电流 I_d 较低时，$H(T)$ 线性近似值比实际值小，发射体区电压降 U_{ins} 比实际值也小，导致理论计算所得放电电压比试验值偏低。随着放电电流升高，$H(T)$ 线性近似值与实际值偏差变小，理论计算所得放电电压与试验值吻合度升高。

阴极顶小孔区电压随放电电流增加变化较小，由式（7 - 72）得

$$U_{ori} = I_d R_{ori} = \frac{5}{2}\left(\frac{kT_{e,\,ori}}{e} - \frac{kT_{e,\,ins}}{e} \right) + \frac{I_{i,\,ori}}{I_d} U^+ \tag{7-78}$$

式中，$I_{i,\,ori} = n_{o,\,ori} n_{e,\,ori} e \langle \sigma_i v_e \rangle_{ori} V_{ori}$ 为阴极顶小孔区离子电流。决定阴极顶小孔区电压降 U_{ori} 的关键因素是阴极顶小孔区与发射体区电子温度的差值，以及阴极顶小孔区离子电流 $I_{i,\,ori}$ 与放电电流 I_d 的比值。流率不变，阴极顶小孔区中性原子密度 $n_{o,\,ori}$ 无显著变化，根据式（7 - 73）阴极顶小孔区电子温度 $T_{eV,\,ori}$ 基本不变，而发射区电子温度 $T_{eV,\,ins}$ 变化也较小，求解式（7 - 72）可以看到，等离子密度 $n_{e,\,ori}$ 随放电电流的增加而增大，其比值 $I_{i,\,ori}/I_d$ 几乎不变，因此阴极顶小孔区电压降 U_{ori} 变化较小。

图 7 - 13 为固定放电电流的情况下，放电电压随氙气流率的变化关系，可以看

出,随着氙气流率增加,试验(EXP 标识)和仿真(MOD 标识)所得放电电压均呈下降趋势,超过一定氙气流率时,下降速度变缓。图 7-13 中,发射体区电压降 U_{ins} 几乎不变,这可从式(7-77)得到解释,放电电流 I_d 固定不变,ϕ_{wf} 为常数,发射体区电子温度 $T_{eV, ins}$ 变化较小,所以发射体区电压降 U_{ins} 只随着电子温度发生很小的变化;阴极顶小孔区电压降 U_{ori} 的变化趋势取决于阴极顶小孔区电阻率 η_{ori} 的变化,而阴极顶小孔区电阻率 η_{ori} 是电子温度 $T_{eV, ori}$、等离子体密度 $n_{e, ori}$ 和中性原子密度 $n_{o, ori}$ 共同作用的结果,并且三个因素均与阴极顶小孔区压强相关,即与氙气流率相关,提取模型计算得到的三个变量值计算可得阴极顶小孔区电阻率 η_{ori},进而得到电阻率 η_{ori} 随氙气流率的增大而逐渐减小的结论,所以阴极顶小孔区电压降 U_{ori} 随流率的增大而减小。

图 7-14 为放电电流 5 A、氙气流率为 1 ml/min 时,空心阴极放电电压随节流孔直径的变化关系,仿真得到放电电压(MOD 标识)随着节流孔直径的增大呈先降低后升高的趋势,试验得到上升段的三组数据(EXP 标识)与仿真结果变化趋势一致。

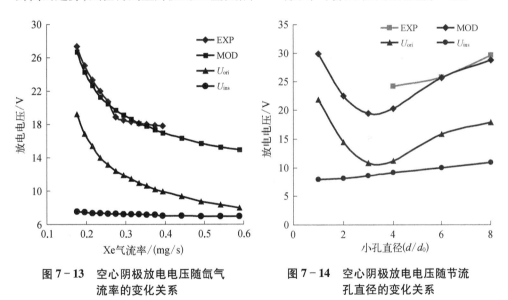

图 7-13 空心阴极放电电压随氙气
流率的变化关系

图 7-14 空心阴极放电电压随节流
孔直径的变化关系

节流孔直径变化对放电电压的影响,也是通过影响发射体区和阴极顶小孔区压强实现的。求解式(7-69)可知,发射体区电子温度随着压强升高而升高,由式(7-77)可以看出,发射体区电压降 U_{ins} 会随电子温度的升高而升高。对于阴极顶小孔区电压降 U_{ori},当节流孔直径过大时,阴极顶小孔区和发射体区中性原子密度、等离子体密度都会下降,电子温度会升高,阴极顶小孔区电阻率变大,U_{ori} 也会随之增大;当节流孔直径过小时,等离子体密度和中性原子密度随着节流孔直径减小而增大,此时离子电流增加成为主导因素,由式(7-78)可知,U_{ori} 随着离子电流的增大而升高。

图 7 - 15 为氙气流率 1 ml/min 时，LaB₆ 发射体温度随放电电流的变化关系。由图 7 - 15 可以看出，试验（EXP 标识）和仿真（MOD 标识）所得发射体温度均随放电电流的增大呈升高趋势，这是因为放电电流的增大是通过增大发射体发射热

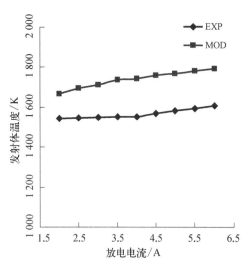

图 7 - 15   空心阴极发射体温度随放电电流的变化关系

电子电流实现的，发射体温度升高才能满足发射电子电流密度需要。由于试验采用光学高温计透过玻璃观察窗测温，所以通常测温结果比实际温度要低约 50℃。另外，本试验中用阴极顶温度近似代替发射体温度，实际上由于空心阴极工作过程，阴极顶的温度是由于发射体向其传热平衡所决定的，因此光学高温计测量所得阴极顶温度（EXP 标识）低于仿真所得发射体温度（MOD 标识）。并且，随着放电电流越大，空心阴极总体发热量也越大，发射体向阴极顶的传热量越大，相互间温差也因此越大，所以如图 7 - 15 所示温度模拟结果与试验测试结果的差值也越大。

由图 7 - 12~图 7 - 15 模型和试验结果比较可知，参数设置在一定范围之内，分区均布模型计算结果与试验结果基本吻合。

7.4   空心阴极损耗与退化

7.4.1   发射体损耗过程

1. 发射体损耗速率

离子电推进空心阴极发射体损耗与寿命的关系比较容易理解，即随着空心阴极工作时间延长，电子源发射体材料会不断损失，直至发射体剩余量不足以支持空心阴极发射足够电子。空心阴极中发射体损耗机制包括热蒸发损失和离子溅射轰击损失两类。离子电推进通常采用的空心阴极为节流孔式空心阴极，此类空心阴极稳态工作时，发射体的加热机制为小孔加热，因此离子溅射轰击对发射体造成的材料损失可以忽略，下面重点讨论热蒸发损失。

由于储备式钡钨阴极与 LaB₆ 空心阴极电子发射机理和物理过程不同，所以其材料热蒸发的规律也有所不同。

对于钡钨阴极，热蒸发速率与自由钡的生成相关，受到发射体材料扩散速率的影响，热扩散过程可参见 7.2.1 节。活性物质从发射体表面的蒸发速率 dM/dt [单

位：mg/(cm^2·s)]与温度 T 的关系可表示为

$$\frac{\mathrm{d}M}{\mathrm{d}t} = C\exp\left(-\frac{Q_e}{kT}\right)$$

式中,C 对于给定物质为常数；Q_e 为蒸发激活能。这两个参数由试验确定。图 7-16 为钡钨发射体材料典型的热蒸发速率与温度的关系曲线。

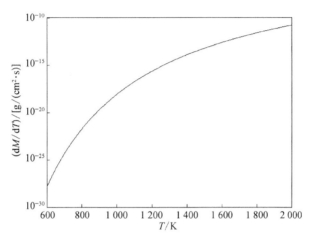

图 7-16　钡钨发射体材料典型的热蒸发速率与温度的关系曲线(纵轴取对数坐标)

LaB$_6$ 发射体材料由于不存在活性原子的迁移和扩散问题,一般认为其是体发射材料的直接蒸发,根据试验数据拟合得到的材料热蒸发速率表达式为

$$\frac{\mathrm{d}M}{\mathrm{d}t} = A\exp(BT) \tag{7-79}$$

式中,A 和 B 均为常数。图 7-17 为 LaB$_6$ 发射体材料蒸发速率与温度的关系变化趋势曲线图。

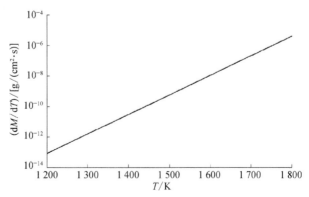

图 7-17　LaB$_6$ 发射体材料蒸发速率与温度的关系曲线(纵轴取对数坐标)

2. 发射体损耗与空心阴极寿命的关系

钡钨阴极的蒸发速率在空心阴极工作过程中是不断降低的,空心阴极工作早期的蒸发比较严重,其变化趋势如图 7−18 所示。进一步的分析表明,蒸发速率大体上和工作时间 t 的平方根成反比,即

$$\frac{\mathrm{d}M}{\mathrm{d}t} = Gt^{-1/2} \tag{7−80}$$

式中,G 为与阴极性质和工作温度有关的常数。阴极蒸发速率随工作时间的这种变化,是因为在阴极工作的初期产生自由钡的反应在整个海绵体中进行,近表层产生的钡除维持阴极表面的活性外,很大一部分都蒸发掉了。随着工作时间的增加,近表层的活性物质消耗掉了,这时在海绵体内部产生的钡需要通过海绵体的孔隙扩散出来。工作时间越长,活性物质消耗得越多,内部的钡向外扩散时所通过的扩散路径也越长,这就导致蒸发速率不断降低。

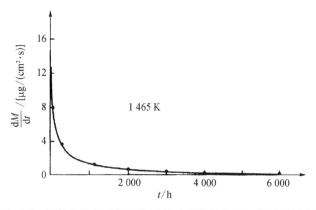

图 7−18   钨基体储备式铝酸盐阴极的蒸发速率随工作时间的变化

钨基体储备式空心阴极发射体的蒸发损失通常用氧化钡的损失深度表征,即随着空心阴极工作时间越长,氧化钡在钨基体内的损失深度将不断加深。根据此种表征方法,Palluel 等(1980)针对离子电推进储备式钡钨空心阴极建立了钡蒸发速率与阴极寿命的关系函数:

$$d = A(T)t^{1/2} \tag{7−81}$$

式中,损失深度 d 与工作时间 t 的开方成正比,与工作温度相关的常数 $A(T)$ 成正比;T 为发射体温度。阴极的工作温度可以通过 Richardson − Dushman 方程计算获得,即

$$J = 120T^{2}\exp\left(\frac{e\phi_{\mathrm{e}}}{kT}\right) \tag{7−82}$$

对于体发射材料 LaB_6,发射体材料热蒸发损失可以直接通过材料的损失深度表示。

$$d = A \cdot \exp\left(-\frac{B}{RT}\right) \qquad (7-83)$$

对于 LaB_6,A 取 4×10^{14} $\mu m/h$,B 取 570×10^3 J/mol。其中的温度 T 同样可以通过 Richardson - Dushman 方程获得。图 7-19 是兰州空间技术物理研究所郭宁等(2009)得到的 LaB_6 空心阴极发射体材料热蒸发速率随发射电流密度的变化关系。

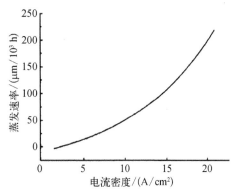

图 7-19　LaB_6 发射体材料蒸发速率随发射电流密度的变化关系

7.4.2　触持极损耗过程

本小节内容可参考 Domomkos 等(2005)的文献。

在离子推力器工作过程中,空心阴极触持极裸露在载能等离子体氛围中极易造成结构材料的溅射刻蚀。空心阴极触持极的主要作用一方面是保护阴极体免受放电室等离子体中离子轰击导致的过分腐蚀;另一方面是降低点火温度并维持放电。一旦触持极溅射刻蚀失效,阴极顶和加热器就会暴露,导致溅射率明显升高,因此触持极寿命终结不会导致空心阴极寿命终结,但会加速空心阴极的失效。

容易理解,触持极损耗与寿命的关系可以表示为触持极厚度减小速率与触持极总厚度的关系。由于离子推力器放电电压普遍在 30 V 左右,存在高电荷态离子的概率极低,假设对触持极表面造成溅射刻蚀的主要是单荷和双荷离子。因此,单位时间内轰击到触持极表面的氙离子造成的材料溅射率(材料原子数刻蚀率)为

$$dN/d\tau = j^+ Y(E^+) + j^{++} Y(E^{++}) \qquad (7-84)$$

式中,N 为触持极材料溅射原子数;τ 为时间;$j^+ Y(E^+)$ 和 $j^{++} Y(E^{++})$ 分别为单荷和双荷离子造成的触持极材料溅射率。

轰击离子对应的溅射产额为

$$Y(E) = f(E - E_{th})^2 \qquad (7-85)$$

式中,E 为入射离子的能量;E_{th} 为触持极材料的溅射能量阈值。

轰击到触持极表面造成材料溅射刻蚀的能量为

$$E^+ = k(V_p - V_k) , \ E^{++} = 2k(V_p - V_k) \tag{7-86}$$

式中，E^+ 和 E^{++} 分别表示单荷和双荷离子的轰击入射能量；k 为玻尔兹曼常量；V_p 和 V_k 分别表示离子电势和触持极电势。

在分析中同时考虑离子本身的热速度影响，因此轰击到触持极表面的法向速度定义为 z 方向，可表示为

$$V_z^+ = v_{z,\text{th}}^+ + v_{z,\Delta V}^+ = v_{z,\text{th}}^+ + \sqrt{\frac{2e(V_p - V_k)}{M_i}}$$

$$V_z^{++} = v_{z,\text{th}}^{++} + v_{z,\Delta V}^{++} = v_{z,\text{th}}^{++} + \sqrt{\frac{4e(V_p - V_k)}{M_i}} \tag{7-87}$$

式中，V_z^+ 和 V_z^{++} 分别为单荷和双荷离子的轰击速度；$v_{z,\text{th}}^+$ 和 $v_{z,\text{th}}^{++}$ 分别为单荷和双荷入射离子热速度的法向分量。

因为离子轰击材料表面的溅射产额还和入射角度相关，所以考虑 x 和 y 方向的速度分量影响的溅射产额表达式为

$$\overline{Y}^j = \left(\int_{-\infty}^{\infty} \mathrm{d}v_x^j \int_{-\infty}^{\infty} \mathrm{d}v_y^j \int_0^{\infty} \mathrm{d}v_{z,\text{th}}^j \, Y(v_x^j, \ v_y^j, \ v_{z,\text{th}}^j + v_{z,\Delta V}^j, \ E_{\text{th}}) \right.$$

$$\times \left(\frac{m}{2\pi k T_i^j} \right)^{\frac{3}{2}} \exp\left\{ -\frac{m}{2k T_i^j} \left[(v_x^j)^2 + (v_y^j)^2 + (v_{z,\text{th}}^j)^2 \right] \right\} \Big) \Big/$$

$$\left(\int_{-\infty}^{\infty} \mathrm{d}v_x^j \int_{-\infty}^{\infty} \mathrm{d}v_y^j \int_0^{\infty} \mathrm{d}v_{z,\text{th}}^j \left(\frac{m}{2\pi k T_i^j} \right)^{\frac{3}{2}} \right.$$

$$\left. \times \exp\left\{ -\frac{m}{2k T_i^j} \left[(v_x^j)^2 + (v_y^j)^2 + (v_{z,\text{th}}^j)^2 \right] \right\} \right) \tag{7-88}$$

式中，将溅射产额表示为被轰击材料溅射能量阈值与入射离子速度向量的函数；上标 j 表示入射离子的种类。

为了分别求解轰击到触持极表面的单荷和双荷离子流，需要定义双荷、单荷离子比。

$$R = \frac{I_k^{++}}{I_k^+} = 2j^{++} / j^+ \tag{7-89}$$

因此，触持极电流表示为

$$I_k = ej^+ + 2ej^{++} \qquad (7-90)$$

为了便于计算结果与试验结果比对,往往需要将材料的溅射损失质量转换为体积损失:

$$V_a = M_a / \rho \qquad (7-91)$$

试验测量和数学拟合的触持极顶板上的电流径向分布特征如图 7-20 所示,数学表达式为

$$J_k(r) = I_k(a + br^c) \qquad (7-92)$$

式中,a、b、c 为拟合常数。

基于上述讨论,触持极厚度溅射刻蚀变化率可以表示为触持极电流和溅射产额的关系。

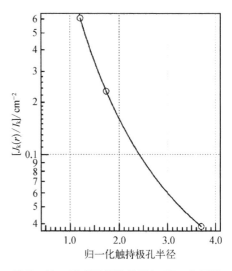

图 7-20　试验测得的美国 NEXT 离子推力器触持极电流径向分布特征

$$\frac{dt(r)}{d\tau} = \frac{J_k(r)}{e} \left[\frac{1}{1+R} Y(E^+) + \frac{R}{2(1+R)} Y(E^{++}) \right] V_a \qquad (7-93)$$

式中,V_a 为溅射引起的体积变化量;$dt(r)/d\tau$ 为触持极厚度随时间的变化率。

假设触持极厚度为 L,且当触持极全部溅射刻蚀完时为寿命终结,则触持极溅射刻蚀损失与寿命 h 的关系可表示为

$$h = L / [\,dt(r)/d\tau\,] \qquad (7-94)$$

7.4.3　空心阴极中毒

电推进空心阴极中毒是指发射体材料与推进剂工质气体中的氧化性杂质反应或发射体表面被无电子发射能力的杂质覆盖,导致发射体失去电子发射能力或发射性能下降。空心阴极发射体材料中毒后,表现为工作电压升高或无法引出所需电子电流值,其内在机理为发射体电子发射温度升高。造成空心阴极中毒的原因很多,当中毒因素去除后发射能自动恢复的称为可逆性中毒,发射不能自动恢复的称为不可逆中毒。不可逆中毒又分暂时性中毒和永久性中毒。前者经过适当处理可以使发射得以恢复,而后者经过任何处理也不能恢复发射。

对于钡钨空心阴极,造成发射体材料污染和中毒的成分主要是推进剂气体中或本底真空内残余的氧化性气体,主要包括氧气（O_2）、水蒸气（H_2O）、一氧化碳（CO）和二氧化碳（CO_2）等。在空间电推进领域应用中,对于钡钨发射体空心阴极通常最为关心的是氧气和水蒸气杂质。

　　为了更好地理解钡钨空心阴极中毒行为,首先分析钡钨阴极的电子发射机理。钡钨阴极具有较高的电子发射效率是因为其表面形成了利于电子发射的低功函数体系,如图7-2所示。可以认为这个体系是由基底金属M与O原子和金属Ba原子形成的类似三明治的夹层结构,基底原子处于底层,Ba原子处于顶层,O原子作为夹层存在;而且认为Ba原子与O原子数量为1:1并构成偶极子,偶极矩的存在极大地降低了基底原子的逸出功,但是金属表面的平均功函数的降低程度与Ba-O偶极子的密度有关,密度越大,平均功函数变化越大,即三明治发射体系的平均功函数越低。对于钡钨阴极,其主要差别有两项:首先是基底金属有差别,即基底金属原子的逸出功有差别;其次Ba-O偶极子的密度有差别。这两项差别造就了各类阴极不同的功函数和电子发射能力。

　　钡钨空心阴极发射体表面的低功函数体系由金属M的功函数及Ba的覆盖度决定,首先由于对于金属不同晶格表面的功函数是存在差异的,其次因为基体为多孔结构,分布不规则、Ba的迁移距离不等也会造成阴极表面的Ba分布不均,所以阴极表面的功函数分布也不是均匀一致的,而是存在起伏。最新的研究还发现,O原子在形成低功函数体系中发挥了至关重要的作用,虽然在多数工作环境中并不缺少O原子,但是实际研究发现,一旦O原子缺乏低功函数体系同样不能有效建立,而且低功函数体系形成的速度由O原子的迁移速率决定。

　　钡钨阴极的中毒过程为:首先,最外层表面Ba原子层的破坏,使得Ba的覆盖度下降;其次,处于中间层的O原子脱离,进而影响Ba原子的覆盖度;最后,金属基底发生改变,如涂覆的膜层脱落,造成基底功函数改变,进而影响整个功函数发射体系。

　　影响阴极表面钡覆盖度的可能有物理因素,也可能有化学因素。

　　物理因素,即表面钡原子在离子轰击情况下从阴极表面脱离,而且钡脱离的速率大于补充的速率,使得阴极表面的钡覆盖度快速下降,发射电流密度也相应降低。

　　化学因素,即存在氧化性较强的物质与阴极表面的钡结合,使得阴极表面的钡覆盖度降低,或者使钡失去活性进而使得阴极表面的功函数升高、发射电流下降,如氧原子等。氧原子与钡原子可能发生化学反应,形成氧化钡等物质,使得阴极表面的钡覆盖度下降,发射电流降低,造成阴极中毒。阴极中毒的影响还包括阴极的发射均匀性,阴极表面钡分布本就存在起伏,表层钡在外部因素作用下减少会进一步加剧这种起伏,使得阴极表面的电子发射更加不均匀。钡钨发射体材料污染或中毒典型的化学反应为

$$
\begin{aligned}
&\mathrm{Ba} + \mathrm{O} \longrightarrow \mathrm{BaO} \\
&\mathrm{BaO} + \mathrm{H_2O} \longrightarrow \mathrm{Ba(OH)_2} \\
&\mathrm{BaO} + \mathrm{CO_2} \longrightarrow \mathrm{BaCO_3}
\end{aligned}
\tag{7-95}
$$

LaB_6 材料化学反应不敏感,因此具有很强的抗中毒能力。电推进空心阴极供给高纯氙气中杂质气体与 LaB_6 材料发生化学反应的主要中毒过程,可表示为

$$2LaB_6 + 10.5O_2 \longrightarrow La_2O_3 + 6B_2O_3 \tag{7-96}$$

La_2O_3 化合物熔点为 2 315℃,沸点为 4 200℃。B_2O_3 化合物在超过 1 000℃即蒸发。耐高温的 La_2O_3 附着在发射体表面,降低材料的电子发射性能。

NASA 喷气推进试验室(Jet Propulsion Laboratory,JPL)等电推进技术研究单位对钡钨和 LaB_6 阴极电子发射性能对工质气体中氧和水蒸气的敏感性开展了试验测试,测试结果如图 7-21 所示。

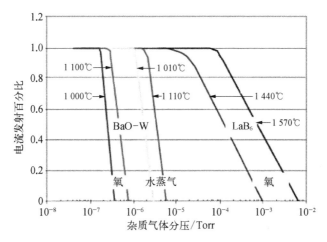

图 7-21　不同温度下,钡钨阴极和 LaB_6 阴极材料电子
发射电流与氧分压和水分压的关系

综上,为了避免空心阴极工作过程中出现中毒现象,一方面要提高推进剂气体的纯度,目前长寿命离子电推进采用的高纯氙气源纯度达到了 99.999 5%;另一方面要优化空心阴极发射体材料与结构材料的高温匹配性。

参考文献

承欢,江建平,1986. 阴极电子学. 西安:西北电讯工程学院出版社.
谷增杰,郭宁,贾艳辉,等,2017. 离子推力器空心阴极分区均布模型研究. 推进技术,38(8): 1900-1906.
郭宁,江豪成,顾左,2009. 离子发动机空心阴极寿命预测. 真空科学与技术学报,46(4): 83-85.
贾艳辉,张天平,2016. 空间用 LaB_6 空心阴极最新研究进展及发展趋势. 真空科学与技术学报,36 (6): 690-698.
江建平,翁甲辉,等,1980. 阴极电子学与气体放电原理. 北京:国防工业出版社.
林祖伦,王小菊,2013. 阴极电子学. 北京:国防工业出版社.
刘学悫,1980. 阴极电子学. 北京:科学出版社.

Domomkos M, Foster J E, Soula G C, 2005. Wear testing and analysis of ion engine discharge cathode keeper. Journal of Propulsion and Power, 21(1): 102 – 110.

Jonathan L V N, 1999. Thermal modeling of an thruster. Ann Arbor: The University of Michgan.

Palluel P, Shroff A M, 1980. Experimental study of impregnated cathode behavior, emission, and life. Journal of Applied Physics, 51(5): 2984 – 2902.

Sengupta A, 2005. Destructive physical analysis of hollow cathodes from the Deep Space 1 flight spare ion engine 30,000 hr life test. Princeton: Princeton University.

Thomas M D, 1999. Evaluation of low-current orificed hollow cathodes. Michigan: The University of Michigan.

第8章
材料物理及其表面过程

8.1 离子推力器材料及界面的基本问题

8.1.1 离子推力器基本结构及工作原理

离子推力器的基本结构如图 8-1 所示,尾部主要由高压气体绝缘器、推进剂气体分配器、永磁体和主阴极构成,中部主要由阳极和永磁体构成,顶部主要由屏栅和加速栅等零件组成的离子光学引出系统(栅极组件)构成,栅极和阳极围成的中间区域是放电室,离子束流中和器置于推力器放电室外部靠近出口一侧。

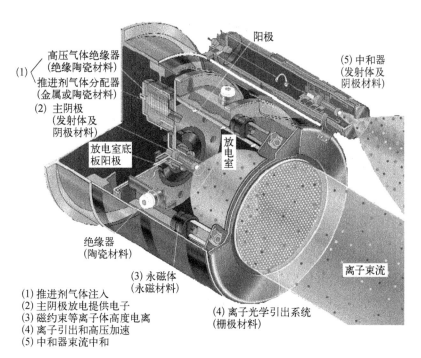

图 8-1 离子推力器的基本结构示意图

图 8-2 为离子推力器的剖面结构及主要材料示意图。从工作原理上来看,离子推力器放电室主阴极放电产生大量原初电子,通过永磁体在放电室内部产生的会切万兹场约束电子并高效电离推进剂气体产生高密度等离子体。栅极离子光学系统则通过外加正负偏压电场提取并加速离子使其高速排出产生推力,离子束流最终通过中和器产生的电子实现中和,使得离子推力器能够自洽地稳态运行。

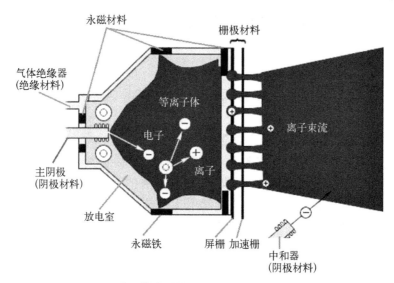

图 8-2　离子推力器的剖面结构及主要材料示意图

根据离子推力器的结构和工作原理,实现等离子体的稳态放电和束流聚焦加速引出,不可避免地会产生高温、高压和电磁场等特定的工作环境,为使推力器高可靠、长寿命地运行,必须采用多种高性能的特殊材料来满足工程应用的需求。同时,推力器放电室阳极、主阴极和栅极等电极与高能等离子体直接接触,材料与等离子体界面效应显然存在,研究等离子体与材料相互作用物理的意义显著。本章后面的部分将具体针对这两方面内容来展开。

8.1.2　离子推力器的特殊材料

离子推力器属于电真空器件,产品关注的核心是高性能、高可靠和长寿命,因此要求材料能满足特定的要求。过去几十年国内外离子推力器的试验结果显示,影响离子推力器寿命和可靠性的因素达 20 余种,等离子体溅射刻蚀导致阴极和栅极组件结构失效是最主要的两种失效模式。此外,离子推力器永磁材料的高温退磁、栅极形变、阴极栅极溅射及表面放电引起的组件性能下降,以及局部绝缘退化是导致离子推力器整体性能衰退和寿命缩减的主要因素。

根据离子推力器寿命和可靠性对材料特殊性的要求,离子推力器关注的材料

大致分为三大类：永磁材料、栅极材料和空心阴极材料。永磁材料用于在放电室
产生磁场，约束电子实现工质高效电离，是高密度等离子体产生的关键，特殊性在
于其必须在长寿命周期内保持性能稳定；栅极材料用于离子光学系统，实现等离子
体中离子的分离和加速喷出，特殊性在于其长寿命周期高温环境下的力热性能稳
定及耐冲击溅射；空心阴极材料用于主阴极和中和器，特殊性在于其耐高温、耐溅
射腐蚀和力热性能稳定。

下面针对离子电推进的永磁材料、栅极材料和空心阴极材料面临的主要问题，
分别进行介绍。

1. 永磁材料

离子推力器对永磁材料的基本要求是高矫顽力和高剩磁率，同时还要求具有
高温稳定性，通常选用稀土合金钐钴永磁材料。当前永磁材料面临的最大问题是
高温稳定性，当离子推力器稳态工作时，放电室内部产生高温，长期的高温会引起
磁性材料的退磁，进而导致性能下降。虽然经过长期的试验筛选和测试，在中低功
率的离子推力器中，一些特制的永磁材料基本满足长寿命目标的应用指标，但随着
功率的提升温度进一步提高，材料退磁率显著增大，性能衰退加速，已无法满足应
用的需求，必须研制性能更高的永磁材料。图 8 - 3 是美国电子能源公司（Electron

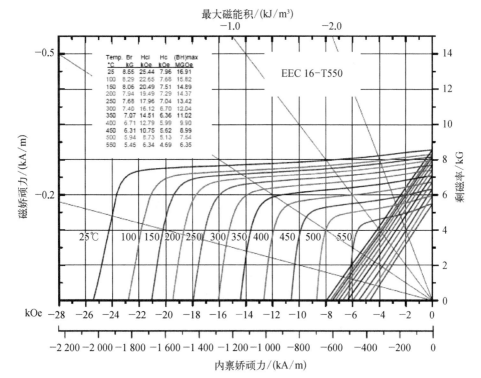

二维码
彩图

图 8 - 3　美国研制的钐钴永磁材料性能曲线

Energy Corporation,EEC)测量的钐钴永磁材料性能曲线,分别给出在 25～550℃内 11 个不同温度条件下的退磁特性,可以看出,随温度的升高退磁率增大了近 4 倍。

2. 栅极材料

栅极失效的模式主要是栅极短路和栅极结构失效,这两种栅极失效模式主要是由等离子体对栅极材料的溅射刻蚀导致的,与栅极材料的耐冲击溅射特性相关。此外,栅极的高温热形变、高电压低气压表面放电等性能衰减也与栅极材料特性密不可分。离子推力器的高比冲、大推力工作模式,一方面使栅极受到高能量离子流的溅射刻蚀;另一方面使栅极口径较大,大口径栅极对材料的结构稳定性、热稳定性和高电压低气压环境抵抗非预期随机表面放电的要求也大幅提高。

根据现有的理论和试验研究结果,栅极的性能与多种因素(栅极间距、孔径、厚度、形貌、透明度及热形变等)有关,但从离子推力器应用层面上考虑,栅极光学系统的性能极大地依赖栅极的材料特性,要求栅极材料具备耐腐蚀、耐高温热形变、高电导率和高热传导率、高强度和易于加工成形等特点。由此可见,提高栅极材料的性能仍是提升推力器可靠性和延长寿命等的关键。图 8－4 给出的是美国 NEXT 离子推力器加速栅溅射腐蚀深度随推进剂消耗量(也即工作时间)的变化曲线,表明栅极材料腐蚀与推进剂的消耗量成正比(Herman et al.,2009)。

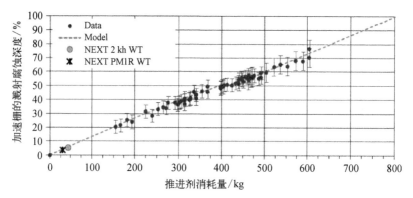

图 8－4   美国 NEXT 离子推力器加速栅溅射腐蚀
深度随推进剂消耗量的变化曲线

3. 空心阴极材料

空心阴极由于其结构复杂、工作环境苛刻、涉及的材料种类多样,失效模式多,确认的主要失效模式包括:触持极溅射刻蚀、发射体失效、加热器失效、阴极孔溅射刻蚀、阴极与触持极短路、阴极孔堵塞,这些失效问题均与阴极的材料特性密切相关。导致空心阴极失效的主要机理包括高温材料蒸发损失、化学反应、离子溅射腐蚀、溅射物沉积、反应性杂质影响和蠕变性缺陷扩展等。

在阴极工作过程中,其最高温度达 1 600 K,高温造成加热丝、发射体等材料的

蒸发损失,同时材料蒸发产生的气体与材料中杂质或有害微量成分不可避免地会
发生化学反应,造成发射体表面中毒、管壁反应性裂纹及扩展问题。阴极放电等离
子体对阴极顶、触持极、加热器端面存在溅射刻蚀作用,长期积累会造成结构腐蚀、
孔径变大,进一步恶化阴极工作条件。阴极本身的溅射物沉积和来自放电室的溅
射物沉积,也会导致阴极孔堵塞。阴极的这些问题对材料和工艺的选用提出了极
高要求,是阴极长寿命、高可靠工作的决定性因素。

　　虽然影响阴极性能和寿命的因素较多,但从试验和实际应用结果来看,起主导
作用的还是触持极和阴极孔的溅射腐蚀引起的结构失效(Williams et al. ,2000)。
图 8 - 5 给出的是美国 NSTAR 离子推力器在开始和运行 30 352 h 后主阴极溅射腐
蚀情况对比图(Daniel et al. ,2009),可以看到,腐蚀后阴极已基本处于失效状态。

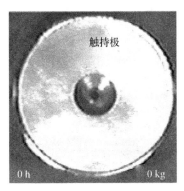

图 8 - 5　美国 NSTAR 离子推力器主阴极随运行时间的溅射腐蚀情况

8.1.3　离子推力器材料与等离子体的界面效应

　　离子电推进材料基本问题的实质是离子电推进放电等离子体载能离子与材
料相互作用,涉及与材料表面的相互作用和表面高电压及等离子体条件耦合两
部分。

　　1. 载能离子与材料表面相互作用

　　宏观上,离子推力器等离子体与材料表面相互作用本质是具有一定动量的电
子和重粒子(质子、中子、离子和原子)轰击固体材料表面所产生的次级效应。等
离子体中的电子、离子及中性粒子均是携带能量的,在低气压条件下,电子的温度
为 2~5 eV,离子和中性粒子的温度为几百度。在电真空器件中,等离子体电子、离
子与电极表面的相互作用是造成电极材料"物质迁移"的一个重要因素。

　　微观上,等离子体与材料表面的相互作用并不是直接与基体或固体材料表面
接触,这是由于等离子体和材料表面之间存在一个鞘层(电子质量小热速度大,导
致电子在壁面损失更快,空间电荷效应使得壁面附近产生鞘层),固体表面呈负电
势,即等离子体通过鞘层与材料表面发生相互作用。电荷粒子特别是离子通过鞘

层电场的加速而轰击固体表面,产生一系列的物理过程,图 8-6 是等离子体与固体表面相互作用过程示意图。

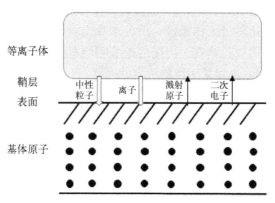

图 8-6   等离子体与固体表面相互作用过程示意图

根据离子推力器中等离子体与不同组件材料表面相互作用过程的影响程度,主要关注高能离子溅射、二次电子发射和能量沉积三种重要的材料表面物理过程,具体的物理过程机理将在 8.3 节中详细介绍。

2. 表面高电压及等离子体条件耦合

根据气压的不同气体放电可以分为电晕放电、辉光放电和电弧放电三种类别。离子电推进属于高真空低气压电弧放电,离子推力器的材料表面放电主要是指高压电极之间由于满足击穿阈值电压而发生的微放电或者击穿放电。在真空高电压环境产生表面放电的诱因主要有三种:电极材料表面的不平整度与微观凸起、电极材料表面的气体吸附和电极材料表面的自由状态微粒子(主要是等离子体的电子和离子)的作用。

电极材料表面的不平整度与微观凸起引起真空放电和击穿的主要原因是微观凸起和不平整边缘顶端的电场比平均电场要强许多倍,在相同的间隙电压条件下,更容易击穿阈值电压($E_t = U/d$,这里 U 是间隙电压,d 为电极间距离)。电极材料表面的气体吸附是固态表面吸收气体或者液体蒸汽的现象,从化学上讲是吸附气体在表面具有不饱和价原子时发生的现象,也即固体表面部分存在与被吸附粒子共有化学键。吸附气体引起真空放电和击穿主要是由被吸附气体中大量的自由基、正负离子相互作用导致的。电极材料表面的自由状态微粒子是指电极表面伴有的其他个别材料粒子或等离子体离子等,其尺寸为微米量级,微粒子引起真空放电主要通过被加速到高速的微粒子对电极的轰击。

真空材料表面放电(真空击穿)是目前真空放电中最难理解的放电阶段,其主要形式是真空弧光放电,典型特征是低的放电击穿电压导致的问题是电极材料表面的打火和击穿。尽管电极材料表面放电的物理和试验研究已经开展了半个多世纪,但是能够解释所有试验结果的理论现在还没有。在本书 8.4 节中,将主要介绍材料表面场击穿的基本物理过程。

8.2　离子电推进关键组件材料物理

8.2.1　永磁材料

离子推力器磁场通过永磁体产生,永磁材料的选用主要从性能和寿命两方面考虑:① 要求永磁材料具有高的矫顽力(永磁材料退磁特性指标)、宽的磁滞回线和高的磁能积,能够保证稳定的磁场分布;② 要求永磁材料具有强的机械性能和耐溅射腐蚀性,能够满足推力器长寿命的应用。此外,离子推力器在稳态运行时,放电室内放电损耗及阳极电压的焦耳热产生大量的热量,使得放电室具有很高的温度,因此要求永磁材料具有较好的热稳定性。在实际工程应用中,为了增大放电室内磁场强度从而提高等离子体的约束性能,在永磁材料磁场强度一定的条件下,将永磁材料与放电室壁间的距离尽可能缩小,往往直接将永磁材料固定在放电室外壁上,这要求永磁材料具有更高的温度适用性。

离子电推进对永磁材料(又称硬磁材料)的性能要求:① 高矫顽力 H_{ci},矫顽力是指磁体磁化饱和后,再使得磁体的磁感应强度变为零时所需的反向磁场大小,是永磁材料抗磁性或非磁性干扰而保持磁性的定量度量;② 高剩余磁感应强度 B_r,剩余磁感应强度是指永磁体在达到磁饱和后撤掉外磁场所能保留的剩余磁场;③ 高最大磁能积 $(BH)_{max}$,磁能积是永磁材料在单位体积内能够存储磁能的度量;④ 高稳定性,磁体在外在磁扰动、温度变化等其他环境因素下保持磁性能的稳定性。

永磁材料种类繁多,广义上分为三类:① 铸造永磁材料,具有代表性的有铝镍钴合金(AlNiCo)、铁铬钴合金(FeCrCo),这类永磁材料具有优异的热稳定性,适合高温环境;② 铁氧体永磁材料(Ba/SrO_6FeO),以铁氧化物和钡或锶形成复合磁铁材料,其优点是电阻率高,适用于涡流敏感领域,特别是高频和微波领域;③ 稀土永磁材料,具有代表性的有钕铁硼($Nd_2Fe_{14}B$)化合物和钐钴(SmCo)化合物,其综合磁性能优异,广泛应用于航空航天领域。

三类永磁材料的磁性能如表 8 - 1 所示,从矫顽力、剩余磁感应强度和磁能积三个方面的性能数据来看,稀土永磁材料具有优越的磁性能,这也是离子电推进选用稀土永磁材料更加直观的依据。从表 8 - 1 中两类稀土永磁材料的性能对比分析不难发现,钕铁硼化合物的剩余磁感应强度和磁能积性能优势更加显著,而钐钴化合物的矫顽力和高温稳定性性能更加优异。根据离子电推进的应用特性,本节后面的部分重点讨论稀土永磁材料的物理性能。

表 8-1　三类永磁材料的磁性能

磁体种类	$H_{ci}/(kOe)$	B_r/kG	$(BH)_m/(MGOe)$	$T_e/℃$
$SmCo_5$	25~30	9~10	20	727
$SmCo_{17}$	25~30	10~12	28~31	825
$Nd_2Fe_{14}B$	15~17.5	11~14	40	312
$AlNiCo_5$	0.5~0.75	7~13.2	40~60	840
$SrFe_{12}O_{19}$	3.1~4.4	3~4.4	25~36	450

稀土永磁材料的磁性能主要由其中主相的内禀磁性能(即元素和晶体结构)决定,基本上都可以形成 2∶14∶1 的晶相,只是晶格常数会随稀土元素的原子半径而改变。$Nd_2Fe_{14}B$ 属于四方晶体结构,单胞如图 8-7 所示,每个单胞中有 4 个 $Nd_2Fe_{14}B$,包含 8 个 Nd 原子,56 个 Fe 原子和 4 个 B 原子。在晶胞中 Fe-Fe 原子对之间的交换作用对钕铁硼的居里温度起决定作用,Fe-Fe 原子对在不同位置会使原子对间距不一样,决定了钕铁硼的居里温度比较低。

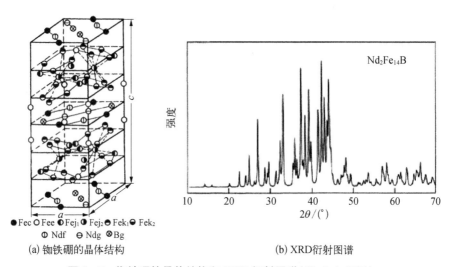

(a) 钕铁硼的晶体结构　　　　　(b) XRD衍射图谱

图 8-7　钕铁硼的晶体结构和 XRD 衍射图谱(Herbst,1991)

钕铁硼磁体腐蚀防护可通过磁体晶间成分的改变来改善不同相之间的电势差,因为腐蚀是晶间相腐蚀,腐蚀推动力来自不同相之间的电化学势差。研究表明钕铁硼磁体的腐蚀速度随稀土 Re 总含量的降低和氧含量的升高而降低。添加 Co 使晶界上形成新的含有 Co 的相,提高了晶界的化学稳定性、增加了耐腐蚀性。此外,添加1%的 Cr 也可有效提升 $Nd_2Fe_{14}B$ 的耐腐蚀性,因为 Cr 的添加取代了 Fe,形成了抗氧化能力更高的 $Nd_2(Fe,Cr)_{14}B$。虽然添加合金元素可有效提高磁体的耐腐蚀性,但容易损失磁体的磁性能。

钐钴(SmCo)永磁材料是由钐、钴和其他金属稀土材料经配比而制成的一种永磁材料。钐钴永磁材料具有高磁能积、极低的温度系数和强的抗腐蚀性,负的工作温度不限。在工作温度超过 180℃时,钐钴永磁材料的温度和化学性稳定。钐钴有多种晶体结构,其中,1:5 型的 $SmCo_5$ 和 2:17 型的 Sm_2Co_{17} 两种晶体结构的内禀磁性最好,应用最为广泛,钐钴永磁材料的典型机械性能如表 8-2 所示。

表 8-2 钐钴永磁材料的典型机械性能

参 数	1:5 型	2:17 型
密度 $\rho/(g/cm^3)$	8.1~8.5	8.3~8.5
韦氏硬度 H_v	610~670	510~600
压缩强度 σ/MPa	约 420	约 650
拉伸强度 σ_b/MPa	约 41	约 35
弯曲强度 σ_a/MPa	约 90	约 120
热膨胀系数 $\eta/10^{-6}$	7	8

1:5 型的 $SmCo_5$ 永磁材料属于第一代稀土钴磁体,具有六方晶体结构,磁晶各向异性极强,晶体结构含有两个主相,其 XRD 衍射图谱如图 8-8 所示。为了获得较高的磁性能,$SmCo_5$ 永磁材料在制备过程中要有过量的 Sm,研究发现最好的永磁材料 Sm 成分应比计量成分有 0.5%(质量分数)的过量值。

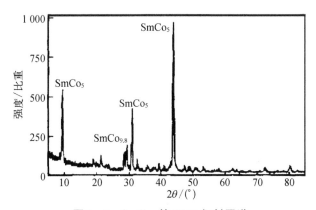

图 8-8 $SmCo_5$ 的 XRD 衍射图谱

2:17 型的 Sm_2Co_{17} 永磁材料是畴壁钉扎型的磁体,微观上晶体是由胞状结构和片状结构混合而成的,其中,胞状结构呈长菱形方晶系的主相(含微量 Fe),片状结构(胞内)呈片状形六方晶系的主相(含微量 Zr),Sm_2Co_{17} 的 2:17 结构如图 8-9 所示。胞状结构是磁体高饱和磁化强度的来源,胞壁六角晶系通过畴壁钉扎

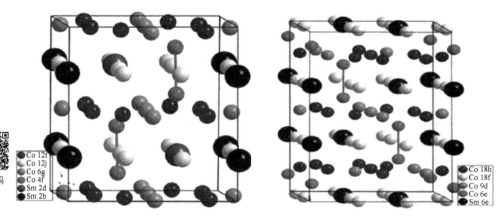

图 8 - 9　SmCo 的 1∶17 型结构向 2∶17 型结构转换

形成较高的矫顽力。

磁性能的重要指标磁体矫顽力的经验公式为

$$H_{\mathrm{c}} = \alpha \frac{2K_1}{J_{\mathrm{S}}} - N_{\mathrm{eff}}J_{\mathrm{S}} \qquad (8-1)$$

式中，J_{S} 为饱和磁化强度；K_1 为磁晶体各向异性常数；N_{eff} 为有效的退磁因子；α 为与晶粒取向度、各向异性常数及晶粒边界相关的结构因子。

由式(8-1)可以看出，要提高磁体的矫顽力，需从两个方向进行改进：① 提高各向异性 K_1，这需要调整成分配比，用各向异性高的重稀土元素和其他过渡类元素取代部分 Nd、Co、Sm 和 Fe 元素；② 改善材料的微观结构，以提高微观结构参数值 α，减小有效退磁因子 N_{eff}。高矫顽力磁体理想晶粒微观结构应是主晶相粒结构均匀，无杂质和缺陷，晶粒形状为球状或椭球状，边界完整和光滑，不存在尖锐的角棱和突起，以降低退磁因子 N_{eff}。

磁能积 $(BH)_{\max}$ 是磁性材料退磁曲线上磁感应强度(B)和对应的磁化强度(H)的乘积：

$$(BH)_{\max} = BH \qquad (8-2)$$

$(BH)_{\max}$ 的单位是 kJ/m³，高斯单位制中磁能积的单位为 MGOe，其中，1 MGOe = 7.96 kJ/m³。在磁场强度特定的情况下，磁能积的值越大，磁体的体积就越小，对推力器减重和小型化具有重要的意义和作用。

三种稀土永磁材料的磁性能参数如表 8-3 所示，分别给出最大磁能积、剩余磁通、磁感应矫顽力、内禀矫顽力和居里温度。从表 8-3 中容易看出，铷铁硼永磁材料(尤其是烧结系)的最大磁能积、剩余磁通和磁感应矫顽力要优于钐钴永磁材料，但其严重不足的是高温稳定性较差，最大居里温度较钐钴永磁材料要低约

2/3。钐钴系的第二代 2∶17 型永磁材料相较第一代的 1∶5 型永磁材料,其最大磁能积、剩余磁通和居里温度等磁性能要更优,而磁感应矫顽力性能则差别不大。图 8-10 中给出的是常见永磁材料的磁能积与温度之间的关系,显然 Sm_2Co_{17} 永磁材料兼顾高温稳定性和高效的磁性能。

表 8-3 三种稀土永磁材料的磁性能参数

材料种类	最大磁能积/(kJ/m^3)	剩余磁通/T	磁感应矫顽力/(kA/m)	内禀矫顽力/(kA/m)	居里温度/℃
$SmCo_5$ 系	100	0.76	550	680	740
$SmCo_5$ 系(高 Hc)	160	0.90	700	1 120	740
Sm_2Co_{17} 系	240	1.10	510	530	920
Sm_2Co_{17} 系(高 Hc)	280	0.95	640	800	920
烧结 Nd-Fe-B 系	240~400	1.1~1.4	800~2 400	—	310~510
黏结 Nd-Fe-B 系	56~160	0.6~1.1	800~2 100	—	310
Sm-Fe-Nd 系	56~160	0.6~1.1	600~2 000	—	310~600

Sm_2Co_{17} 永磁材料当前工程应用温度最高可达 450℃,最低可承受-196℃,基本满足当前阶段中小功率电推进的应用需求,但 450℃ 磁损较大。钐钴永磁材料具有很强的抗腐蚀性和抗氧化性,且机械性能优良,在与不锈钢、铝合金等硬质金属材料接触和摩擦中不会造成磁性能损失。在恶劣工作环境下,可以对永磁材料进行电镀处理,不仅美化外观还能延长使用寿命。Sm_2Co_{17} 永磁材料的高性能特性,使其成为当前中小功率离子推力器首选的材料类型。

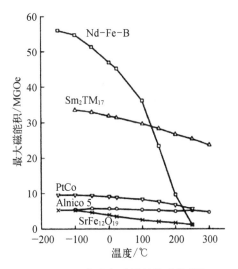

图 8-10 常见永磁材料的磁能积与温度之间的关系

尽管钐钴永磁材料性能显著,但其在更高温度下工作时,永磁材料的退磁现象明显,特别是在数十千瓦以上功率离子电推进稳态运行产生的更高温度环境(550~600℃)下。Sm_2Co_{17} 能否经受更严苛工作环境的考核,尚需要进一步试验的验证。单从永磁材料温度适用性的角度来看,高温稳定的永磁材料仍是制约当前高功率推力器研制的一个重要因素。

8.2.2   栅极材料

离子推力器栅极根据栅片个数主要分为双栅、三栅和四栅三类,三类栅极结构的性能对比如表 8-4 所示。由表 8-4 可以看出,栅极数越多,离子光学系统磨损寿命也越长,这在一定程度上可降低栅极结构对材料的依赖,但是多栅极系统的复杂度也显著提升。如果不考虑栅极结构和工作电参数等因素,栅极组件的腐蚀速度直接依赖栅极材料的溅射速率,而稳定性则依赖材料的力学、硬度、电导率及导热特性。国内外过去五十多年的试验测试研究成果表明,适用于离子光学系统的栅极材料主要有三种:钼、石墨和钛。三种栅极材料均具有较强的耐溅射能力,但不同栅极材料在性能上也存在较大差别。

表 8-4   栅极组件性能的比较

性 能	双栅极	三栅极	四栅极
离子束引出效率	低	中	高
组件磨损寿命	短	中	长
可靠性	高	中	低
束发散角	大	中	小

1. 钼金属材料

在空间离子电推进的实际应用中,目前栅极金属材料应用最多的是金属钼。其原因有两点:一是钼具有高强度、高熔点、高电导率、高热导率、耐腐蚀和耐研磨等优点,满足离子电推进栅极离子光学系统性能使用需求;二是钼在常温下化学性质稳定,对加工技术要求较低,且加工工艺最为成熟。

金属材料钼的物理性质如表 8-5 所示,在常温下钼的密度为 10.22 g/cm^3,仅约为钨的 1/2。钼的线膨胀系数为 $(5.8 \sim 6.2) \times 10^{-6} \text{ K}^{-1}$,为一般钢铁的 $1/3 \sim 1/2$,低的线膨胀系数避免了高温下开裂的危险,结构较为稳定。钼的热导率为铜的 1/2,电导率为铜的 1/3 且随温度升高而下降。钼具有高的弹性模量 $[(28.5 \sim 30.0) \times 10^4 \text{ MPa}]$,是工业材料中弹性模量最高的金属之一,且其弹性模量受温度影响较小,在高温 800℃ 条件下,仍高于室温下普通钢的数值。

表 8-5   金属材料钼的物理性质

物 理 性 质	数 据
相对原子质量	95.94
晶体结构及晶格常数/nm	体心立方,0.314 7
密度/(g/cm³)	10.22
熔点/℃	2 620

续　表

物 理 性 质	数 据
熔化热/(kJ/mol)	27.6
比电阻 25℃/(Ω·m)	5.2×10^{-8}
热导率(300 K)/[W/(m·K)]	138
线膨胀系数(298~973℃)/(K^{-1}/℃)	$(5.8 \sim 6.2) \times 10^{-6}$
弹性模量/MPa(丝材)	$(28.5 \sim 30.0) \times 10^{4}$

　　常温下钼在空气中的化学性质稳定,不会被盐酸、氢氟酸和碱性溶液腐蚀,但是其可溶于浓硫酸、硝酸和王水。在 400℃时,钼在空气中会发生轻微氧化;高于600℃时,其会迅速被氧化成三氧化钼;高于 700℃时,水蒸气将钼强烈氧化成二氧化钼。钼具有 2 个未被电子充满的外电子层,N 层与 O 层,其自由电子层的结构为$1s^2 2s^2 p^6 3s^2 p^6 d^{10} 4s^2 p^6 d^5 5s^1$,这样的结构使钼具有多种化学价态,可形成种类繁多的化合物。表 8-6 是钼与某些非金属元素在不同条件下的作用情况。

表 8-6　钼与某些非金属元素在不同条件下的作用情况

名　称	作 用 情 况
Hg	在 600℃下钼具有良好的耐腐蚀性
N$_2$	在 1 200℃以上时,氮迅速溶于钼
H$_2$	不与钼反应,常用作钼的还原剂
F$_2$	在室温下迅速反应,60℃时生成 MoF$_6$,当有氧气存在时生成 Mo$_2$OF$_2$ 或 MoOF$_4$
Cl$_2$	在 230℃以下对干燥氯气有很强的耐腐蚀性,250℃时开始发生反应,已被湿氯腐蚀
Br$_2$	在 450℃以下对干燥溴有很强的耐腐蚀性,湿溴在空气中与钼发生作用
I$_2$	在 500~800℃开始与钼反应
S	干燥硫蒸气在赤热下开始与钼反应
C	石墨在 1 200℃左右与钼作用生成 MoC
CO	在 1 200℃左右与钼作用生钼的碳化物

2. 非金属石墨材料

　　非金属材料石墨是碳的一种同素异形体,是原子晶体、金属晶体和分子晶体之间的一种过渡性晶体。在晶体中同层碳原子间以 sp^2 杂化形成共价键,每个碳原子与另外三个碳原子相连,六个碳原子在同一平面上形成正六边形的环,伸展形成片层结构,其中,C/C 键是典型的共价键,键能为 345.0 kJ/mol,键长为 0.141 5 nm。在同一平面的碳原子还各剩下一个 p 轨道,它们相互重叠,电子在晶格中能自由移动,可以被激发,所以石墨有金属光泽,能导电和传热。层内碳原子以共价键结合形成正六边形网状结构,碳原子片层与层之间距离大,层间结合力小(主要为微弱的范德瓦耳斯力),键能为 16.7 kJ/mol,层间距为0.335 4 nm,是碳原子共价键长的两倍还多,如图 8-11 所示。

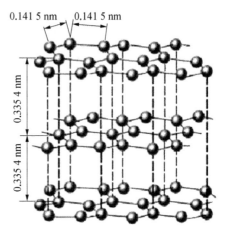

图 8-11 石墨晶体的结构示意图

石墨的化学性质稳定,耐腐蚀,与水、稀的强酸和强碱溶液及有机溶剂不易发生反应,可被浓硝酸、高锰酸钾氧化,加热时,单质碳较易被酸氧化。不同温度下与氧反应生成一氧化碳或二氧化碳,当温度高于687℃时,在氧气中燃烧生成二氧化碳。在卤素中,只有氟能与单质碳直接反应。在高温下,碳还能与许多金属反应,生成金属碳化物。

石墨的物理性质如表 8-7 所示,熔点为 3 850±50℃,即便是经超高温电弧灼烧,重量的损失很小,且线膨胀系数也小。石墨的强度随温度升高而提高,在2 000℃时,强度提高一倍;导电导热性比一般金属和非金属材料高,导热系数随温度的升高而降低,在极高的温度下,石墨成为绝热体;可塑性和韧性好,可碾成很薄的薄片;抗热震性好,在温度突变时,膨胀率很小,不会产生裂纹;质软并有滑腻感,可用于抗磨剂、润滑剂等。

表 8-7 石墨的物理性质

物 理 性 质	数 据
晶体结构	过渡性六边形
密度/(g/cm³)	2.21~2.26
熔点/℃	(3 850±50)℃
比电阻25℃/(Ω·m)	同一层面: 5×10^{-5} 片层方向: $5 \times 10^{-3} \sim 5 \times 10^{-2}$
热导率/[W/(m·K)]	1 840(300 K),298(1 500 K)
线膨胀系数(常温)/(K⁻¹/℃)	同一层面: 1×10^{-6} 片层方向: 29×10^{-6}
弹性模量/MPa	25.25

表8-8 中给出的是高纯石墨、C/C 复合材料和 G/C 复合材料三种类型石墨的主要性能参数对比,从数值结果来看,三种材料性能各有优劣。根据离子推力器的性能需要及应用环境,选择密度相对最小(1.75 g/cm³)的 C/C 复合材料较为合适。

且 C/C 复合材料弹性和剪切强度相对较高,可更好满足推力器轻质量和高温力学结构稳定性要求。

表 8-8　热解石墨、C/C 复合材料和 G/C 复合材料的主要性能参数对比

材料	密度 $\rho/(g/cm^3)$	弹性强度 σ_F/MPa	压缩强度 σ_c/MPa	剪切强度 τ/MPa	体积电阻 $\rho/(\mu\Omega \cdot m)$
热解石墨	2.20	27	45	—	8
C/C	1.75	80	120	20	82.7
G/C	1.85	50	120	18	148.4

石墨/C/C 复合材料具有极小的线膨胀系数和低的离子溅射系数,是制造长寿命、高可靠离子推力器栅极的理想材料。但其强度较差,不如金属钼和钛,且加工难度较大,价格高,因此还没有得到普遍应用。20 世纪 90 年代,美国已开展 C/C 复合材料栅极技术的研究,目前已具备产品研制能力,但还未正式应用。日本 μ-10 离子推力器采用 C/C 栅极,正式将其应用于"隼鸟 1 号"和"隼鸟 2 号"空间探测任务。英国 T6 离子推力器采用石墨栅极,2018 年正式将其应用于空间任务。国内 C/C 复合材料栅极技术的研究,结合考夫曼式离子推力器已开展探索性应用与试验验证。

3. 钛金属材料

过渡金属钛外观似钢,化学性质稳定,具有良好的可塑性、高强度、高硬度、强抗腐蚀性、低弹性模量、优良的高低温性能等特性,适用于各种条件,比重仅为铁的 1/2,被誉为"太空金属"。在超低温环境,钛会变得更加坚硬;在高温环境,钛的性质十分活泼,很容易和氧、氮、碳、氢、硫及卤素等元素化合;在常温下,钛表面易生产一层极薄的致密氧化物保护膜,可抵抗强酸甚至王水的腐蚀。

钛金属材料的物理性质如表 8-9 所示,原子核由 22 个质子和 20~32 个中子组成,根据温度的不同,分两种同素异构晶型:低于 882.5℃为 α 晶型,呈密排六方晶格;高于 882.5℃为 β 晶型,呈体心立方晶格,如图 8-12 所示。钛的密度为 4.54 g/cm^3,磁导率为 1.000 04,延伸率为 50%~60%,断面收缩率为 70%~80%,熔点为 1 668℃,沸点为 3 535℃,但是钛的导热性能和导电性能较差,近似或略低于不锈钢。

表 8-9　钛金属材料的物理性质

物　理　性　质	数　　　据
晶体结构	六方晶格或体心立方晶格
原子半径/nm	0.145
密度/(g/cm^3)	4.54

续　表

物 理 性 质	数 据
熔点/℃	1 668
比电阻/$(\Omega \cdot m)$	47.8×10^{-6}
热导率/$[W/(m \cdot k)]$	15.24
线膨胀系数$(0\sim100℃)/(K^{-1}/℃)$	8.2×10^{-6}

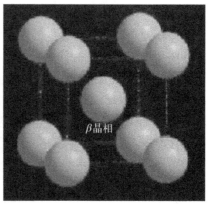

图 8-12　金属钛的两种晶相结构示意图

钛由于其低的溅射率可显著延长离子光学系统组件的寿命而被考虑用于栅极材料,美国 NASA 的 NSTAR 离子推力器钛金属材料栅极地面试验测试结果显示,钛金属材料低的热导率[15.24 W/(m·K)]和高的热膨胀系数[(9.41×10^{-6}~10.03×10^{-6})/℃]导致推力器快速启动时栅极热形变而短路(Soulas et al.,2000;Rawlin et al.,2001),使其在离子推力器中的应用受限,NSTAR 最终选择了钼材料栅极。当然对于大栅极间距、小栅极口径或者较低功率的推力器,钛金属材料离子光学系统是适用的(离子推力器栅极间距受性能所限相对较小,约为 1 mm)。

8.2.3　空心阴极材料

阴极电子发射需要克服材料表面由于电子和晶格离子之间静电力形成的势垒,克服势垒所需的能量大小称为逸出功(或称为功函数 $e\phi$),逸出功取决于阴极的材料和表面状态(这里只讲空心阴极即可)。

考夫曼式离子推力器中主要采用热电子发射方式的热阴极,通过外部加热电子发射体材料,使发射体中大量电子克服表面势垒而发射。热阴极按结构可分为灯丝式、薄膜式和储备式等,考夫曼式离子推力器采用储备式热发射空心阴极,如

图 8 – 13 所示,空心阴极材料主要由阴极管材料、发射体材料、加热丝材料、阴极顶材料和触持极材料等多种材料构成。

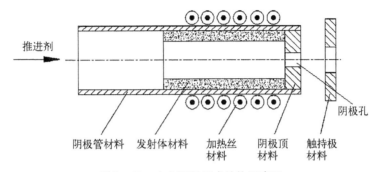

图 8 – 13　空心阴极组成结构示意图

与热阴极性能相关的材料表征参数如下。

（1）发射体材料逸出功和发射常数。根据 Richardson – Dushman 公式:

$$j_0 = AT^2\exp\left(-\frac{\phi_k}{kT_k}\right) \tag{8-3}$$

在阴极工作温度 T 和零场发射电流密度取决于逸出功 ϕ_k 和发射系数 A。逸出功单位为 eV,发射系数单位为 $A/(cm^2 \cdot K^2)$。

（2）发射体材料蒸发速率 υ 和优劣系数 F。阴极发射体材料蒸发速率表示单位时间内蒸发出来的活性物质数量,单位为 $g/(cm^2 \cdot h)$,蒸发速率随温度的升高而急剧增加,直接影响阴极的寿命和绝缘性。优劣系数 F 表示为

$$F = \frac{\phi_k}{T_e} \times 10^3 (eV/K) \tag{8-4}$$

式中,T_e 是材料饱和蒸汽压为 10^{-5} mmHg 时所对应的温度(K)。材料 F 值越小,蒸发速率和逸出功均较低。

（3）材料电子发射效率 η。其表示单位加热功率所能获取的阴极发射电流。

$$\eta = \frac{I_0}{P_f} \tag{8-5}$$

式中,P_f 为阴极加热功率,单位为 W,发射电流的单位为 mA。

（4）发射体材料寿命 τ。在阴极工作温度下,零场发射电流密度下降到设计下限(如初始值的 70%),寿命就告终了,影响寿命的因素包括材料、工艺、工作环境等。

根据热阴极的发展历史,依据发射体材料将其划分为纯金属、氧化物和新型储备式阴极(又称扩散阴极)。纯金属热阴极材料的研究最彻底和完善,其最大缺点是电流发射效率低。氧化物阴极是在金属电极上涂覆碱土金属氧化物,但是存在致命缺陷,即抗轰击和抗中毒能力差。储备式是指阴极内部有充足的活性物质储备,工作时可源源不断地补偿由阴极表面蒸发、气体毒害和离子轰击等因素造成的损失。

根据第 7 章中空心阴极的原理及 8.1.2 节中空心阴极的问题可知,空心阴极的特殊材料主要包含电子发射体材料、阴极顶材料和加热丝材料三部分,下面分别进行介绍。

1. 电子发射体材料

离子推力器采用的是储备式空心阴极,根据发射体材料分为 LaB_6 阴极和 Ba – W 发射体阴极两种。发射体是空心阴极的核心组件,通过高温加热产生原初电子,是空心阴极中电子产生的主要载体。高性能的空心阴极要求发射体材料具有大的电子发射密度、强的耐离子轰击能力、长的发射体寿命、强的抗中毒品质和低的阈值电场等特点。

1) LaB_6 材料

LaB_6 材料具有稳定的物理化学特性和强电子发射能力,单晶材料逸出功为 2.3~2.8 eV,硬度和金刚石相近,电导性和金属铅相近。采用 LaB_6 制成的热空心阴极最高工作温度可达 1 800℃,正常工作温度达 1 600℃,寿命超过 20 000 h,热膨胀系数为 4.9×10^{-6} K。LaB_6 材料在高温下具有优异的抗高能粒子和电子轰击能力,常温下反复暴露在空气中电子发射性能不变,氧化温度为 600~700℃。LaB_6 在干燥时是淡紫红色,潮湿时颜色变深。LaB_6 的蒸发率低,蒸发潜热为 169 kJ/mol。除此之外,LaB_6 的特殊性在于恒电阻,良好的热辐射性,一定温度区间内热膨胀系数接近零。

LaB_6 的晶体结构在热阴极物理中已经进行介绍,在晶格空间中体积小的硼原子形成 3D 的框架结构,较大的金属原子嵌进 3D 硼框架中。硼框架是八面体,立方体的每一个定点上都有一个由硼原子框架形成的八面体,八面体又以定点相连接。每个硼原子有 3 个价电子分配到 5 个键中。金属原子和周围硼原子之间没有化学键联系,使得金属价电子成为自由电子,所以化合物具有金属性质。晶格硼原子彼此紧密连接,化合物具有很高的电导率、热稳定性和化学稳定性。

晶格常数主要由硼框架决定,硼原子强的键结合力使得其具有较高熔点(晶格常数 4.145 A、熔点 2 210℃)。在高温下,与难熔金属接触硼将扩散入金属晶格形成填隙式硼合金,硼框架瓦解,金属原子蒸发速率加快。但是 LaB_6 与钽的碳化物或者石墨接触时,能在高温下工作。加热时,LaB_6 表面的金属原子蒸发掉,立即被下面晶胞中扩散出来的金属原子补充,硼框架保持原封不动,保持了表面活性工作机制。LaB_6 的化学性质很稳定,不与水、盐酸、氢氟酸、稀硫酸等发生反应,但与氧化性强的硝酸、浓硫酸或它们与其他酸的混合酸能迅速发生反应。

LaB_6 具有较低的功函数,各晶面功函数增加的顺序是(346)<(100)<(111),且功函数增加 2.41~2.90 eV,在同一晶面体内的 B/La 比降低 2% 时,功函数将增大 0.1~0.2 eV。硼原子的蒸发激活能随晶面的不同而改变,而镧原子的蒸发激活能与晶面无关。

LaB_6 的别称是硼化镧,耐高温达 2 700℃,产品类型包括粉末、单晶和多晶。单晶和多晶区别在于:单晶是一个完整的晶体,而多晶是由许多单晶小晶粒组成的,小晶粒的晶面取向各异,小晶粒的线度、尖锐度也不同。单晶和多晶的特性对比如表 8-10 所示,在粗糙度、电子发射能力、稳定性方面单晶的性能较多晶要优,但是制备技术较困难,成本相应的也较高,使用的领域受限较大。

空心阴极发射体采用 LaB_6 材料,其主要物理性能参数,如表 8-11 所示。与常用阴极相比,除了在较低温度(850℃)氧化钡的发射电流密度超过 LaB_6(1 400℃)以外,在大电流密度范围内,LaB_6 的热发射性能优于现有的所有常用的难熔热电子发射材料。

表 8-10　单晶和多晶的特性对比

类　　别	单　晶	多　晶
粗糙度	均匀	疏松多孔,有颗粒感
发射能力	强	弱
稳定性	好	较差
制备技术	困难	较简单
成本	高	低
尺寸	受限	可实现大尺寸
应用领域	受限	广泛

表 8-11　LaB_6 材料的主要物理性能参数

材料	逸出功/eV	工作温度/℃	电流发射密度/(A/cm^2)	抗离子轰击	抗中毒
LaB_6	2.3~2.8	1400~1600	5~30	强	强

2）钡钨阴极材料

钡钨阴极按照制备工艺可分为浸渍型(活性物质浸渍在钨基体中)和压制型(活性物质和钨粉混合压制烧结);按照所用活性物质分为钨酸盐、铝酸盐和钪酸盐等多种阴极。钨酸盐阴极是将高纯度的碳酸钡、碳酸锶和三氧化铝按摩尔分子比 5：1：2 混合均匀后,压制烧结而成(也可采用浸渍工艺制备)的。钨酸盐阴极在 950~1 000℃ 下能提供 5~10 A/cm^2 的发射电流密度,因为钡的蒸发率高,寿命仅为数千小时,所以应用领域不甚广泛。钪酸盐阴极是在铝酸盐配方中按质量比加入 3%~10% 的 Sc_2O_3 制成,一般采用浸渍工艺。钪酸盐阴极的优点是逸出功低(1.95~2.15 eV)、发射电流密度大,但是发射电流均匀性差、不耐离子轰击溅射。鉴于钨酸盐和钪酸盐阴极低抗溅射性的寿命问题,在离子推力器中,钡钨阴极的活性材料主要采用铝盐酸。

铝酸盐活性材料是将 BaO、CaO 和 Al_2O_3 按一定的比例进行混合,通过压制和烧结而成。铝酸盐钡钨阴极则是将熔融的铝酸盐活性材料浸入钨胚料中,从而形成浸渍钡钨阴极。铝酸盐中三种化学材料的成分及配比直接决定阴极的发射性能和蒸发性能,其中,氧化钡为钡源,氧化铝是氧化钡的稳定剂,氧化钙的作用是改变铝酸盐的结构和发射物质的粉色状态。按配方的各组分摩尔比,常用的铝酸盐有 5：3：2、4：1：1 和 6：1：2 三种,各组分摩尔质量百分比如表 8-12 所示。

表 8-12　铝酸盐各组分摩尔质量百分比(%)

晶相 \ 成分	$BaCO_3$	$CaCO_3$	Al_2O_3
532 相	66.15	20.15	13.7
411 相	79.60	10.10	10.30
612 相	79.54	6.73	13.73

铝酸盐一般包含三相: $Ba_3Al_2O_6$、$Ba_3CaAl_2O_6$、$Ba_3CaAl_2O_7$,如 7.2.2 节中所述,$Ba_3Al_2O_6$(也可写为 $3BaO \cdot Al_2O_3$)就是所需的活性物质主要成分,为无色晶体,熔点为 1 750℃,密度为 4.4 g/cm^3,易吸水及二氧化碳。根据 7.2.2 节,不同成分配比的铝酸盐逸出功对比结果可以看出,在一定的工作温度内,411 铝酸盐的阴极逸出功最小,发射性能最优。

离子推力器使用的空心阴极产品要求发射体材料在长寿命周期内满足电子电流发射性能要求,并具备空间高真空条件下稳定和可靠工作的特性,也即空心阴极必须满足长寿命和高可靠的应用需求。常用阴极材料电子发射性能与温度的关系如表 8-13 所示,电子发射性能表明 LaB_6 的最佳工作温度在 1 400~1 600℃,浸渍铝酸盐材料的最佳工作温度为 900~1 200℃,钨金属在 1 600℃ 以上。温度越高,材料的蒸发速率也相应加快,导致寿命急速下降,必须进行折中考虑。大量试验验证和地面寿命考核结果显示,LaB_6 空心阴极和浸渍铝酸盐钡钨空心阴极的性能及寿命在合适的工作温度下均满足离子推力器 15 年(12 000 h 以上)工作时间要求。

表 8 - 13　常用阴极材料电子发射性能与温度的关系　（单位：A/cm²）

温度/℃	LaB₆	浸渍铝酸盐	Mo	W	Th - W
1 000	4×10⁻³	1	<10⁻⁵	<10⁻⁵	2×10⁻⁵
1 200	2×10⁻²	6	<10⁻⁵	<10⁻⁵	8×10⁻³
1 400	4×10⁻¹	—	2×10⁻⁵	<10⁻⁵	4×10⁻²
1 500	2	—	4×10⁻⁴	5×10⁻⁵	0.6
1 600	8	—	8×10⁻³	4×10⁻⁴	1
1 800	—	—	2×10⁻²	6×10⁻³	—

钡钨阴极和 LaB₆ 阴极相比，优点体现在钡钨阴极的点火电压较低，所需的加热功率较小，发射体工作温度较低。但是 LaB₆ 阴极发射体的抗中毒能力较钡钨阴极强，发射电流密度也较高。在实际工程应用中，根据应用需求及工作环境，择优选用即可。

2. 阴极顶材料

阴极顶位于发射体末端与发射体相连，故阴极顶的温度与发射体工作温度相当，在阴极稳态放电运行中要承受高温和离子轰击。因此，阴极顶材料要求具有耐高温和耐轰溅射能力，也即满足长寿命使用需求。空心阴极顶选用的材料主要有两种：钨和高密度石墨。钨的特点是：① 在低电流条件下具备良好的起弧性能，维弧电流较小；② 无辐射、熔化率低、使用寿命长。高密度石墨的特点是：① 强度高、耐高温、热抗震性好、耐腐蚀；② 物理化学性质稳定、抗氧化、易于加工。

表 8 - 14 给出钨和高密度石墨材料的性能对比，两种材料逸出功接近，但根据 Warner 等（2008）的研究结果，高密度石墨材料的阴极顶起弧特性较差，石墨的物理化学抗氧化较钨更好，但是两者都可满足使用需求。国外试验验证结果表明，日本的石墨阴极顶材料阴极寿命验证为 45 000 h；美国离子推力器的钨阴极顶材料空心阴极寿命验证为 50 000 h。

表 8 - 14　钨和高密度石墨材料的性能对比

材　料	逸出功/eV	起弧性能	耐高温性	化学稳定性
钨	4.52~4.55	好	好	较好
高密度石墨	2.5~3.0	差	好	好

石墨的物理性质和化学性质在 8.2.2 节中已经进行了介绍，本节主要介绍金属钨的物理特性，如表 8 - 15 所示。钨是高熔点金属（3 410℃），沸点为 5 660℃，是金属中沸点最高的元素。密度为 19.3 g/cm³，晶胞为体心立方，每个晶胞含有 2 个金属原子，晶格常数为 5.046 nm。钨的延展性不太好，常加工成丝状或带状。钨的缺点是化

学性质稳定性差,易与水汽作用。高温钨材料与接触的水汽作用将水分解为氧和氢,氧与钨化合生成氧化钨,在采用钨作为阴极的器件中,要尽量减少水汽成分。

表 8 - 15　金属材料钨的物理性质

物 理 性 质	数　据
相对原子质量	183.85
晶体结构及晶格常数/nm	体心立方及 5.046
密度/(g/cm^3)	19.3
熔点/℃	3 410
热导率(300 K)/[W/(m·K)]	160
电导率/(m·Ω)$^{-1}$	18.9×10^6
线膨胀系数(298~973℃)/(K^{-1}/℃)	(5.8~6.2)×10^{-6}
弹性模量(丝材)/MPa	(3.5~3.8)×10^4

从应用情况分析,钨和高密度石墨阴极顶材料均能实现空心阴极长寿命放电运行需求。但是,考虑阴极顶材料的可靠性、满足寿命的特性、技术继承性和加工难度等特点,国内离子推力器研制中,一直采用钨作为空心阴极顶材料。

3. 加热丝材料

加热丝提供稳定的热源是阴极得以正常工作的根本保证,发射体材料通过加热丝加热到较高的温度,使材料表面电子获得较高的能量,克服表面逸出功脱离材料表面。加热丝材料具有特点:① 熔点高,能长期耐受高温;② 再结晶温度高,在长时间高温工作环境下,加热丝不因晶粒长大而变脆;③ 强度好,抗外力破坏能力强;④ 塑性好,便于加工过程中加热丝成形;⑤ 冷态与高温时电阻差异小,冷电阻效应引起的加电浪涌冲击小。

目前离子推力器阴极加热丝材料主要采用钨、掺杂钨或者钨合金,国外阴极加热丝材料主要选用钨铼(W-Re)合金,是由于铼能改善钨的塑性,即"铼效应"。钨铼是一种高延性合金,铼既能提高钨的延伸率、降低钨的塑-脆性转变温度,又能提高钨的强度和硬度。钨铼的综合性能比纯钨和掺杂钨都好,是难熔金属中综合性能最佳的材料。高电阻率的显著特点是可减少加热丝所占空间的体积,有利于器件实现小型化。

钨铼合金具有优异特性:高熔点、高电阻率、高塑性和延伸率、高强度、高再结晶温度、低电子逸出功、高硬度、高热电势值、低塑-脆性转变温度和低蒸汽压。钨铼合金中常用铼含量(质量分数)分别为 3%、5%、10%、20%、25% 和 26%,当合金中铼含量超过 26% 时,将析出脆性相,这不满足加热丝长寿命的性能需求。

钨铼合金材料的性能如表 8 - 16 所示,熔点在 2 950~3 400℃。随铼含量的增加,钨铼合金密度基本不变,熔点降低,电阻率却增大,硬度增大,延展性和抗拉伸性能增强,再结晶温度增高。从加热丝的应用角度来选择,应选用高铼含量合金。此外,钨铼(18%~26%)合金具有良好的加工性能,当合金 Re 含量小于18%时可以顺利加工,但要求起始加工温度较高。

表 8 - 16　钨铼合金材料的性能

性能名称	纯钨	掺杂 W - 3% Re	纯 W - 3% Re	纯 W - 25% Re	纯 W - 26% Re	纯 Re
密度/(g/cm³)	19.3	19.4	19.4	19.65	19.66	21.02
电阻率(1 000℃)/ (μΩ/cm)	36.2	37.8	37.8	54.7	55.5	62.0
1 500℃	52.0	53.5	53.5	68.5	70.6	82.0
抗拉模(1 600℃ 退火)/MPa	1 200	1 400	1 620	1 810	1 800	—
延伸率/%	1~2	10~12	5~10	18~22	18~22	18~20

8.3　载能离子与材料的相互作用

8.3.1　载能离子溅射

离子推力器中的高能离子溅射主要是指带正电的重离子(通常为 Xe^+、Xe^{++})在高压电场中获得足够高的动能并轰击金属电极(主要为栅极和阴极)材料表面,通过离子与材料表面原子的动量交换,材料物质从材料表面弹射脱离。溅射的严重后果是引起电极材料的腐蚀损失,一方面导致关键电极组件结构和功能的失效;另一方面溅射产物的沉积引起局部电极组件短路。无论是电极组件结构和功能失效,还是电极组件短路,结果都会导致推力器的寿命终结。

离子溅射分为物理溅射和化学溅射两种:物理溅射是高能离子直接轰击材料表面产生的溅射现象,材料物质的化学性质不发生改变;化学溅射是高能离子与材料发生化学反应产生化合物并脱离材料表面的现象。在离子电推进中,由于采用的推进剂工质为化学性质稳定的惰性气体(一般为氙气),等离子体的溅射主要为氙离子对固态材料表面的物理溅射。

离子推力器中的物理溅射是指具有足够大能量(10~30 eV)的离子入射到材料表面,通过离子与材料表面原子的动量交换,材料物质从材料表面弹射出来。溅射出来的物质大多呈原子状态,也可能是原子团,常称为溅射原子。离子推力器中来自等离子体的中性气体原子、分子、电子也能产生溅射,但它们的动量都非常小,产生的溅射也较小,可忽略不计。

溅射的机制可分为动能直接传递机制和局部加热蒸发机制。动能直接传递机制：离子撞击在靶上把一部分动量传递给靶原子,如果靶原子俘获的动能大于升华热,则靶原子脱离材料表面而发射出去。局部加热蒸发机制：材料靶被离子轰击局部瞬间加热而蒸发。需要说明的是,动量直接传递机制溅射原子的能量比热蒸发原子能量高许多倍。

离子推力器物理溅射过程可以用溅射产额 Y 这个物理量来定量地描述,其定义为平均每入射一个离子从靶表面溅射出来的原子数,即

$$Y = \frac{溅射出的原子数}{每入射一个离子} \qquad (8-6)$$

溅射产额依赖靶材料的结构、成分及表面形貌,同时还与入射离子的能量、电荷态和种类有关。通常比较感兴趣的是千电子伏特能量范围内重离子碰撞固体材料产生的原子溅射,如图 8-14 所示。在这种情况下,溅射产额取值为 1~10。

溅射产额随入射离子能量变化及离子轰击材料表面发生溅射现象的示意分别如图 8-14 和图 8-15 所示。

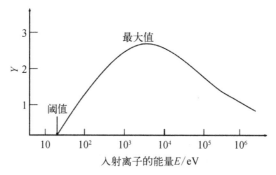

图 8-14   溅射产额随入射离子能量变化的示意图

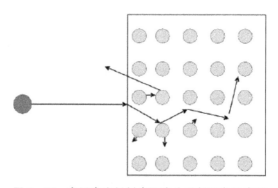

图 8-15   离子轰击材料表面发生溅射现象示意图

在离子电推进中,工质气体主要选用惰性高纯氙气,也可以选用氪气和氩气。根据 1984 年 Matsunami 等给出的关于溅射产额的大量试验数据,表 8-17 给出三

种工质气体入射离子对溅射率影响的结果,数据表明不同工质气体入射离子对不
同材料的溅射率完全不同。在 8.2 节中介绍了离子电推进关键组件阴极和栅极材
料主要为 C、Mo、Ta 和 W,表 8 - 17 数据显示,随着工质气体原子序数的增加,五种
材料溅射率也逐渐增大。对于 Al、Ni 和 Ti 三种材料,随着工质气体原子序数的增
加,溅射率反而逐渐减小。

表 8 - 17　入射离子种类对溅射率的影响

靶材料 ＼ 入射离子能量/keV	Ar 0.5	Kr 0.5	Xe 0.5
Al	1.05	0.96	0.82
C	0.12	0.13	0.17
Mo	0.8	0.87	0.87
Ni	1.45	1.30	1.22
Ta	0.57	0.87	0.88
Ti	0.51	0.48	0.43
W	0.57	0.91	1.01

表 8 - 17 中溅射率的差异,是由于溅射率是由溅射阈值、沉积速率、入射角、溅
射原子的能量等多个参数决定的。

溅射率的计算根据入射离子能量不同,大致分为两类: 离子能量大于 1 keV 和
离子能量小于 1 keV。

（1）离子能量大于 1 keV。离子垂直入射时的溅射率经验公式为

$$Y = 0.042 \frac{\alpha(M_1/M_2)}{U_0} S(E) \left[1 - \left(\frac{E_{th}}{E} \right)^{1/2} \right] \tag{8-7}$$

式中,U_0 为材料元素的势垒高度,也是材料元素的升华能;$\alpha(M_1/M_2)$ 为相关的常
数;E_{th} 为原子从晶格点阵被碰撞产生级联碰撞所必需的能量阈值;$S_n(E) = 4\pi Z_1 Z_2 e^2 \alpha_{12} [M_1/(M_1 + M_2)] S_n(\varepsilon)$ 是弹性碰撞截面,Z_1 为轰击离子的电荷数,Z_2
为材料的电荷数,α_{12} 称为汤姆孙-费米屏蔽半径(可根据 Z_1、Z_2 等参数计算得
到),ε 为一个无量纲的参数,称为折合能量,$S_n(\varepsilon)$ 称为核阻止截面,ε 和 $S_n(\varepsilon)$ 关
系可查表得到。

（2）离子能量小于 1 keV。离子垂直入射时的溅射率经验公式为

$$Y = [3/(4\pi^2)] \alpha T_m/U_0 \tag{8-8}$$

式中,$T_m = 4M_1 M_2 E/(M_1 + M_2)^2$ 为最大传递能量;M_1 和 M_2 分别为材料原子和入
射离子的质量;U_0 为材料元素的势垒高度,也是材料元素的升华能;α 为与 M_1/M_2

有关的量,对于不同的质量比,其值在 0~1.5。

（3）实际的溅射率计算:

$$
Y = \frac{\dfrac{w}{m} \times 6.022 \times 10^{23}}{It \times \dfrac{1}{1.6 \times 10^{-19}}} = \frac{w}{mIt} \times 10^4 \tag{8-9}
$$

式中,w 为 t 时间内材料的质量损失(g);m 为材料的原子量;I 为离子电流(A)。

然而在实际应用中,结合推力器的实际试验结果对溅射的理论模型不断进行校正,根据处理问题的关注点,分别发展了栅极溅射模型和陶瓷材料的溅射模型(Schinder et al.,2013)。

Bohdansky 栅极溅射模型(Tartz et al.,2005;Garcia - Rosales et al.,1995):

$$
Y(E, \alpha = 0°) = Qs_n(\varepsilon) \left[1 - \left(\frac{E_{th}}{E} \right)^{2/3} \right] \left(1 - \frac{E_{th}}{E} \right)^2 \tag{8-10}
$$

式中,ε 和 s_n 分别为损伤的能量和碰撞截面;Q 为尺度因子;E_{th} 为溅射能量阈值;Q 和 E_{th} 采用拟合参数。

$$
\varepsilon = E(eV) \frac{M_2}{M_1 + M_2} \frac{0.032\,55}{Z_1 + Z_2(Z_1^{2/3} + Z_2^{2/3})^{1/2}} \tag{8-11}
$$

$$
s_n(\varepsilon) = \frac{0.5\ln(1 + 1.228\,8\varepsilon)}{\varepsilon + 0.172\,8\sqrt{\varepsilon} + 0.008\varepsilon^{0.150\,4}}
$$

式中,Z_1 和 Z_2 为电荷数;M_1 和 M_2 分别为溅射靶相对原子和入射离子质量。

在离子推力器中,材料种类对溅射率的影响关系可用材料元素在周期表中的位置来说明。在相同条件下,用同种离子对不同元素材料轰击,如表 8 - 17 所示,得到不同溅射率。溅射率呈周期性的变化,一般规律是溅射率随材料元素原子序数增加而增大(同一周期)。但在入射离子能量相同的条件下,各种惰性气体的溅射率大体相同。

入射离子能量大小对溅射率的影响显著,当入射离子能量高于溅射能量阈值(E_{th})时,才发生溅射。溅射率与入射离子能量 E 的关系可分为三个区间: ① $E_{th} < E < 500$ eV 时,S 正比于 E^2; ② 500 eV $\leqslant E \leqslant 1\,000$ eV 时,S 正比于 E; ③ $1\,000$ eV $< E < 5\,000$ eV 时,S 正比于 $E^{1/2}$。也就是说,材料溅射只能在入射离子的一定能量区间内发生。

溅射率随离子入射角的变化,可从两方面进行解释: ① 高能入射离子轰击材料表面,引起材料表面原子的级联碰撞(图 8 - 16),导致某些原子被溅射,级

联碰撞扩展范围与入射离子能量及入
射角有关,在大入射角情况下,级联碰
撞集中于很浅的表面层,致使溅射率急
剧下降。② 对于不同的材料和入射离
子,最大的溅射率对应一个最佳的入射
角。在离子推力器中,材料多选用钼、
钛、钽、镍和钨,入射角度对溅射率的影
响较大。

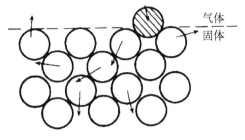

气体
固体

图 8-16　溅射级联碰撞示意图

　　表 8-18 给出的是入射离子能量分别在 150 eV 和 200 eV 时,Xe^+ 对不同材料的溅射率和溅射能量阈值能。从表 8-18 中钼和碳材料的溅射率数据可以看出,碳材料的溅射率比金属钼小得多,这也是离子推力器加速栅材料采用石墨的主要原因。当然最好的策略是屏栅和加速栅同时采用碳材料栅极,原因是钼和碳两种材料的热膨胀系数不同,在推力器工作时栅极的热形变不同,导致加速栅和屏栅的间距变化,影响推力器的性能。

表 8-18　入射离子种类对溅射率的影响

材　料	溅射率（原子/离子）		溅射能量阈能/eV
	200 eV	150 eV	
钼（Mo）	0.250	0.110	27
钛（Ti）	0.150	0.080	18
碳（C）	0.077	0.034	28
钽（Ta）	0.140	0.050	30

8.3.2　高能粒子轰击引发的二次电子发射

　　二次电子发射是指高能粒子流轰击材料表面,使材料核外电子脱离原子核束缚而发射,发射的电子称为次级或者二次电子,二次电子数目取决于入射粒子的速度、入射角、材料性质和表面状态。二次电子发射与材料溅射刻蚀的区别在于,二次电子发射不存在材料质量损失。在离子推力器中,撞击壁面发生弹性反射的电子也称为二次电子。二次电子一般都是在材料表层 5~10 nm 深度发射出来,能量不超过 50 eV,大多数二次电子能量仅有几个电子伏特。二次电子发射对离子推力器推进剂等离子体电离效率和性能有重要的影响,因此在离子电推进中重点关注放电室二次电子的发射物理过程。

　　电子、离子及光子都可引起二次电子发射,二次电子发射主要影响离子推力器等离子体的电离过程。一般地,轰击材料表面的粒子种类不同,产生二次电子发射过程也是不一样的。例如,电子轰击时,电子能穿入物体内部,产生体积效应。而

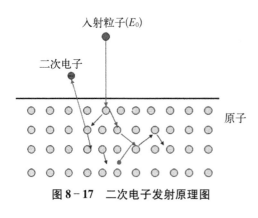

图 8-17 二次电子发射原理图

重离子轰击时,只是引起表面反应。二次电子发射原理图如图 8-17 所示。

通常笼统地将轰击的电子称为一次电子,从表面出来的全部电子都称为二次电子。然而实际上在二次电子中除了真正的二次电子发射外,还混有弹性散射和非弹性散射的一次电子。表征二次电子发射的主要参量是二次电子发射系数 γ_{se},它的数值等于二次电子数 N_2 与一次电子数 N_1 比,即

$$\gamma_{se} = N_2/N_1 \tag{8-12}$$

也即是说,γ_{se} 表示平均一个电子打出几个二次电子(包括一次电子散射和真正的二次电子发射)。当入射能量为 100~1 500 eV 时,金属钼的二次电子发射系数为 1.0~1.3,金属钽的二次电子发射系数为 0.8~1.4。

二次电子发射和光发射一样,是一个极为复杂的发射现象。一般来说,逸出功大的金属,二次电子发射系数 γ_{se} 也越大,但材料表面的逸出功对二次电子的发射不是决定因素。不同金属材料的发射系数、入射粒子能量和逸出功的关系如表 8-19 所示。发射系数与逸出功的依赖关系不是通过逸出机理表现出来的,而是通过二次电子产生的过程表现出来的。对于给定的金属,逸出功减小,二次电子发射系数将增大。

表 8-19 不同金属材料的发射系数、入射粒子能量和逸出功的关系

材　　料	二次电子发射系数 γ_{se}	入射粒子能量 E/eV	逸出功 ϕ/eV
Ta	1.3	500	4.13
Al	1.0	300	4.2
Mo	1.25	375	4.24
W	1.4	700	4.5
Ni	1.31	550	4.61

试验证明,对于光滑表面入射角 θ 不等于 0 时的二次电子发射系数 γ_{se} 比入射角等于 0 时(垂直入射时)的大。两者之间大致有如下关系:

$$\gamma_0 = \Delta e^{-\alpha x_m}$$
$$\gamma_\theta = \Delta e^{-\alpha x_m \cos\theta} \tag{8-13}$$

可得

$$\gamma_\theta = \gamma_0 e^{-\alpha x_m (1-\cos\theta)} \tag{8-14}$$

式中,α 为吸收系数;x_m 为扩散距离;Δ 为二次电子数。γ_{se} 增大的解释是:因为入射角不等于 0 时,原初粒子穿入金属内部的深度较浅,所激发的二次电子位置离表面较近,所以比较容易逸出金属。

氙离子在电极电场的作用下获得能量,高能离子轰击电极产生二次电子。二次电子生成的通量为 $\Gamma_e = \gamma_{se}\Gamma_i$,经过等离子体与材料表面的鞘层电场加速返回到主等离子体。金属电极 γ_{se} 的典型值为 0.1~0.2,二次电子获得的能量取决于电极电压的值,最高值可达约 2 V。在直流放电中,为了满足电流的连续性,必须要有二次电子。

二次电子的另一个效应是离子推力器等离子体电功率的吸收效率提升,能量一部分用于电离和其他碰撞过程,另一部分损失在发射电子电势较低的表面上。当气压为 10 MTorr 和 $\gamma_{se} = 0.1$ 时,二次电子效应使等离子体总吸收功率增加 30%,且不影响大多数的等离子体参数。

在 10 MTorr 的相对高气压下,由于等离子体可以更多地吸收二次电子携带的能量,所以二次电子效应对放电的影响更强一些。在相对高气压条件下,随着电压的增加,等离子体会向另一个模式过渡,等离子体逐渐由二次电子电离过程来维持。试验证明,当气压为 3 MTorr 时,绝大部分的二次电子都被等离子体吸收,在这个气压和更高的气压下,鞘层中还会出现二次电子倍增的过程。

二次电子发射的主要物理过程如下。

原初粒子射入材料表面,在材料内发生能量损失,激发产生二次电子向材料表面运动,运动过程中会发生与"自由电子"碰撞和与离子复合的现象,到达表面的二次电子克服势垒逸出。只有垂直入射于表面的能量大于势垒时才有逸出的可能。

二次电子发射系数定量计算过程如下。

假设入射粒子的能量为 E_p,粒子进入材料表面距离 x 的能量为 E_{px},激发产生的二次电子数目为 $N(x)$,x 处的二次电子运动到材料表面并逸出的概率为 $\kappa(x)$。这样,一个初始能量为 E_p 的粒子在材料内按其运动轨迹在 $x-x+dx$ 距离内产生的二次电子数目的数学表达式为 $\kappa(x)N(x)$。若原初粒子在材料内沿其运动轨迹总行程为 L,则上式可以写为积分的形式:

$$\gamma = \int_0^L \kappa(x)N(x)\,dx \tag{8-15}$$

要准确计算 γ,必须给出 $\kappa(x)$ 和 $N(x)$ 的表达式。

在经典理论中,惠丁顿定律(Bruining,1954)可以表示 $N(x)$ 与入射粒子射入材料能量损失的规律。假设粒子射入材料后,按直线运动前行,由能量守恒定律和

动量守恒定律导出惠丁顿定律的表达式为

$$\frac{\mathrm{d}E_{\mathrm{p}}(x)}{\mathrm{d}x} = -\frac{A}{E_{\mathrm{p}}(x)} \tag{8-16}$$

式中，A 由材料的密度和原子序数决定。改写公式如下：

$$\frac{\mathrm{d}E_{\mathrm{p}}(x)}{\mathrm{d}x} = -\frac{A}{E_{\mathrm{p}}^{n-1}(x)} \tag{8-17}$$

式中，n 可以由试验测出。若 $n=2$，则该式等同于式(8-16)，对此方程在二次电子总行程为 L 内积分得

$$\int_{E_{\mathrm{p}}}^{E_{\mathrm{p}}(x)} E_{\mathrm{p}}^{n-1}(x)\,\mathrm{d}E_{\mathrm{p}}(x) = -\int_{0}^{x} A\,\mathrm{d}x \tag{8-18}$$

$$E_{\mathrm{p}}^{n}(x) = E_{\mathrm{p}}^{n} - Anx \tag{8-19}$$

当 $x=L$ 时，$E_{\mathrm{px}}=0$，故得

$$L = \frac{E_{\mathrm{p}}^{n}}{An} \tag{8-20}$$

$N(x)$ 与总行程上的能量损失率成正比，得到 $N(x)$ 的表达式为

$$N(x) = \frac{1}{\alpha}\frac{\mathrm{d}E_{\mathrm{p}}(x)}{\mathrm{d}x} \tag{8-21}$$

式中，α 表示要产生一个二次电子，粒子能量损失率的平均值。

当产生的二次电子向表面运动时，与晶格原子、自由电子发生碰撞，而碰撞概率与二次电子的行进路程 $\mathrm{d}x$ 成正比，由此得

$$P(\mathrm{d}x) = \beta\mathrm{d}x \tag{8-22}$$

式中，β 为常数，也可以理解为单位路程上的吸收系数。相反，在 $\mathrm{d}x$ 的路程内不发生碰撞的概率可表示为

$$\kappa(x) = 1 - P(x) = 1 - \beta\mathrm{d}x \tag{8-23}$$

则 $\kappa(x+\mathrm{d}x) = \kappa(x) \cdot \kappa(\mathrm{d}x) = \kappa(x)(1-\beta\mathrm{d}x)$。

将等式左边按泰勒级数展开，并忽略高次项后得到

$$\kappa(x) + \frac{\mathrm{d}\kappa(x)}{\mathrm{d}x}\mathrm{d}x = \kappa(x) - \beta\kappa(x)\mathrm{d}x \tag{8-24}$$

整理并积分式(8-24)：

$$\int_{\kappa_0}^{\kappa(x)} \frac{\mathrm{d}\kappa(x)}{\mathrm{d}x} = -\int_0^x \beta \mathrm{d}x \tag{8-25}$$

即得到逸出概率的表达式为

$$\kappa(x) = \kappa_0 \exp(-\beta x) \tag{8-26}$$

这种方法用于描述二次电子向表面运动的过程是非常粗略的,但至今看来仍不失为一种较好的近似分析方法(Hao et al.,2012)。将 $N(x)$ 和 $\kappa(x)$ 代入二次电子发射系数表达式 γ 得

$$\gamma = -\int_0^L \frac{\kappa_0}{\alpha} \frac{\mathrm{d}E_\mathrm{p}(x)}{\mathrm{d}x} \mathrm{e}^{-\beta x} \mathrm{d}x \tag{8-27}$$

由于 $E_\mathrm{p}(x) = [An(L-x)]^{1/n}$,代入式(8-27)得

$$\gamma = \int_0^L \frac{\kappa_0}{\alpha} A[An(L-x)]^{\frac{1-n}{n}} \mathrm{e}^{-\beta x} \mathrm{d}x \tag{8-28}$$

8.3.3　材料表面能量沉积

能量沉积是一种能量给出的过程,在这个过程中离子推力器内的等离子体把部分能量传递给固体材料表面(等离子体电子/离子/中性原子轰击、辐射材料表面等方式),使得等离子体的能量沉积在材料表面并转化为热能而损失掉。

能量沉积是等离子体与材料弹性碰撞和非弹性碰撞能量转移的结果,可以采用能量输运的方程来描述。等离子体通常处于非热力学平衡态,粒子之间的非弹性碰撞导致在等离子体中发生粒子迁移、动量迁移和能量迁移的过程,这些过程称为等离子体的粒子和能量的输运。

能量输运方程本质上是动量方程,但解动量方程一般是十分困难的。通常采用宏观的电磁流体方程来讨论问题,在输运问题中这些方程也称为输运方程。出现在输运方程中的各种输运系数一般由试验确定或由动量方程求出,确定输运系数是输运理论的基本任务。在离子推力器中等离子体的能量沉积(能量输运)方程可以用运动方程和广义欧姆定律来描述。

运动方程：

$$\rho\left[\frac{\partial v}{\partial t} + (v \cdot \nabla)v\right] = \nabla p + \frac{1}{c}j \times B \times F \tag{8-29}$$

广义欧姆定律：

$$\frac{\partial j}{\partial t} = \frac{\rho e^2}{m_e m_i}\left(E + \frac{1}{c}v \times B \right) + \frac{e}{m_e}\nabla p_e - \frac{e}{m_e c}j \times B + \frac{e}{m_e}\nabla \cdot \pi_e - \frac{e}{m_e}R_e$$

$$(8-30)$$

式中,下标 i 与 e 分别代表离子和电子;$\rho = \sum_j m_j n_j \approx m_j n_i$、$\bar{v} = \frac{1}{\rho}\sum_j m_j n_j \bar{v}_j$、$p = \sum_j p_j$、$j = \sum_j e_j n_j \bar{v}_j$ 分别是质量密度、流体速度、总压强及电流密度;F 包括黏滞力、重力及电场力等。当体系的状态对平衡态的偏离不大时,"流"可表达为"力"的线性组合,其系数称为输运系数。令 Z_m 代表"力",I_m 代表"流",则有

$$I_m = \sum_n L_{mn} Z_n \qquad (8-31)$$

式中,输运系数 L_{mn} 具有一定的对称性(昂萨格倒易关系)。

在离子推力器等离子体放电过程中采用的氙(Xe)工质有两种能量形式:电离能和激发能。其中,Xe 原子的电离能会被 Xe 离子在磁场作用下带走离开放电室而不会沉积在推力器上,但是对于激发能,当一个中性原子或离子受到激发后获得较高的热能,处于激发态时(热能量达到一定程度会向外辐射一定能量)可向外辐射能量,并最终沉积在放电室内表面上。

对于总的放电室内表面 A_{dc} 上能量的沉积,可以通过对能量在放电室内各处的面积(A_{an}:阳极表面面积;A_{sg}:离子光学系统面积;A_k:阴极触持极面积)上的沉积来进行简化计算,即

$$A_{dc} = A_{an} + A_{sg} + A_k \qquad (8-32)$$

考虑阳极壁面的能量沉积,阳极筒表面能量的沉积主要由原初电子 $P_{an}^{p^-}$、二次电子 $P_{an}^{m^-}$、离子 $P_{an}^{i^+}$,以及放电室等离子体云团内部处于激发态的离子和原子的辐射能 P_{an}^* 组成。原初电子在阳极沉积的能量可以通过沉积的原初电子总电流与阳极表面逸出功(克服逸出功才能造成能量沉积)加上放电室电势差(V_D)与阴极触持极之间的电势差(V_C)的乘积得到,即

$$P_{an}^{p^-} = I_{an}^{p^-}\left[\phi_{an} + (V_D - V_C) \right] \qquad (8-33)$$

在放电室中,可以认为等离子体电势相对于阳极处于正电势,所以二次电子在阳极沉积的能量 $P_{an}^{m^-}$ 可以根据二次电子温度及阳极表面逸出功来计算得出,即

$$P_{an}^{m^-} = I_{an}^{m^-}(\phi_{an} + 5T_m/2) \qquad (8-34)$$

Xe$^+$ 离子在阳极表面会造成能量沉积,该能量沉积过程主要是 Xe$^+$ 离子被阳极

表面沉积的电子中和,因此离子在阳极的能量沉积可以通过阳极电势差 V_{an}、离子热能温度(认为与处于热能化状态的中性原子的温度 T_n 相同)、氙原子离化能 U_{Xe}^+,阳极功函数 ϕ_{an} 来计算得出,即

$$P_{an}^{i+} = I_{an}^{i+}(V_{an} + 5kT_n/2e + U_{Xe}^+ - \phi_{an}) \tag{8-35}$$

由于等离子体云团中处于激发态的 Xe$^+$ 和 Xe 会向整个放电室内表面辐射,而阳极吸收的辐射能量则由整个阳极内表面面积 A_{an} 及放电室中会被辐射到的总面积 A_{DC} 决定,即

$$P_{an}^* = A_{an}(P_{Xe}^* + P_{ion}^*)/A_{DC} \tag{8-36}$$

放电室内部等离子体在阴极触持极造成能量沉积,同阳极一样,阴极触持极表面能量沉积同样是由离子、电子及激发态辐射能造成的,其中,Xe 离子在阴极触持极表面沉积能量可以通过触持极离子电流 I_k^+、等离子体势能 $V_D + V_{an}$、阴极触持极电势 V_k、中性原子温度 T_n、电离阈能 U_{Xe}^+,以及阴极触持极的逸出功 ϕ_k 计算得出,即

$$P_k^+ = I_k^+ \left[(V_D + V_{an} - V_k) + 5kT_n/(2e) + U_{Xe}^+ - \phi_k \right] \tag{8-37}$$

等离子体云团相对于阴极触持极处于高电势,因此认为只有能量最高的电子(即二次电子)才能突破电场力作用在阴极触持极表面造成能量沉积,该能量由触持极二次电子电流 I_k^-、触持极逸出功 ϕ_k,以及二次电子温度 T_m 决定,即

$$P_k^- = I_k^-(\phi_k + 5T_m/2) \tag{8-38}$$

等离子体云团内部处于激发态的原子或是离子同样会对阴极触持极表面造成辐射影响,该辐射能由触持极辐射面积与放电室的总面积决定,即

$$P_k^* = A_k(P_{Xe}^* + P_{ion}^*)/A_{DC} \tag{8-39}$$

除了阳极和阴极触持极之外,还需要考虑等离子体在屏栅表面造成的能量沉积。屏栅获得的热能主要来自离子在光学系统表面的能量沉积,由于等离子体云团相对于屏栅处于正(高)电势,所以屏栅上的能量沉积 P_{sg}^+ 可以根据屏栅离子电流 I_s^+、等离子体与栅极之间的电势差 $V_D + V_{an}$、Xe 离子(原子)温度 T_n、电离势能及屏栅的逸出功 ϕ_{sg} 来计算得出,即

$$P_{sg}^+ = I_s^+ \left[(V_D + V_{an}) + 5kT_n/(2e) + U_{Xe}^+ - \phi_{sg} \right] \tag{8-40}$$

二次电子在屏栅上的能量沉积可以通过栅极二次电子电流 I_s^-、屏栅的逸出功 ϕ_{sg},以及二次电子温度 T_m 得出,即

$$P_{sg}^- = I_s^-(5T_m/2 + \phi_{sg}) \tag{8-41}$$

等离子体内部激发能对屏栅的辐射与阳极、触持极表面辐射能计算一致,但必须考虑屏栅的透明度,即

$$P_{sg}^* = (1 - \phi_{sg}) A_{sg} (P_{Xe}^* + P_{ion}^*) / A_{DC} \qquad (8-42)$$

此外,等离子体还会在加速栅表面造成能量沉积。由于加速栅带负高压,所以其上的热能主要来源于加速栅与离子间的电荷交换,以及放电室内等离子体云团的辐射能量。离子冲击造成的能量沉积 P_{ag}^+,是由参与电荷交换的离子电流 I_{ag}^+(在计算中,一般以加速栅电流给出,即 $6 \sim 8$ mA),以及加速栅电势差 V_{ag}(一般是通过测量加速栅的势能得到)、离子/中性原子温度 T_n、电离能 U_{Xe}^+、加速栅逸出功 ϕ_{ag}(一般认为与屏栅的逸出功相同)来决定的,即

$$P_{ag}^+ = I_{ag}^+ \left[V_{ag} + 5kT_n / (2e) + U_{Xe}^+ - \phi_{ag} \right] \qquad (8-43)$$

加速栅受到的辐射能,只有通过屏栅栅孔的部分,可以通过等效的办法来进行计算,即

$$P_{ag}^* = (\phi_{sg} - \phi_{ag})(P_{Xe}^* + P_{ion}^*) A_{ag} / A_{DC} \qquad (8-44)$$

最后,放电室内还有一个重要热源,即阴极自身的热损,空心阴极的自持弧光放电,此时阴极继续向放电室发射原初电子并维持一定的阴极温度。整个过程中空心阴极的发射电子电流 I_{pe} 与阴极温度 T_{cath} 之间满足 Richardson - Dushman 公式,即

$$I_{pe} = A_p S_e T_{cath}^2 \exp \left[-e\phi / (kT_{cath}) \right] \qquad (8-45)$$

根据式(8-45)中射电流 I_{pe} 估算出阴极温度 T_{cath}。

8.4   材料表面场击穿物理过程

8.4.1   真空环境下的电极表面场击穿物理

在真空环境下,空间里面的气体分子已经很少,气体分子的平均自由程 λ 很大,以至于 $\lambda \gg d$(d 为间隙的距离),电子在电极间的碰撞很少,不能用汤生理论来解释电击穿,并且帕邢定律也不再适用,此时的击穿就需要寻求新的理论解释。和气体放电击穿一样,高真空环境中若击穿能够发生,则同样需要两个条件:第一,需要在电极间或电极表面有初始的电子或离子来源;第二,需要有一些使带电粒子数量倍增的机制,可以使电流增长,形成导电通道。目前,对于真空击穿主要有以下两种解释:场致发射击穿和微粒击穿。下面将分别介绍场致发射击穿和微粒击穿的具体物理过程。

1. 场致发射击穿

场致发射击穿在真空击穿中起到很重要的作用,其基本物理过程开始于由阴

极晶须或其他微尖峰发射出的电子,并且由外加的电场将这些电子引出电极表面。当阳极电压足够大或电极之间距离足够小时,引出的电子将获得足以电离中性粒子的能量。如图 8-18 所示,当阳极外加电场强度为 10^6 V/cm,电极间距为 1 cm 时,电子在电极表面 10^{-4} cm 处将获得 100 eV 的能量,这足以通过碰撞使电极表面的中性粒子(这些中性粒子来源于电极表面吸附的原子、分子由于加热游离到电极表面)电离产生等离子体,俗称"打火"。

由此可知,场致发射击穿的本质及其基本规律 $j = f(E)$,即电流密度依赖电场的关系。场致发射击穿是电子强电场中穿过金属—真空边界位垒的隧道效应。由海森伯关系式可知,产生场致发射击穿所需的电场强度大小为 $E = (2m\phi^3)^{1/2} / \hbar e$。场致电子发射现象的理论根据,是在量子力学隧道效应发现以后,由福勒和诺尔根莫在 1928~1929 年给出的(福勒诺尔根莫理论)。场致电子发射的基本关系式,将电流密度 j 与金属表面电场强度 E 联系起来。

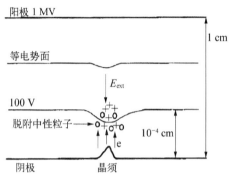

图 8-18　100 V 等势面附近电子与中性粒子的碰撞电离示意图

$$j = 1.55 \times 10^{-6} \frac{E^2}{t^2(y)\phi} \exp\left[- \frac{6.85 \times 10^7 \phi^{3/2}}{E} \theta(y) \right] \qquad (8-46)$$

式中,ϕ 为金属的逸出功(eV);j 为场致电子电流密度(A/cm²);E 为金属表面电场强度(V/cm);$t(y)$ 和 $\theta(y)$ 均为量 $y = 3.62 \times 10^{-4} E^{1/2} \phi^{-1}$ 的函数。实际计算中取 $t^2(y) \approx 1.1$,$\theta(y) \approx 0.95y^2 \sim 1.03y^2$。由式(8-46)可进一步推导得

$$j = 1.4 \times 10^{-6} \left(\frac{E}{\phi} \right)^2 \times 10^{4.39(\phi^{-1/2})} \times 10^{-2.82 \times 10^7 (\phi^{3/2}/E)} \qquad (8-47)$$

由式(8-47)得出,在场致电子电流密度相对不高($j < 10^8$ A/cm²)的情况下,给定的发射体关系式,即 $\lg(j/E^2) = f(1/E)$ 将有直线形式,如图 8-19 所示。然而,在场致电子电流密度更高的情况下,函数 $j(E)$ 实际上与逸出功 ϕ 无关,其原因之一是发射体附近电子体积电荷的影响,因为它限制了场致电子电流密度。

在电子的空间电荷开始造成影响的条件下,关系式 $j(E)$ 由 Child-Langmuir 定律决定,并具有如下形式:

$$j = \frac{4}{9} \varepsilon_0 \sqrt{\frac{2e}{m}} E^{3/2} \gamma_E r_3^{-1/2} \qquad (8-48)$$

式中,γ_E 为由发射体形状和尺寸决定的系数,其值约为 1;r_3 为发射体表面半径;

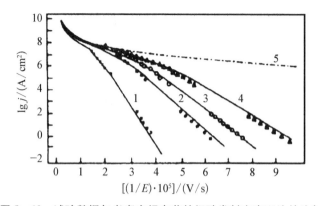

图 8 – 19　试验数据与考虑空间电荷的场致发射击穿理论的比较

金属逸出功 $j(E)$，eV：1 – 4.50；2 – 3.19；3 – 2.80；4 – 2.44；5 –
Child – Langmuir 曲线

ε_0 为介电常数。关系式(8 – 48)表示在图 8 – 19 上(曲线 5)。

Schwirzke(1991)在试验中发现的阴极表面阴极斑(图 8 – 20)的产生也可以通过场致发射击穿理论进行初步分析,电极表面由场致发射电子碰撞产生的正离子由于电场的加速作用轰击到阴极表面形成阴极斑。但阴极斑结构的形成和高场致电子电流密度的机理目前还尚未研究透彻,需要进一步的研究分析,但这并不是本书所关心的,因此在这里不做进一步详细介绍。此外,为了防止真空击穿的发生,最常用的一种后处理工艺就是老炼(俞永波等,2014)。老炼根据放电性质不同可分为电流老炼和电压老炼。老炼工艺可以对真空击穿特性进行改进,研究表明经过老炼的处理工艺可将击穿峰值电场强度降低 70%以上。

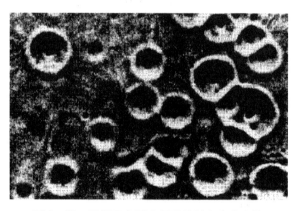

图 8 – 20　不锈钢表面由场致发射击穿产生的
阴极斑(图像分辨率为 10 μm)

2. 微粒击穿

电极表面存在一些弱束缚的微粒,这些微粒可能是疏松地黏附于电极表面或飞入电极间的外来材料,也可能是含有弱键的电极材料本身。在静电场的作用下,这些微粒感应带电,并携带电荷离开电极表面,加速撞击对面的电极,将动能转化为热能,引起局部加热、汽化,释放出大量金属蒸气,形成更多的带电粒子,最终引起间隙击穿。

8.4.2　气体环境对表面击穿的影响

气体环境下的放电击穿属于比较常见的击穿情况,在气体环境下,相对较大空间尺度下可以用汤生理论很好地解释气体放电中观察到的帕邢定律。这部分的理论已在第 2 章做了详细的介绍,这里不再赘述。在本小节中,主要关注气体环境对电极表面击穿的影响。与 8.4.1 节不同的地方在于电极表面的空间不再是真空环境,原初电子的产生不仅来源于阴极表面的微尖发射,还可能来自气体本身产生的游离电子。

一般来说,气体环境下的电流击穿需要足够强的电场将绝缘气体转变成导电的等离子体。气体和电极是击穿机制的两个非常重要的部分,因此电击穿的发生与气体和电极的参数密切相关,如气体的类型(电负性或电正性)、气体的压强和电极间距等。气体中的击穿电流主要是由自由电子在强电场的作用下运动产生的,在电正性气体中由于更容易失去电子所以自由电子数量会增加;对于电负性气体,由于自由电子更容易被捕获而产生负离子,所以自由电子的数量会减少,需要产生电流击穿的电压也要更高。

在电极间距远远大于电子自由程的情况下,击穿的发生属于流柱放电击穿机制,这种放电击穿一般发生在电极间距为米或千米量级的情况下,例如,常见的闪电就属于大气中流柱放电击穿产生的现象。在电极间距很近(电子自由程量级)的情况下,放电击穿的发生可以由汤生放电击穿机制来解释,其中包括了自由电子在电场加速下碰撞电离及正离子轰击阴极表面产生二次电子的物理现象。在离子电推进器中,绝大多数的非预期放电的发生属于后者,如栅极间、阳极与接地壁面之间这种距离比较近的情况下。

击穿时的稳态放电电流由汤生电流方程(Townsen,1910)给出:

$$i = \frac{i_0 e^{ad}}{1 - \gamma(e^{ad} - 1)} \tag{8-49}$$

当方程式(8-49)的分母 $1 - \gamma(e^{ad} - 1) > 0$ 时,电极间的放电电流是不能自持的,一旦在电场和汤生电离系数 α 足够大的情况下 $1 - \gamma(e^{ad} - 1) \approx 0$,此时放电电流由非自持电流变成自持电流,这也是放电击穿的开始。根据汤生经验公式给出电离系数:

$$\alpha = Ap e^{(-Bp/E)}$$

式中，p 为气体压强；E 为电场；A 和 B 为常数。

　　将 α 代入方程式(8-49)中可得到击穿电压和电场的表达式：

$$V_b = \frac{B(pd)}{C + \ln(pd)}, \quad E = \frac{B}{C + \ln(pd)} \qquad (8-50)$$

式中，$C = \ln A - \ln(1 + 1/\gamma)$，常数 A、B 和 C 由 Raizer(1991)给出。方程式 (8-50)中的击穿电压 V_b 与 pd 的关系的曲线也就是帕邢曲线。最小的击穿电压 也可由方程式(8-50)计算得到，最低击穿电压阈值 V_b^{min} 为

$$V_b^{min} = \frac{eB}{A}\ln(1 + 1/\gamma) \qquad (8-51)$$

　　由方程式(8-50)可得到电场为

$$\left(\frac{E}{p}\right)_{V_b^{min}} = B \qquad (8-52)$$

$$(pd)_{V_b^{min}} = \frac{e}{A}\ln(1 + 1/\gamma) \qquad (8-53)$$

式(8-51)~式(8-53)中，$e = 2.72$ 为自然对数。

　　此外，在很多情况中电极间电压并不高甚至没有达到最低击穿电压阈值，却仍 然发生了放电击穿。这种情况大多是由电极表面不光滑的微尖峰导致的电场增 强，这种增强的电场常常会比电极间的外加电场大很多倍，一般采用场增强因子 β 来衡量增强电场。

$$\beta = \frac{E_e}{E_a} \qquad (8-54)$$

式中，E_e 为由增强电场产生的有效电场；E_a 为电极间外加电场。场增强因子 β 的 大小与电极表面的微尖峰密度及微尖峰的几何形状有密切的关系，Forbes 等 (2003)给出了场增强因子 β 的表达式：

$$\beta = 1.2(2.15 + h/r)^{0.9} \qquad (8-55)$$

式中，h 和 r 分别为微尖峰的高度和尖端半径。

　　以碳纳米管作为产生增强场的微尖峰，Salman 等(2013)研究了击穿电压与气 体压强之间的关系，如图 8-21 和图 8-22 所示。图 8-21 给出电极表面有导致场 增强的微尖峰和没有微尖峰两种情况下击穿电压和气体压强之间的关系；图 8-22 给出电极表面不同的微尖峰密度对击穿电压产生的影响，可以发现微尖峰密度过 大的情况下会出现静电屏蔽效应导致电场增强的减弱，从而使击穿电压增大。

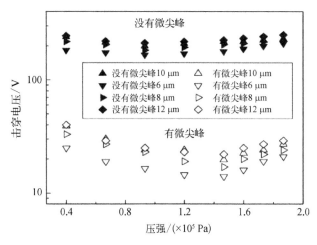

图 8-21　电极表面有导致场增强的微尖峰和没有微尖峰
两种情况下击穿电压和气体压强之间的关系

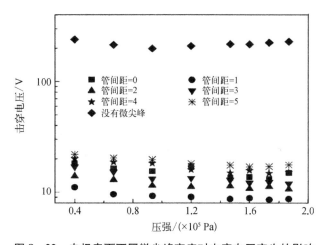

图 8-22　电极表面不同微尖峰密度对击穿电压产生的影响

8.4.3　等离子体环境对表面击穿的影响

等离子体环境相比于真空和气体环境,自由电子和自由离子的密度更高,或者说已经在电极之间形成了稳定放电。电极的几何特性与气体环境中的击穿机制类似,只是具体的参数大小不同,因此这里不再阐述。本小节主要聚焦等离子体的动理学效应对电极表面击穿性质的影响。

等离子体中具有相较于真空和气体环境中密度更高的自由电子和自由离子,这使得在电极表面由等离子体的运动会产生新的击穿物理机制。以阳极为例,更高密度的自由电子束运动使得阳极表面温度升高,随着阳极表面温度的升高,阳极表面材料将会蒸发产生蒸汽,从而进一步出现蒸气与自由电子碰撞电离而产生的

放电击穿现象。图 8-23 给出阳极表面温度材料不同温度增量下电极间距与相应
所需要时间的数值关系(Djogo and Cross,1998)。

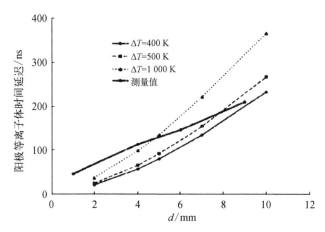

图 8-23　阳极表面温度材料不同温度增量下电极
间距与相应所需要时间的数值关系

由图 8-23 可以看出,电子束流加热阳极表面的时间尺度在 10^2 ns 量级,相比
于电子轰击阳极导致的放电击穿产生等离子体过程要慢很多。表 8-20 给出不同
阳极温度条件下,阳极表面吸附的气体元素和材料元素向真空扩散的速度。

表 8-20　不同阳极温度条件下,阳极表面吸附的气体
元素和材料元素向真空扩散的速度

阳极 T/K	真空中的扩散速度			
	H	H_2	H_2O	Cu
600	8 933	7 237	2 105	1 121
900	10 941	8 863	2 578	1 373
200	15 473	12 535	3 647	2 046
4 000	23 067	18 686	5 437	2 894

Mesyats 等(1989)提出阴极等离子体团簇是由阴极微尖峰发射爆炸产生的,由
于发生的时间尺度很短(约 1 ns),材料的热形变忽略不计,全部的能量消耗在材料
的熔化、火汽化及电离形成等离子体的过程中。当等离子体团簇的半径扩散到
50 m 以上时,等离子体扩散速度基本稳定,由 Zeldovich 等(1967)给出阴极等离子
体扩散速度的表达式:

$$v_e = \sqrt{\frac{4\gamma}{\gamma - 1}u} \qquad (8-56)$$

$$u = \frac{1}{\gamma - 1} \frac{RT}{M} \qquad\qquad (8-57)$$

式中，γ 为气体绝热指数；u 为单位质量气体的内能；R 为气体常数；M 为气体分子量；T 为初始阴极表面气体温度。由于等离子体在电极表面的运动产生动理学效应，比如团簇的扩散等将会导致电极间的放电电压降低甚至崩塌。这种电压的下降与很多因素有关，图 8-24 给出均匀电极间隙情况下，电压下降时间与电极间隙距离在不同等离子体团簇扩散速度 v_c 和团簇数量 N 情况下的变化结果。

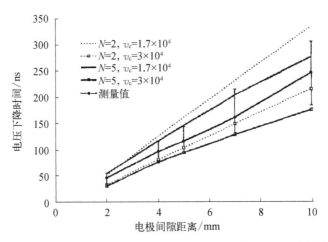

图 8-24　均匀电极间隙情况下，电压下降时间与电极间隙距离的关系
（几种离子体团簇扩散速度 v_c 和团簇数量 N 的情况）

　　由于等离子体的特性，外加磁场位型对等离子体中的粒子运动有很大的影响，所以可以利用这一性质构造合理的磁场位型约束及限制等离子体在电极和壁材料表面附近的运动，从而可以避免一些非预期放电击穿现象的出现，如图 8-25 所

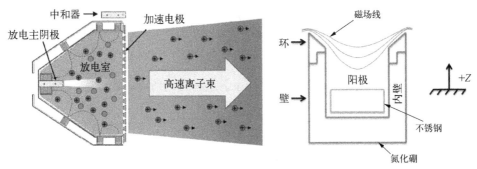

(a) 离子电推进器放电室中阳极屏蔽磁场的位型

(b) 霍尔电推进器放电通道电极和壁材料磁屏蔽磁场位型

图 8-25　离子和霍尔电推进器屏蔽磁场位型

示,即通过磁屏蔽来约束等离子体在电极和壁材料表面附近运动的磁场位型。

参考文献

米夏兹,2007.李国政,译.真空放电物理和高功率脉冲技术,北京:国防工业出版社.

俞永波,杨兰兰,屠彦,等,2014.电极表面形态对真空击穿特性的影响.电子器件,37(3):385 - 389.

Bruining H, 1954. Physics and application of secondary electron emission. London: Pergamon Press.

Daniel A H, George C S, Michael J P, 2009. Status of the NEXT long-duration test after 23,300 hours of operation. AIAA - 2009 - 4917/NASA/TM—2009 - 215837.

Djogo G, Cross J D, 1997. Circuit modeling of a vacuum gap during breakdown. IEEE Transaction on Plasma Science, 25(4): 617 - 624.

Djogo G, Cross J D, 1998. Dependence of gap voltage collapse during vacuum breakdown on geometry and plasma dynamics. IEEE Transactions on Dielectrics & Electrical Insulation, 4 (6): 848 - 853.

Forbes R G, Edgcombe C J, Valdre U, 2003. Ultramicroscopy 95: 57 - 65.

Garcia-Rosales C, Eckstein W, Roth J, 1995. Revised formulae for sputtering data. Journal of Nuclear Material, 218(1): 8 - 17.

Hao H, Liu P, Tang J, et al., 2012. Secondary electron emission in a triode carbon nanotube field emission display and its influence on the image quality. Carbon, 50(11): 4203 - 4208.

Herbst J F, 1991. Rare earth (Ln) iron boron (Ln$_2$Fe$_{14}$B) materials: intrinsic properties and technological aspects. Reviews of Modern Physics, 63(4): 819 - 882.

Herman D A, Soulas G S, Patterson M J, 2009. Status of the NEXT long-duration test after 23,300 hours of operation. AIAA Journal.

Mesyats G A, Proskurovsky D I, 1989. Pulsed electrical discharge in vacuum. Berlin: Springer-Verlag.

Raizer Y P, 1991. Gas discharge physics. Berlin: Springer-Verlag.

Rawlin V K, Williams G J, Pinero L R, et al., 2001. Status of ion engine development for high power, high specific impulse missions. The 27th International Electric Propulsion Conference, Pasadena.

Salman M, Burhanudin Z A, Salman A, Field emission model of carbon nanotubes to simulate gas breakdown in ionization gas sensor. Journal of Applied Physics, 113(2): 241 - 243.

Schinder A M, Walker M, Jrimoli J, 2013. 3D model for atomic sputtering of heterogeneous ceramic compounds. AIAA Journal.

Schwirzke F R, 1991. Vacuum breakdown on metal surfaces. IEEE Transactions on Plasma Science, 19(5): 690 - 696.

Soulas G C, Foster J E, Patterson M J, 2000. Performance of titanium optics on a NASA 30cm ion thruster. AIAA - 2000 - 3814: 13 - 16.

Tartz M, Manova D, Neumann H, 2005. Sputter investigation of ion thrusters grid materials. AIAA Journal.

Townsend J S, 1910. The theory of ionization of gases by collision. Nature, 104(2610): 233.

Warner D J, Branam R D, Hargus W A, 2008. Low current cerium hexaboride and lanthanum hexaboride hollow cathodes. Journal of Propulsion and Power, 26(1)：130 − 134.

Williams G J, Smith T B, Glick K H, et al. , 2000. FMT − 2 discharge cathode erosion rate measurements via laser induced fluorescence. AIAA Journal.

Zeldovich Y B, Raizer Y P, 1967. Physics of shock waves and high-temperature hydrodynamic phenomena. New York：Academic Press.

第 9 章
数值计算基本方法

9.1　基本数值计算问题与数理方程

9.1.1　数值模拟必要性

离子电推进技术发展的初始阶段主要依靠试验方法,以及理论计算公式与试验结合的半经验方法。但是,随着离子电推进技术的发展,试验方法与半经验方法越来越难以满足离子电推进技术研究的要求。离子推力器的等离子体放电振荡、阴极与栅极的溅射腐蚀、离子流的引出与加速机理、离子流的中和过程与羽流效应等关键物理过程均无法用试验方法来直接获得,同时离子推力器中涉及的很多数理方程如高次代数方程的根、许多函数的积分值和大多微分方程的解都无法通过解析方法来得到。另外,与离子推力器寿命紧密相关的溅射刻蚀问题的研究,如果依靠试验方法,则周期长达数年,且成本非常高。

对离子推力器内部物理过程认识的缺失,严重限制了离子推力器的快速发展及广泛应用。自 20 世纪 50 年代以来,高容量、高性能计算机技术的兴起,对电推进技术的发展产生了极其深远的影响,使得人们在传统研究手段(试验方法和半经验方法)之外,开发了一种新型研究技术——计算机数值模拟(Fox,2007)。数值模拟是通过仿真技术手段跟踪离子推力器工作过程中粒子运动过程,得到不同粒子运动轨迹及分布规律等。模拟过程及结果可反映试验难以测量到的等离子体的内在特性,可从微观层面揭示离子推力器工作机制,快速得到影响离子推力器性能和寿命的关键因素。

数值模拟的有效利用可大大提高离子推力器研发效率、缩短产品研制周期,可为离子推力器性能提升、优化改进及试验测试提供重要技术指导。

9.1.2　数值模拟基本问题

数值计算方法是数学的一个分支,它以计算机求解数学问题的方法与理论为研究对象,其内容包括函数插值、数值微分与积分、线性方程组的解法、矩阵特征值与特征向量的计算、非线性方程(组)的解法与最优化问题的计算方法、常微分与偏微分方程的数值解法等。此外其还包括有关计算方法可靠性的理论研究,如方法的收敛性和未定型分析与误差估计等。

离子推力器的数值模拟是指采用数值计算方法来求解离子推力器等离子体电势、粒子数密度、粒子能量、粒子温度、粒子压力、热传导率等参数,进而分析等离子体放电振荡、电离效率、能量损失、粒子输运机制、粒子壁面效应等微观物理过程(马腾才等,1990)。这些等离子体相关参数的求解是通过有限迭代计算得到“充分接近准确解”的近似解,存在一定的误差。因此,模型的假设及计算方法的选择非常重要。可以将离子推力器数值模拟归纳为采用合理的数值计算方法,建立准确、高效的离子推力器等离子体数值模型,求解等离子体电势、粒子数密度、粒子温度、粒子能量、粒子压力、热传导率等微观参数,进而分析等离子体放电振荡、电离效率、能量损失、粒子输运机制、粒子壁面效应等物理问题。

离子推力器数值模拟主要包括以下三个方面的问题。

1)放电室内等离子体产生

该方面主要研究工质气体电离过程、放电室壁面粒子效应、等离子体密度与能量分布等。

研究工质气体电离过程是为了分析电离效率影响因素,探索减少离子能量损失以提高电离效率的途径。研究放电室壁面粒子效应是为了明确离子、电子与放电室壁面及阴极触持极表面碰撞时的物理机理,分析放电室表面的电子与离子损失速率,以及阴极触持极的溅射腐蚀速率。

2)栅极间离子聚焦、加速与引出

该方面主要研究栅极间离子聚焦、加速与引出的机理;分析栅极间距、栅极小孔直径等几何参数和栅极电压等电参数对栅极间离子聚焦、加速与引出过程的影响,以及栅极间离子与原子电荷交换碰撞对栅极的溅射腐蚀;寻找提高离子加速效率、抑制栅极腐蚀的途径。

3)离子流中和与羽流效应

该方面主要研究中和器发射电子电流中和栅极所引出离子流的物理过程,以及羽流区等离子体运动特性;评估和分析羽流污染效应。

9.1.3　数理方程和边界条件

离子推力器数值模拟用到的数理方程(姚宗熙,1990)主要有连续性方程、动量方程、运动方程、电子能量守恒方程、离子能量守恒方程等。

描述粒子数守恒的连续性方程可以表示为

$$\frac{\partial n_0}{\partial t} + \nabla \cdot (n_0 u) = \dot{n} \tag{9-1}$$

根据玻尔兹曼方程的一阶矩,粒子动量方程可以表示为

$$m\left[\frac{\partial[(n_0 u)]}{\partial t} + \nabla \cdot (n_0 uu)\right] = n_0 q(E + u \times B) - \nabla \cdot P - R \quad (9-2)$$

式中,$R = n_0 m \sum_a \nu(u - u_a)$,为一种粒子与等离子体中其他粒子碰撞时的动量转移。

电子和离子的双极性运动方程为

$$\mu_e \dot{n}_i + \mu_i \dot{n}_e = (\mu_e + \mu_i)\dot{n}_i + \mu_i(\dot{n}_e - \dot{n}_i) \approx (\mu_e + \mu_i)\dot{n}_i \quad (9-3)$$

电子能量守恒方程为

$$\frac{\partial}{\partial t}\left(\frac{n_e m_e}{2}v_e^2 + \frac{3}{2}n_e k_b T_e\right) + \nabla \cdot \left[\left(\frac{n_e m_e}{2}v_e^2 + \frac{5}{2}n_e k_b T_e\right)u_e + q\right] \quad (9-4)$$
$$= e n_e E \cdot v_e + R \cdot v_e + Q_{el} + Q_c$$

离子推力器的离子能量守恒方程为

$$I_d(V_D - V_C) = U_i n_0 n_t V_e\left(\frac{n_m}{n_t}\langle \sigma_i \nu_m \rangle + \frac{n_p}{n_t}\sigma_i \nu_m\right)$$

$$+ \sum U_e n_0 n_t V_e\left(\frac{n_m}{n_t}\langle \sigma^* \nu_m \rangle + \frac{n_p}{n_t}\sigma^* \nu_p\right) \quad (9-5)$$

$$+ I_i + I_d e^{-n_0 \sigma_i^r c}(V_D - V_C) + I_i \frac{3}{2}T_e + I_d(1 - e^{-n_0 \sigma_i^r c})\frac{3}{2}T_e$$

在离子推力器数值模拟过程中,中性原子、原初电子、二次电子、离子和 CEX 离子边界条件通常包括镜面反射、漫反射、吸收、删除等。

(1) 镜面反射模型假定粒子在物体表面的反射与光滑弹性球在光滑的完全弹性表面上的反射相同,即粒子在物体表面的相对速度法向分量改变方向,其余方向的速度分量不变。

(2) 漫反射模型假定离开表面的粒子以平衡的,即麦克斯韦速度分布散射,平衡条件是表面温度,即以麦克斯韦速度分布的粒子温度与其自身温度相同。

(3) 吸收是当粒子碰撞壁面后被壁面直接吸收,这与带电粒子的属性和壁面材料特性有关。数值模拟中被吸收的粒子将不再参与后续计算。

(4) 删除则是粒子漏出计算区域。

值得注意的是,离子推力器数值模拟中比较特殊的计算边界为放电室内的屏栅极表面和阳极壁面。

屏栅极表面通常被选为离子推力器放电室数值模型中的右边界。放电室内的

中性原子和离子碰到屏栅极表面后会有部分粒子穿过栅极孔从放电室内泄漏出去。泄漏的粒子个数分别由原子、离子透明度决定。计算过程中计算机产生一个随机数 R，当 R 小于原子或离子透明度时，原子或离子通过栅极孔，反之则被屏栅极表面吸收。离开计算区域的粒子做删除处理。在整个数值模拟过程中，每个时间步长内都需要对屏栅极表面的原子和离子分别进行边界判断。

阳极壁面：高能一价氙离子与阳极壁面碰撞后，与电子发生二次电离反应，产生一个二价氙离子和一个二次电子。阳极壁面二次电子发射系数决定二次电离反应是否发生。二次电子发射系数表达式为

$$\gamma_i = 0.016(\varepsilon_{ion} - \phi_{wf}) \tag{9-6}$$

计算机产生一个随机数 T，若 T 小于二次电子发射系数，则表示发生二次电子发射。

9.1.4　数值模拟方法

等离子体数值模拟技术按照其数学模型分为两类：一类是基于等离子体的流体描述，通过等离子体的密度、流速、温度等局部平均量的演化方程进行的数值研究，这种模拟称为流体模拟方法；另一类是基于动力学描述，即直接在相空间中研究等离子体分布函数的演化。动力学模拟方法分为两种：一种是 Vlasov 方程或 Fokker-Planck 方程数值求解方法；另一种是粒子模拟方法(Mahalingam,2007)。方程求解时由于存在一个多维相空间的分布函数，需对其进行离散化处理，这很容易造成非物理失真。粒子模拟(Wirz,2005)是在高速计算机上通过跟踪大量微观粒子的运动，再对其进行统计平均得到宏观下的物理特性和运动规律。粒子模拟方法又分为直接蒙特卡罗碰撞(direct simulation Monte Carlo,DSMC)方法、粒子网格单元(particle-in-cell,PIC)方法及蒙特卡罗(Monte Carlo,MC)方法。流体模拟方法和粒子模拟方法的结合称为混合模拟方法。图 9-1 为等离子体数值研究方法的分类示意图。

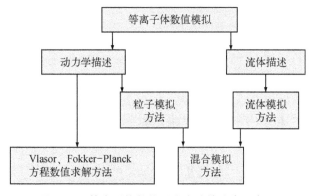

图 9-1　等离子体数值研究方法的分类示意图

9.2　有限差分计算方法

9.2.1　有限差分计算方法简介

有限差分法(Arakawa and Wilbur, 1991)的具体操作分为两个部分:① 用差分代替微分方程中的微分,将连续变化的变量离散化,从而得到差分方程组的数学形式;② 求解差分方程组。在①中,通过网络分割法将函数定义域分成大量相邻而不重合的子区域,通常采用的是规则的分割方式。这样便于计算机自动实现和降低计算的复杂性。网络线划分的交点称为节点。若与某个节点 P 相邻的节点都是定义在场域内的节点,则 P 点称为正则节点;反之,若节点 P 有处在定义域外的相邻节点,则 P 点称为非正则节点。在②中,数值求解的关键就是要应用适当的计算方法,求得特定问题在所有节点上的离散近似解。

有限差分法的差分格式为:一个函数在 x 点上的一阶和二阶微商,可以近似地用它邻近的两点上的函数值的差分来表示。例如,对于一个单变量函数 $f(x)$, x 为定义在区间 $[a, b]$ 的连续变量。以步长 $h = \Delta x$ 将 $[a, b]$ 区间离散化,得到一系列节点 $x_1 = a$, $x_2 = x_1 + h$, $x_3 = x_2 + h = a + 2\Delta x$, $\cdots$, $x_{i+1} = x_i + h + b$, 然后求出 $f(x)$ 在这些节点上的近似值。显然步长 h 越小,近似解的精度越好。与节点 x_i 相邻的节点有 $x_i - h$ 和 $x_i + h$, 因此在 x_i 点可以构造如下形式的差值。

节点 x_i 的一阶向前差分: $f(x_i + h) - f(x_i)$。

节点 x_i 的一阶向后差分: $f(x_i) - f(x_i - h)$。

节点 x_i 的一阶中心差分: $f(x_i + h) - f(x_i - h)$。

与 x_i 点相邻两点的泰勒展开式可以分别写为

$$f(x_i - h) = f(x_i) - hf'(x_i) + \frac{h^2}{2}f''(x_i) - \frac{h^3}{3!}f'''(x_i) + \frac{h^4}{4!}f''''(x_i) - \cdots$$

$$(9-7)$$

$$f(x_i + h) = f(x_i) + hf'(x_i) + \frac{h^2}{2}f''(x_i) + \frac{h^3}{3!}f'''(x_i) + \frac{h^4}{4!}f''''(x_i) + \cdots$$

$$(9-8)$$

根据式(9-7)和式(9-8),并忽略 h 的平方和更高阶的项,得到一阶微分的中心差商表达式为

$$f'(x_i) \approx \frac{f(x_i + h) - f(x_i - h)}{2h}$$

$$(9-9)$$

一阶微分的向前、向后一阶差商分别表示为

$$f'(x_i) \approx \frac{f(x_i + h) - f(x_i)}{2h} \qquad (9-10)$$

$$f'(x_i) \approx \frac{f(x_i) - f(x_i - h)}{2h} \qquad (9-11)$$

忽略 h 的立方及更高阶的项,得到二阶微分的中心差商表达式为

$$f''(x_i) \approx \frac{f(x_i + h) - 2f(x_i) + f(x_i - h)}{h^2} \qquad (9-12)$$

9.2.2　离子推力器放电室磁场的有限差分计算模型

计算区域内带电粒子在磁场的约束作用下沿磁力线做加速螺旋运动。磁场作为模型的输入部分应提前计算得到,磁场可通过求解麦克斯韦方程组来得到。

积分形式的麦克斯韦方程组可表示为

$$\int E \cdot \mathrm{d}S = \int \rho \mathrm{d}V \qquad (9-13)$$

$$\int B \cdot \mathrm{d}S = 0 \qquad (9-14)$$

$$\oint E \cdot \mathrm{d}l = \int \partial_t B \cdot \mathrm{d}S \qquad (9-15)$$

$$\oint H \cdot \mathrm{d}l = \int \partial_t D \cdot \mathrm{d}S + \int J \cdot \mathrm{d}S \qquad (9-16)$$

电势移矢量 D 和 E 之间的关系为

$$D = \varepsilon_0 E \qquad (9-17)$$

磁场强度 H 和磁感应强度 B 之间的关系为

$$H = \frac{1}{\mu_0} B + H_c \qquad (9-18)$$

放电室中磁场的计算可通过求解式(9-13)~式(9-16)来得到。图 9-2 为离子推力器放电室计算区域示意图。

求解磁场时需要特别注意的是,其模拟区域的选择非常重要,它决定了计算结果的正确性。图 9-2 中实线表示的是离子推力器放电室的放电边界。虚线表示的是模拟磁场时的计算边界,相比于放电室尺寸,该边界的长度是非常大的。模拟

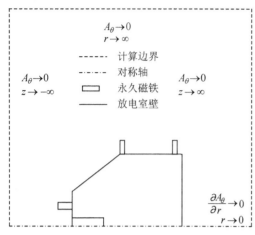

图 9 - 2   离子推力器放电室计算区域示意图

区域边界和对称轴处的磁位满足以下边界条件：

$$A_\theta \to 0,\ z \to \infty$$

$$A_\theta \to 0,\ z \to -\infty$$

$$A_\theta \to 0,\ r \to \infty \qquad (9-19)$$

$$\frac{\partial A_\theta}{\partial r} \to 0,\ r \to 0$$

运动等离子体产生的自洽磁场通过求解麦克斯韦方程组得到。下面仅介绍放电室内静磁场的求解过程。

静磁场通过求解麦克斯韦方程中的磁场部分来得到。当放电室内没有任何带电粒子存在时，磁场方程表示为

$$\nabla \cdot B = 0 \qquad (9-20)$$

及

$$\nabla \times H = 0 \qquad (9-21)$$

由于磁场的散度为 0，所以式(9-20)中的磁感应强度可表示为磁位向量 A 的差乘形式，即

$$B = \nabla \times A \qquad (9-22)$$

根据磁场强度和磁感应强度之间的关系并利用式(9-22)得

$$H = \frac{1}{\mu_0} \nabla \times A + H_c \qquad (9-23)$$

将式(9-22)代入式(9-23)得

$$\nabla \times \left(\frac{1}{\mu_0} \nabla \times A + H_c \right) = 0 \qquad (9-24)$$

对于二维轴对称模型，磁位向量 A 仅有圆周向分量，即

$$A = A_\theta \theta \qquad (9-25)$$

将式(9-25)代入式(9-24)中，得

$$\nabla \times \left[\frac{1}{\mu_0} \nabla \times (A_\theta \theta) + H_c \right] = 0 \qquad (9-26)$$

最后,对式(9-26)进行处理,得到柱坐标系下随轴向位置和径向位置变化的磁位表达式为

$$\frac{1}{r}\left\{\frac{1}{r\mu}\frac{\partial}{\partial\theta}\left[\frac{\partial(rA_\theta)}{\partial r}\right]\right\}r + \left\{\frac{1}{\mu}\frac{\partial}{\partial z}\left(-\frac{\partial A_\theta}{\partial z}\right) - \frac{1}{\mu}\frac{\partial}{\partial r}\left[\frac{1}{r}\frac{\partial(rA_\theta)}{\partial r}\right]\right\}\theta$$

$$+ \frac{1}{r}\left[-\frac{1}{\mu}\frac{\partial}{\partial\theta}\left(\frac{\partial A_\theta}{\partial z}\right)\right]z + \left[\frac{1}{r}\frac{\partial H_{cz}}{\partial\theta} - \frac{\partial H_{c\theta}}{\partial z}\right]r + \left[\frac{\partial H_{cr}}{\partial z} - \frac{\partial H_{cz}}{\partial r}\right]\theta$$

$$+ \frac{1}{r}\left[\frac{\partial H_{c\theta}}{\partial r} - \frac{\partial H_{cr}}{\partial\theta}\right]z = 0 \tag{9-27}$$

在二维轴对称体系中,由于轴向的物理量是均匀的,即 A_θ 在 θ 方向是恒定的,所以式(9-27)可简化为

$$\frac{\partial}{\partial r}\left[\frac{1}{r\mu}\frac{\partial(rA_\theta)}{\partial r}\right] + \frac{\partial}{\partial z}\left(\frac{1}{\mu}\frac{\partial A_\theta}{\partial z}\right) = \frac{\partial H_{cr}}{\partial z} - \frac{\partial H_{cz}}{\partial r} \tag{9-28}$$

当求解磁场方程式(9-28)时,其边界必须满足式(9-19)。

轴向和径向的磁感强度分别为

$$B_z = \frac{1}{r}\frac{\partial(rA_\theta)}{\partial r} \tag{9-29}$$

$$B_r = -\frac{\partial A_\theta}{\partial z} \tag{9-30}$$

9.3　有限元计算方法

9.3.1　有限元计算方法简介

有限元计算方法是基于变分原理,即通过求解一个泛函取极小值的变分问题。该方法是在变分原理的基础上吸收差分格式的思想发展起来的,是变分问题中欧拉法的进一步发展。它是人们在尝试求解具有复杂区域、复杂边界条件下的数学物理方程过程中,找到的一种比较完美的离散化方法。

它比有限差分法的矩形网格划分方法在布局上更为合理,在处理复杂区域和边界条件时更方便和更适当。采用有限元计算方法还能使物理特性基本上得到保持,计算精度和收敛性进一步得到保证。正是由于有限元计算方法这样一些优点,尽管其计算格式比较复杂,但仍然在很多场合代替了有限差分法而受到计算物理工作者的偏爱。不过值得注意的是,并不是所有有限差分法可以处理的问题都可

以采用有限元计算方法代替。

9.3.2 双栅极离子引出的有限元计算模型

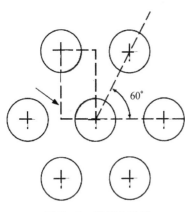

图 9-3 栅极小孔区

本小节列举一个栅极离子引出的有限元计算模型，粒子驱动、边界条件、时间步长等的选取与流体方法、PIC 方法相同，这里不做具体说明。只针对计算区域选取、网格划分、网格插值、电场求解四个方面进行阐述。

1. 计算区域选取

对于图 9-3 中的栅极小孔区，在计算时，为了简化模型、减少运算量，可采用四分之一的小孔面积进行计算，最终的计算区域如图 9-4 所示。假设所有小孔的形状严格相同，则在小孔的所有面上可施加对称边界条件。

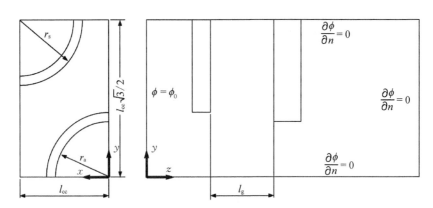

图 9-4 最终的计算区域

2. 网格划分

采用基于笛卡儿坐标的四面体单元，如图 9-5 所示。对应图 9-4 二维计算区域中的网格剖分结果如图 9-6 所示。一个四面体单元的线性基函数可以表示为

$$\psi_i(x) = a_1(x_1/h_1) + a_2(x_2/h_2) + a_3(x_3/h_3) + a_4 \qquad (9-31)$$

基函数的梯度表示为

$$\nabla\psi_i(x) = \left(\frac{a_1}{h_1},\ \frac{a_2}{h_2},\ \frac{a_3}{h_3}\right)^{\mathrm{T}} \qquad (9-32)$$

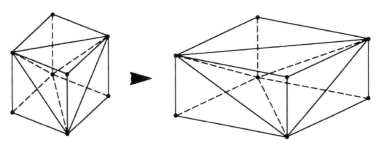

图 9-5 四面体单元

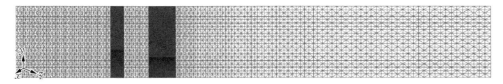

图 9-6 计算区域网格剖分结果

3. 网格插值

数值模拟的每一个时间步长内,需通过有限单元网格基函数将有限元网格节点上的各种统计物理量插值到矩形网格节点上,如图 9-7 所示。

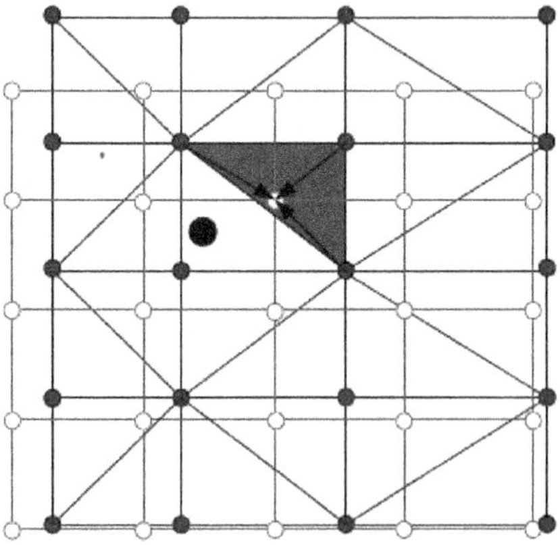

$$u_{i,j} = \sum_{k=1}^{N} u_k \psi_k(x_{i,j}) \qquad (9-33)$$

4. 电场求解

电场求解的刚度矩阵可写为

图 9-7 网格插值示意图

$$K_{ij}^e = V \in \sum_{k=1}^{N} \sum_{d=1}^{ND} w_k \frac{\partial \psi_i(X_k)}{\partial x_d} \frac{\partial \psi_j(X_k)}{\partial x_d}$$

$$= \sum_{d=1}^{ND} \frac{\in V}{h_d^2} \left[\sum_{k=1}^{N} w_k \frac{\partial \psi_i(X_k)}{\partial \dot{x}_d} \frac{\partial \psi_j(X_k)}{\partial \dot{x}_d} \right] \qquad (9-34)$$

方括号内各物理量与括号外的物理量是相互独立的,即与网格单元体积 V、伸展参数 (h_d, d, ND)、材料特性等独立。因此,这些参数的计算结果会被存储,用于非交界面单元刚度矩阵的组建。

RHS(right-hand-side) 矢量可以写为

$$F_i^e = V \sum_{k=1}^{N} \left[w_k \psi_i(X_k) \right] f(u_k) \qquad (9-35)$$

式中,

$$u_k = \sum_{i=1}^{N} u_i [\psi_i(x_k)]$$

最后,质量矩阵可以写为

$$M_{ij}^{e} = V \sum_{i=1}^{N} [w_k \psi_i(X_k) \psi_j(X_k)] f'(u_k) \qquad (9-36)$$

式中,$f'(u_k) = \dfrac{\partial f(u_k)}{\partial u}$。

9.4　随机抽样计算方法

9.4.1　随机抽样计算方法简介

随机抽样方法用得比较多的是 MC 方法,当然也有其他的随机模拟方法,只不过 MC 方法比较通俗易懂,代码写起来也相对简单,因此这个方法应用得比较广泛。无论是确定性数学还是不确定性数学,都可以用 MC 方法近似。

一般来说,进行 MC 模拟的思路如下:① 针对实际问题建立一个简单易行的概率统计模型,使问题所求的解为该模型的概率分布或者数字特征,如某个事件的概率或者某个随机变量的期望值;② 对模型中的随机变量采用抽样方法,在计算机上进行模拟试验,得到足够的随机抽样,并对相关事件进行统计;③ 对试验结果进行分析,给出所求解的估计及其精度(方差)预算。其中,第②步在整个 MC 模拟中占据非常重要的地位。理论上来说,任何抽样方法都可以得到问题的解,即收敛。但一个好的抽样方法可以显著提高收敛速度,减少模拟时间,反之,若抽样方法选得不好,则模拟的效率会大大降低。

1. 直接抽样

这种抽样方法的适用条件是目标分布必须是存在反函数的。

反变换的方法如下:假设目标分布为 $p(x)$,首先从 Uniform(0,1)随机产生一个样本 ξ;然后求得 $p(x)$ 的累积概率分布函数(cumulative distribution function, CDF)$p(x)$,作反变换求出反函数 $p^{-1}(x)$;最后把 Uniform(0,1)产生的随机数当作概率值,反推出原来的 x。

这种方法优点是简单易懂,缺点是需要作反变换,有时目标分布不能求反变换或者求出的反变换特别复杂,就不太适用。

2. 舍选抽样

这种方法基本思想如下:假设需要对一个分布 $p(x)$ 进行抽样,但是很难直接进行抽样,所以通过另外一个容易抽样的分布 $\pi(x)$ 的样本,用某种机制去除掉一些样本,从而使得剩下的样本就是来自所求分布 $p(x)$ 的样本。

抽样步骤:如果目标分布 $p(x) = C\pi(x)r(x)$,其中,C 是常数,首先从 $p(x)$ 中抽样出一个状态 x;然后从 Uniform $(0, 1)$ 随机产生一个样本 ξ,如果 $\xi < p(x)/C\pi(x)$,则接受这个新状态 x,否则拒绝;之后再重复抽样。

这个方法的优点是比较容易实施,不需要作反变换,并且 $p(x)$ 与 $\pi(x)$ 越相似,效率越高。但其缺点是效率可能比较低,特别是到高维抽样的时候。

9.4.2　随机抽样计算模型

在离子推力器等离子体数值模拟开始前,需要给定一个初始的粒子分布,包括粒子的位置和速度,即通过 MC 方法抽样得到每个粒子的速度和位置。所采用的抽样方法便是直接抽样与舍选抽样。

一般假定仿真粒子在初始时刻满足空间均匀分布,则仿真粒子位置可以采用直接抽样方法得到。对于二维轴对称模型,粒子在轴向 z 和径向 r 的布置方式可以分别描述为

$$z = z_0 + (z_1 - z_0)R_F \tag{9-37}$$

$$r = r_0 + (r_1 - r_0)R_F \tag{9-38}$$

速度分布函数相对来说更加复杂,采用直接抽样方法比较困难,因此一般采用舍选抽样方法。下面对这种抽样方法进行简单的描述。假定初始速度服从麦克斯韦分布,则粒子在单个方向上的麦克斯韦分布的表达式为

$$F(v_j) = \sqrt{\frac{m}{2\pi k_b T}\exp\left(-\frac{mv_j^2}{2k_b T}\right)}, \quad j = 1, 2, 3 \tag{9-39}$$

令 $\delta = \sqrt{m/(2k_b T)}$,则式 $(9-39)$ 改写为

$$F(v_j) = \frac{\delta}{\sqrt{\pi}}\exp(-\delta^2 v_j^2) \tag{9-40}$$

当 $v_j = 0$ 时,取 $F(v_j)$ 最大值 $\delta/\sqrt{\pi}$,于是 v_j 的接受概率 $P_{ACC}(v_j)$ 为

$$P_{ACC}(v_j) = \exp(-\delta^2 v_j^2) \tag{9-41}$$

鉴于 v_j 的取值区间为 $(-\infty, +\infty)$,根据三倍方差原则将取值区间截断为 $\left[-\dfrac{3}{\delta}, 3/\delta\right]$。随后产生随机数 R_{F1} 并取抽样值为

$$v_j = \frac{-3 + 6R_{F1}}{\delta} \tag{9-42}$$

然后对比接受概率 $P_{ACC}(v_j)$ 与新产生随机数 R_{F2} 的大小,决定是否接受抽样值 v_j。其用公式表示如下。

若接受,则为

$$R_{F2} \leqslant P_{ACC}(v_j)$$

若拒绝,则为

$$R_{F2} > P_{ACC}(v_j)$$

图 9-8 是对麦克斯韦分布进行抽样后重新进行统计的结果,可见统计的结果和理论结果一致。

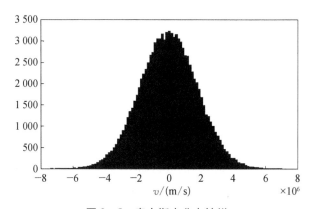

图 9-8 麦克斯韦分布抽样

9.5 PIC 方法

9.5.1 PIC 方法简介

PIC 方法基于简单的"宏粒子"概念,即用一些宏粒子(云)的运动来代替实际带电粒子的运动,每个宏粒子可以看作一起运动的带电粒子,其荷质比等于真实粒子的荷质比,同时具有一个权重参数,表明每个宏粒子代表多少个真实粒子。PIC 方法模拟首先定义模拟所用的空间网格和宏粒子,然后执行以下循环:

(1)将网格内粒子的电荷分配到网格格点上来获得电荷电流分布;

(2)通过在网格上求解电磁场方程来计算空间电磁场;

(3)得到电磁场分布后,用经典或者相对论粒子的运动方程来求解宏粒子的运动;

（4）执行其他操作，如电离和碰撞等。

如此循环，就得出对带电粒子运动的描述。这种模拟方法自然地包含了动力学效应，原则上可以处理几乎所有的等离子体问题，只要粒子和网格的数目足够多。在涉及快速电子生成的问题中，PIC 方法模拟是一种常用的研究手段。

相对于直接求解 Vlasov 方程，PIC 方法模拟的最明显优点可以通过相空间的"相流体"分布看出。当等离子体运动时，和坐标空间的流动不同，相流体并不会保持在大致不变的区域中，相反，它会剧烈地变形，导致相空间的总体积变得非常庞大，而其中绝大部分是空的，只有很少的部分才包含相流体，因此大部分计算资源都被浪费用来处理相空间中的空区域。相反，PIC 方法模拟跟踪的永远是存在等离子体的相空间部分。该优点意味着 PIC 方法非常适合模拟射束问题，即少数具有高动量和高射程的粒子在基本静止的背景中运动的情形。

PIC 方法模拟也存在一些缺点，其中最令人熟知的问题在于：粒子是一种离散的目标，因此在计算粒子的相空间密度时必然存在散粒噪声，这种噪声的强度反比于使用的宏粒子的数目平方根，为了获得比较平滑的结果，必须使用数目非常大的模拟宏粒子。这个问题在粒子运动比较局域时变得尤其严重，因为这时需要了解每个局部的具体分布函数。在这种情况下，所关心的区域中每个网格的粒子数成为严重的限制因素。

另外一个典型的问题是：PIC 方法模拟基本上截断了粒子之间的短程相互作用。在 PIC 方法模拟中，宏粒子之间的相互作用是软的，也就是没有短程库仑碰撞。对于一般等离子体问题，这个特性是必需的，但当密度和自由程改变导致大动量的库仑碰撞占据主导地位时，这个问题变得很难处理，并且导致模拟结果的失真。在某些情况下，可以通过在 PIC 方法模拟中添加随机的短程碰撞过程来解决这个问题，但随机模拟会进一步加大噪声，于是需要更多的模拟粒子。

9.5.2　四栅极离子引出的 PIC 计算模型

1. 计算区域

由于栅极孔具有轴对称结构，可以采用二维轴对称模型研究，本研究选取其 1/2 作为计算区域。栅极中心孔引出的离子电流密度最高、电流最大、腐蚀最厉害，因此选择栅极系统中心孔为研究对象。图 9-9 为栅极中心孔上半部分结构示意图。

模型左边界深入放电室内部，一般为放电室等离子体德拜长度的几十倍，以便将等离子体鞘层包括在计算区域内；模型右边界位于减速栅下游区域，包括中和面，尽可能反映出离子在到达中和面之前的运动轨迹。

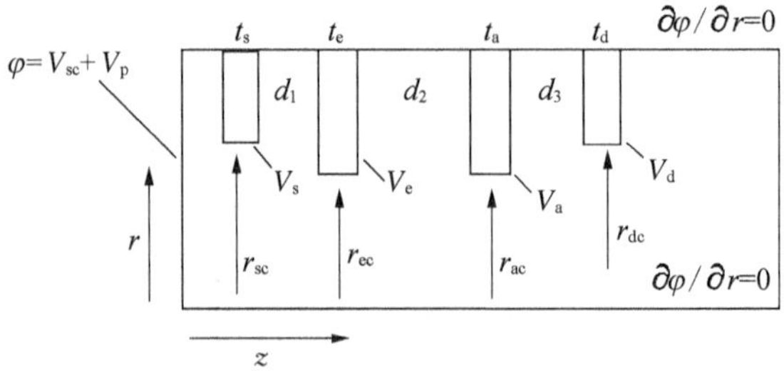

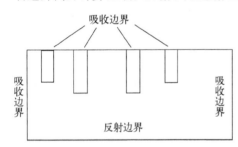

图 9 - 9 栅极中心孔上半部分结构示意图

2. 粒子运动的边界条件

图 9-10 为模拟粒子运动的边界条件,根据粒子运动其边界条件分为两种:一种是吸收边界,即模拟粒子运动到该边界后即被吸收,程序处理为删除该粒子信息(位置、速度等),不再计算和跟踪该粒子运动;另一种是反射边界,即模拟粒子运动到该边界后,按照某种方式将其反射回计算区域,粒子继续参与计算。计算区域的左边界与右边界是吸收边界,模拟粒子由计算区域左边界进入,经过栅极间的电场加速后从右边界离开计算区域。屏栅和加速栅也是吸收边界,当粒子撞到栅极表面时就将其

删除。计算区域的上边界是吸收边界,下边界是反射边界,下边界是栅极孔的轴线,由于采用的二维轴对称模型相当于只取了栅极孔的 1/2 区域,所以从下边界反射回来的模拟粒子相当于栅极孔的未模拟的另 1/2 区域中的粒子进入计算区域,同样,从上边界反射回来的模拟粒子相当于相邻栅极孔中引出的粒子进入计算区域。

图 9 - 10 模拟粒子运动的边界条件

3. 粒子的加速

粒子的加速运动根据运动学原理如下:

$$m \frac{\mathrm{d}v}{\mathrm{d}t} = F \tag{9-43}$$

$$F = Eq \tag{9-44}$$

$$\frac{\mathrm{d}x}{\mathrm{d}t} = v \tag{9-45}$$

模拟粒子的位置和速度计算可表示为

$$v_z = \frac{1}{2} \left(v_{z0} + v_{z0} + \frac{E_z q}{m} \Delta t \right) \tag{9-46}$$

$$v_r = \frac{1}{2}\left(v_{r0} + v_{r0} + \frac{E_r q}{m}\Delta t\right) \tag{9-47}$$

$$z = z_0 + v_z \Delta t \tag{9-48}$$

$$r = r_0 + v_r \Delta t \tag{9-49}$$

式中,下标"0"代表上一时间步中模拟粒子的速度
和位置;Δt 为时间步长;E_r 和 E_z 分别为电场强度
在 r 方向和 z 方向的分量,E_r 和 E_z 是通过插值方
法得到的,如图 9-11 所示。图 9-11 中正交的实
线代表网格线,模拟粒子经电场加速后到达某一
网格之中,首先在程序中找到该网格,然后根据模
拟粒子在网格中所处的位置,用四个网格点上的
电场强度值 E_A、E_B、E_C、E_D 线性插值出模拟粒子
所在位置处的电场强度值。

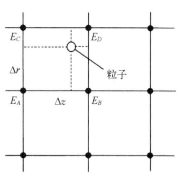

图 9-11 电场插值示意图

4. 电荷电量权重

模拟中网格节点上的电量是通过位置权重法计算得到的,如图 9-12 所示,模
拟离子运动到某一网格中,将离子所带电量 q 分配到该网格的四个网格节点上,分
配法则为

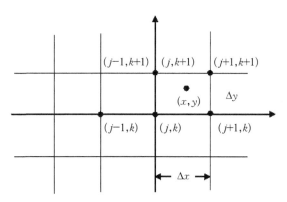

图 9-12 电量位置权重法示意图

$$q_{j,k} = q\frac{(\Delta x - x)(\Delta y - y)}{\Delta x \Delta y} \tag{9-50}$$

$$q_{j+1,k} = q\frac{x(\Delta y - y)}{\Delta x \Delta y} \tag{9-51}$$

$$q_{j+1,k+1} = q\frac{xy}{\Delta x \Delta y} \tag{9-52}$$

$$q_{j,k+1} = q \frac{(\Delta x - x)y}{\Delta x \Delta y} \qquad (9-53)$$

将该节点电量进行累加得到该节点的总电量,循环所有节点后得到权重到每个节点的电量,电量值除以该节点代表的面积和电子电荷 e 就可以得到节点所处位置的离子数密度 n_i。

5. 电势和电场的求解

带电粒子进入计算区域后,运动的等离子体将产生自洽电势,从而产生自洽电场,因此在计算过程中需要不断地通过求解泊松方程来更新计算区域内的电势大小,从而实现对带电粒子的加速。首先利用五点差分格式计算得到粒子所在位置处轴向、径向的电势大小,然后根据两点差分格式求解得到该粒子所在位置处的轴向、径向电场强度 E 和磁感强度 B 的大小。在此利用超松弛迭代法对麦克斯韦和泊松方程进行求解。

利用式(9-50)~式(9-53)计算得到四个网格节点上的总电荷密度,并将其代入泊松方程,即

$$\nabla^2 \phi(z, r) = -\frac{e}{\varepsilon_0}(n_i - n_e) \qquad (9-54)$$

得到二维轴坐标系下泊松方程的空间差分形式(五点差分格式):

$$\frac{\phi_{j-1} - 2\phi_j + \phi_{j+1}}{\Delta x^2} + \frac{\phi_{k-1} - 2\phi_k + \phi_{k+1}}{\Delta y^2} = -\frac{e}{\varepsilon_0}(n_i - n_e) \qquad (9-55)$$

在边界条件下,利用超松弛迭代法对式(9-55)进行求解,即可得到 $\phi_{j,k}$。采用两点差分格式求得带电粒子所在位置处的轴向、径向电场大小分别为

$$(E_z)_{j,k} = \frac{\phi_{j-1} - \phi_{j+1}}{2\Delta z} \qquad (9-56)$$

$$(E_r)_{j,k} = \frac{\phi_{k-1} - \phi_{k+1}}{2\Delta z} \qquad (9-57)$$

9.6　流体计算方法

9.6.1　流体计算方法简介

离子推力器中的流体计算方法分为双流体计算方法和磁流体力学计算方法两种。

　　一般的矩方程中,有物理意义的只有零阶、一阶、二阶三种矩方程,它们是与质量守恒、动量守恒、能量守恒相联系的。对于普通流体,通过这三种矩方程就可得到流体力学方程组。

　　对于等离子体,至少含有一种正离子和电子,如果正离子和电子间没有达到平衡,则正离子和电子作为两种粒子体系,相应地有两种流体方程,称双流体力学方程。

　　等离子体双流体力学方程组为

$$\frac{\partial n_a}{\partial t} + \nabla \cdot (n_a u_a) = 0 \qquad\qquad (9-58)$$

$$m_a n_a \frac{du_a}{dt} = -\nabla P_a - \nabla \cdot II_a + n_a F_a + R_a \qquad\qquad (9-59)$$

$$\frac{3}{2} n_a \frac{dT_a}{dt} = -(P_a \cdot \nabla) \cdot u_a - \nabla \cdot q_a + Q_a \qquad\qquad (9-60)$$

　　磁流体描述也需要满足流体元的基本条件,但由带电粒子组成的流体元往往有更有利的成团条件,其中,最主要的因素如下。

　　(1) 带电粒子间的碰撞频率远大于中性原子间的碰撞频率(所以有更短的碰撞平均自由程)。这是由于带电粒子之间的作用力是长程库仑力,所以带电粒子的相互作用(耦合)要比中性原子间的强得多。

　　(2) 当存在磁场时,磁场对带电粒子有横向约束作用。洛伦兹力使带电粒子在垂直磁场方向上只能保持在回旋半径的范围内。这样只要磁化流体元的横向(垂直于碰撞的方向)特征长度大于回旋半径就可以用流体描述。

　　因此,等离子体,尤其是磁化等离子体,往往在比中性原子体系更低的密度和更高的温度下仍能用流体方法来描述。但是,随着温度的升高或磁流体元随时间变化频率 ω 的升高(如使得 $\omega \gg \partial/\partial t$),上述流体描述成立的条件将不复成立,这时就需要动力学方法来描述。另外,如果等离子体的参量(密度、温度和速度场)随空间有显著的变化,则粒子的漂移运动和输运现象不可忽略,这时电子和离子流体的行为是不同的,(单)磁流体力学描述就要让位给双流体力学描述。

　　完整和封闭的理想磁流体力学方程组为

$$\frac{\partial \rho(r, t)}{\partial} + \nabla \cdot [\rho u(r, t)] = 0 \qquad\qquad (9-61)$$

$$\rho(r, t) \frac{du[r(t), t]}{dt} = -\nabla P + J \times B \qquad\qquad (9-62)$$

$$P\rho^{-\gamma} = \text{const} \tag{9-63}$$

$$J = \frac{1}{\mu_0} \nabla \times B \tag{9-64}$$

式(9-63)中的常数是指不随时间和空间变化的常数,通常将 γ 取为理想气体的气体常数值 5/3。

9.6.2 原子传输的流体计算模型

离子推力器放电室中气体分配器出口的中性原子速度分布函数为

$$f_z(z, v_z) = \exp\left(-\frac{1}{v_z}\int_0^z \nu_i(z)\,\mathrm{d}z\right) \iint f_0(v_z, v_\theta, v_r)\,\mathrm{d}v_\theta \mathrm{d}v_r \tag{9-65}$$

式中,f_0 为气体分配器出口的原子速度分布函数。

$$f_0 = \begin{cases} \dfrac{\dot{M}_n}{m_n}\dfrac{1}{2\pi}\left(\dfrac{m_n}{kT_c}\right)\exp\left(-\dfrac{m_n v_z^2}{2kT_c}\right), & v_z > 0 \\[2mm] 0, & v_z \leqslant 0 \end{cases}$$

将该式代入式(9-65)可得

$$f_z(z, v_z) = \begin{cases} \dfrac{\dot{M}_n}{kT_c A}\exp\left[-\dfrac{m_n v_z^2}{2kT_c} - \dfrac{1}{v_z}\int_0^z \nu_i(z)\,\mathrm{d}z\right], & v_z > 0 \\[2mm] 0, & v_z \leqslant 0 \end{cases} \tag{9-66}$$

假设电离频率只沿轴向 z 变化,则可使用下面的波尔兹曼方程:

$$\left.\frac{\partial f_z}{\partial t}\right|_c = -\nu_i f_z \tag{9-67}$$

方程式(9-67)的零阶分量与一阶分量分别为

$$\frac{\mathrm{d}(nV_z)}{\mathrm{d}z} = -\nu_i n \tag{9-68}$$

和

$$\frac{\mathrm{d}(nV_z^2 + nD_z)}{\mathrm{d}z} = -\nu_i nV_z \tag{9-69}$$

式中,

$$n = \int f_z \mathrm{d}v_z$$

$$nV_z = \int f_z v_z \mathrm{d}v_z$$

$$nD_z = \int f_z (v_z - V_z)^2 \mathrm{d}v_z$$

上述方程的边界条件为 $z = 0$ 处的工质气体中性原子质量流率 $\dot{M}_n$ 和速度 $V_{z|z=0} = \sqrt{2kT_c/(\pi m_n)}$。

9.7　混合模拟方法

9.7.1　混合模拟方法简介

在很多 PIC 方法模拟问题中,需要同时考虑电子和离子。典型情况下离子质量是电子质量的几万倍到几十万倍,因此在电子运动的典型时间尺度内,离子响应几乎是可以忽略的。相反,在离子响应的时间尺度内,电子行为只有时间平均才有意义。

这种问题是典型的多时间尺度问题,但在运用多尺度方法之前,可以首先考虑一些变通的方法。一个众所周知的传统方法是使用双时间步长法,即对电子推进若干时间步才对离子执行一个推进步。这个方法非常容易应用,但容易看到,对于标准的电子-正离子等离子体,最好的情况下该方法也只能降低 50% 的计算时间。只有当等离子体由离子统治(正离子+负离子)时,该方法才能更有效地节省计算资源。此外,即使对于这类等离子体,选择过大的步长比(超过 30)也会导致计算中出现非常大的噪声,因此是不现实的。

如果只考虑离子响应,并且电子射束效应不明显,则可以采用"Fluid - PIC"方法处理问题。混合模拟方法实际上是一种流体力学方法,即并不真正求解电磁场方程,而是用流体力学模拟中的漂移-扩散来近似估计离子电流密度。

$$J = q\mu n E - \mu k \nabla(nT) \tag{9-70}$$

式中,μ 是离子迁移率。在求出电流密度后,离子速度可以直接用 $v = \dfrac{J}{ne}$ 给出。相应地,碰撞电离效应可以通过在运动中改变宏粒子的大小来模拟。这样就得到一种用 PIC 方法执行流体力学模拟的技术:使用若干宏粒子,每一步都使用位置推进步。

$$x^{n+1} = x^{n-1} + v^{n+1/2}\Delta t \tag{9-71}$$

$$q_p^{n+1} = q_p^n + S^{n+1/2}\Delta t \tag{9-72}$$

式中, q_p 是宏粒子的电荷; S 是连续性方程中的源项, 如碰撞电离率和合并率等。为了求出 $v^{n+1/2}$, 需要在网格上求解漂移扩散近似的离子动量方程和电子能量方程, 这可以通过标准的流体力学方法给出。在得到网格上的电流密度和温度后, 用插值法分配到粒子上, 执行下一步粒子推进。

尽管混合模拟方法本质上是一种流体力学方法, 但其提供了一种思路, 即可以用某种近似方法来给出粒子的唯象运动方程。电子时间平均效应重要的问题多数是放电问题, 如射频或者微波放电设备。对于较高密度的放电问题, 由于静电振荡的频率很高, 在离子响应尺度上, 可以使用准中性近似, 也就是 $|n_e - n_i| \ll n_i$。这是等离子体自生静电场主宰运动方程时的自然结论, 即电荷分离的时间尺度和空间尺度都很小。这时, 自生静电场在长时间平均后呈现为电子-离子双极扩散场的形式。

尽管电荷分离非常弱, 但因为双极扩散主导等离子体的运动, 所以直接使用 $n_e = n_i$ 的近似是不行的。相反, 需要用某些近似方法估算出电子感受到的双极扩散场大小。考虑无磁场的一维等离子体, 电子的运动方程可以写为

$$-eE = \frac{1}{n} \frac{\partial P_e}{\partial x} + v_e m_e \nu_e + \frac{1}{n_e} \frac{\partial}{\partial t}(n_e m_e \nu_e) \qquad (9-73)$$

式中, 最后一项是主要的困难所在, 直接去掉这一项意味着设置电子质量为 0, 这导致某些动理学上的问题可以用下述的方程替换。

$$-eE = \frac{1}{n_i} \frac{\partial}{\partial x}(n_i T_e) + v_e m_e \nu_e \qquad (9-74)$$

式中, T_e 为电子的动理学温度。也就是

$$n_e T_e = \int d\nu m_e \nu^2 f_e(z, \nu, t) \qquad (9-75)$$

这可以通过每步后直接累积网格内的电子能量得到。ν_e 是电子的碰撞频率。这个近似使得电子向剩余电荷密度 $n_i - n_e$ 较大的区域运动。

$$m_e \frac{\partial \nu_e}{\partial t} = T_e \frac{\partial}{\partial x} \log \frac{n_i}{n_e} \qquad (9-76)$$

这个方程可以用来计算电子和离子受到的平均电场(双极扩散场)。只要把粒子运动方程中的静电场更换为双极扩散场, 就可以处理很多放电问题。

9.7.2　栅极溅射刻蚀混合计算模型

离子推力器栅极组件是很薄的两块电极板, 上面有数千个栅极孔。在数值模

拟时没有必要对整个栅极进行模拟,这样计算量过于庞大,由于栅极孔具有对称性,所以只需根据其对称性从栅极区域中选择能够包含栅极所有信息的最小单元进行数值建模即可。离子推力器试验测试结果显示,栅极中心孔引出的离子电流密度最高、电流最大、腐蚀最厉害,因此通常选择栅极组件中心孔作为研究对象。

由于电子的质量比离子小 5 个数量级,所以在相同大小的电场力作用下,电子的加速度比离子高 5 个数量级。如果电子作为粒子来模拟,则相应的时间步长也要小 5 个数量级,这在程序中几乎无法实现。因此,栅极组件的数值模拟通常视电子为热平衡流体,服从玻尔兹曼分布,而其他粒子则采用 PIC 方法来模拟。其中,中性原子和束流离子之间的交换电荷碰撞采用蒙特卡罗碰撞(Monte Carlo collision,MCC)方法来实现。

1. 电子玻尔兹曼分布

在离子推力器栅极组件计算区域内,在没有发生电子反流的正常情况下,电子只存在于屏栅的上游区域和加速栅的下游区域。利用电子密度 n_e 与所在位置电势 ϕ 之间的关系,即玻尔兹曼方程可以计算得到 n_e 的分布。屏栅上游区域电子密度 n_e 与所在位置电势的关系可以表示为

$$n_e = n_0 \exp\left(\frac{\phi - \phi_u}{T_{eu}}\right), \quad \phi < \phi_1 \qquad (9-77)$$

$$n_e = n_0 \exp\left(1 + \frac{\phi - \phi_u}{T_{eu}}\right), \quad \phi \geqslant \phi_1 \qquad (9-78)$$

在加速栅下游区域,电子密度 n_e 与所在位置电势的关系可以表示为

$$n_e = n_\infty \exp\left(\frac{\phi - \phi_\infty}{T_{e\infty}}\right), \quad \phi < \phi_\infty \qquad (9-79)$$

$$n_e = n_\infty \exp\left(1 + \frac{\phi - \phi_\infty}{T_{e\infty}}\right), \quad \phi > \phi_\infty \qquad (9-80)$$

2. 电势求解

图 9-13 所示为电场求解边界条件。图中,左边界为放电室等离子体,电势取为屏栅极电势 V_s 与等离子体电势 V_p 之和;右边界可假设为空间 0 电势面,即 $\phi = 0$,或者取 Neumann 型边界条件,即 $\frac{\partial \phi}{\partial z} = 0$,当计算区域 z 方向足够长时,该边界条件取法对计算结果影响不大。上边界与下边界取 Neumann 型边界条件,即 $\frac{\partial \phi}{\partial r} = 0$。屏栅和加速栅都是等势体,在整个计算过程中其电势始终保持不变,但

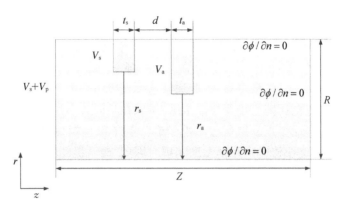

图 9 - 13   电场求解边界条件

由于栅极位于计算区域中,所以需要对其进行特殊处理。在对电势进行迭代计算的过程中,循环只在非栅极的区域进行,栅极是不参与计算的,具体实现方法是:找到栅极的边界,将循环的终点设置在栅极的边界位置,而不是计算区域的外边界。这就需要网格节点正好位于栅极的边界上。通常在栅极计算过程中,对计算区域进行网格划分时已将网格点设置在栅极的边界上。计算过程中屏栅和加速栅的电势始终保持不变。

3. 收敛条件及离子模拟

栅极组件粒子模拟部分的模拟粒子包括束流离子、中性原子和 CEX 离子。离子和中性原子进入计算区域的过程是通过向计算区域内加入模拟粒子来实现的。每个时间步长都有一定数量的模拟粒子以特定速度从计算区域左边界进入计算区域,同时在计算区域的右边界每个时间步长内会有一定数量的模拟粒子离开。在每个时间步长内,当右边界离开的粒子数与栅极吸收粒子数之和等于每个时间步长进入的粒子数时,认为系统束流离子引出达到平衡。

离子进入计算区域的初始速度,由等离子体基本理论确定。离子 z 方向的初始速度由玻姆准则确定。在等离子体与金属、电介质等固体接触的交界区域,会形成称为鞘层的空间电荷层。通常鞘层的厚度约为德拜长度的数倍到数十倍。由于电子比离子扩散得快,所以容器壁上就会积聚负电荷。屏蔽这些电荷形成的电场,需要在与德拜长度相当的区域内形成正的空间电荷层(正离子鞘层)。在栅极计算过程中,计算区域左边界设置在等离子体鞘层位置处,因此模拟离子的 z 方向初始速度可取为玻姆速度,即

$$v_{z0} = \sqrt{\frac{kT_e}{M}} \qquad (9-81)$$

假设 R 方向的初始速度满足麦克斯韦速度分布。

栅极组件中带电粒子的加速运动根据运动学原理可表示为

$$M \frac{\mathrm{d}v}{\mathrm{d}t} = F = Eq \tag{9-82}$$

$$\frac{\mathrm{d}x}{\mathrm{d}t} = v \tag{9-83}$$

式中, E 为模拟离子所在位置的电场强度向量。

4. 交换电荷碰撞及溅射产额计算

在每个时间步长内,第 i 个离子与所处空间位置中性原子数密度为 $n_n(x_i)$ 的中性原子发生碰撞的概率为

$$p_i = 1 - \exp[-\sigma(v_i) n_n(x_i) v_i \Delta t] \tag{9-84}$$

式中, x_i 为第 i 个粒子所在的空间位置; v_i 为其速度; $\sigma(v_i)$ 为第 i 个粒子的碰撞截面。在程序得到产生 CEX 离子的概率后,利用程序本身产生的 $0 \sim 1$ 的随机数,当随机数小于 p_i 时,即认为发生电荷交换碰撞,生成了 CEX 离子。值得说明的是,为了避免每次程序重新运行产生相同的随机数,编程时引入系统时间作为产生随机数的种子,这就保证了每次程序重新运行都产生不同的随机数。

电荷交换碰撞截面采用半经验公式,碰撞截面的单位为 m^2 。

$$\sigma = (k_1 \ln \Delta v + k_2)^2 \times 10^{-20} \tag{9-85}$$

式中, σ 为碰撞截面; Δv 为中性原子与离子的相对速度,离子的速度一般达到 $10^4 \ \mathrm{m/s}$ 量级,而中性原子为热速度。热速度较离子运动速度小很多,因此计算中一般相对速度取为离子运动速度。

栅极组件中的中性原子来源有离子推力器放电室泄漏的未电离的中性原子和地面真空舱背景压力气体。中性原子从放电室泄漏出来后会在栅极孔附近产生聚集,因此栅极之间的中性原子密度可以表示为

$$n = \frac{\omega}{v_0 \pi R^2} \frac{1}{f_a K_c} \tag{9-86}$$

式中, ω 为中性原子通量; v_0 为中性原子平均速度; f_a 为加速栅开口面积分数; K_c 为克劳辛因子,为加速栅厚度和孔直径比值的函数。

地面真空舱背景压力气体与中性原子密度之间的关系为

$$P = n k_b T \tag{9-87}$$

式中, k_b 为玻尔兹曼常量。

氙气对钼的溅射产额除和入射氙离子的能量相关外,还和其入射角度有关。

入射角是指离子的入射方向与材料表面法向之间的夹角。入射角的计算方法与入射能量相同,也是由统计方法得到。根据氙对钼的溅射产额数据拟合曲线,得到溅射产额和入射角的关系式。

$$Y_{\text{corrected}} = Y_0(1 + 0.252\theta + 0.6\theta^2 + 0.6\theta^3), \quad \theta < 0.698 \tag{9-88}$$

$$Y_{\text{corrected}} = Y_0\left\{-0.057 + 1.9\exp\left[-\left(\frac{\theta - 0.8201}{0.401}\right)^2\right]\right\}, \quad 0.698 \leqslant \theta < \frac{\pi}{2} \tag{9-89}$$

带电粒子的 PIC 方法模拟过程与 9.4.2 节相同。

参考文献

马腾才,胡希伟,陈银华,1990. 等离子体物理原理. 合肥:中国科学技术大学出版社.

姚宗熙,1991. 物理电子学. 西安:西安交通大学出版社.

Arakawa Y, Wilbur P J, 1991. Finite element analysis of plasma flows in cusped discharge chambers. Journal of Propulsion and Power, 7(1):125-128.

Birdsall C K, 1991. Plasma physics via computer simulation. New York: Adam Hilger.

Fox J M, 2007. Advance in fully-kinetic PIC simulation of a near-vacuum hall thruster and other plasma system. Cambridge: Massacchusetts Institute of Technology.

Mahalingam S, 2007. Particle based plasma simulation for an ion engine discharge chamber. Dayton: Wright State University.

Wirz R E, 2005. Discharge plasma processes of ring-cusp ion thrusters. Pasadena: California Institute of Technology.

附录
氙原子的激发和电离反应方程式

与电子发生碰撞	
反应过程	碰撞率/反应率
动量转移	
$e + Xe \longrightarrow e + Xe$	(v) 玻尔兹曼
激发或退激发	
$e + Xe \rightleftharpoons e + Xe^{*}$	(κ, γ) 玻尔兹曼
$e + Xe \rightleftharpoons e + Xe^{**}$	(κ, γ) 玻尔兹曼
$e + Xe^{*} \rightleftharpoons e + Xe^{**}$	(κ, γ) 玻尔兹曼
电离	
$e + Xe \longrightarrow 2e + Xe^{+}$	(κ) 玻尔兹曼
$e + Xe^{*} \longrightarrow 2e + Xe^{+}$	(κ) 玻尔兹曼
$e + Xe^{**} \longrightarrow 2e + Xe^{+}$	(κ) 玻尔兹曼
$e + Xe_{2}^{+} \longrightarrow e + Xe^{+} + Xe$	(κ) 玻尔兹曼
电子/离子复合	
$2e + Xe^{+} \longrightarrow e + Xe^{**}$	$\alpha_{1} = 4.0 \times 10^{-19} T_{e}^{-5} \mathrm{m}^{6}/\mathrm{s}$
$e + Xe_{2}^{+} \longrightarrow e + Xe^{**} + Xe$	$\alpha_{2} = 2.66 \times 10^{-12} (T_{e}/300)^{-0.6} \mathrm{m}^{3}/\mathrm{s}$
$e + Xe_{3}^{+} \longrightarrow e + Xe^{**} + 2Xe$	$\alpha_{3} = 9.5 \times 10^{-11} (T_{e}/300)^{-0.5} \mathrm{m}^{3}/\mathrm{s}$
电子/分子碰撞	
$e + Xe_{2}^{*} (^{3}\sum) \longrightarrow e + 2Xe$	(γ) 玻尔兹曼
$e + Xe_{2}^{*} (^{1,3}\sum) \longrightarrow 2e + Xe_{2}^{+}$	(κ) 玻尔兹曼
$e + Xe_{2}^{*} (^{3}\sum) \longrightarrow e + Xe^{*}(1s_{5}) + Xe$	(κ) 玻尔兹曼
$e + Xe_{2}^{*} (^{3}\sum) \rightleftharpoons e + Xe_{2}^{*} (^{1}\sum)$	(κ, γ) 玻尔兹曼

续　表

重粒子之间的碰撞	
转化为二聚物	
$\mathrm{Xe}^*(1s_5) + 2\mathrm{Xe} \longrightarrow \mathrm{Xe}_2^*\left(^3\textstyle\sum\right) + \mathrm{Xe}$	$\phi = 7.03 \times 10^{-44}\ \mathrm{m^6/s}$
$\mathrm{Xe}^*(1s_4) + 2\mathrm{Xe} \longrightarrow \mathrm{Xe}_2^*\mathrm{O}_u^+ + \mathrm{Xe}$	$\phi = 5.3 \times 10^{-44}\ \mathrm{m^6/s}$
$\mathrm{Xe}_2^*\mathrm{O}_u^+ + \mathrm{Xe} \longrightarrow \mathrm{Xe}_2^*\left(^1\textstyle\sum\right) + \mathrm{Xe}$	$\phi = 7 \times 10^{-17}\ \mathrm{m^3/s}$
碰撞退激发	
$\mathrm{Xe}^{**}(3d) + \mathrm{Xe} \longrightarrow \mathrm{Xe}^{**}(2p_{5\sim10}) + \mathrm{Xe}$	$\gamma = 1 \times 10^{-16}\ \mathrm{m^3/s}$
$\mathrm{Xe}^{**}(2p_{5\sim10}) + \mathrm{Xe} \longrightarrow \mathrm{Xe}^*(1s_2) + \mathrm{Xe}$	$\gamma = 1 \times 10^{-16}\ \mathrm{m^3/s}$
$\mathrm{Xe}^{**}(2p_{5\sim10}) + \mathrm{Xe} \longrightarrow \mathrm{Xe}^*(1s_3) + \mathrm{Xe}$	$\gamma = 6.0 \times 10^{-17}\ \mathrm{m^3/s}$
$\mathrm{Xe}^{**}(2p_{5\sim10}) + \mathrm{Xe} \longrightarrow \mathrm{Xe}^*(1s_4) + \mathrm{Xe}$	$\gamma = 3.8 \times 10^{-19}\ \mathrm{m^3/s}$
$\mathrm{Xe}^{**}(2p_{5\sim10}) + \mathrm{Xe} \longrightarrow \mathrm{Xe}^*(1s_4) + \mathrm{Xe}$	$\gamma = 3.8 \times 10^{-19}\ \mathrm{m^3/s}$
$\mathrm{Xe}^*(1s_2) + \mathrm{Xe} \longrightarrow \mathrm{Xe}^*(1s_3) + \mathrm{Xe}$	$\gamma = 2.5 \times 10^{-17}\ \mathrm{m^3/s}$
$\mathrm{Xe}^*(1s_2) + \mathrm{Xe} \longrightarrow \mathrm{Xe}^*(1s_4) + \mathrm{Xe}$	$\gamma = 3.8 \times 10^{-19}\ \mathrm{m^3/s}$
$\mathrm{Xe}^*(1s_2) + \mathrm{Xe} \longrightarrow \mathrm{Xe}^*(1s_5) + \mathrm{Xe}$	$\gamma = 3.8 \times 10^{-19}\ \mathrm{m^3/s}$
$\mathrm{Xe}^*(1s_2) + \mathrm{Xe} \longrightarrow \mathrm{Xe}^*(2p_{5\sim10}) + \mathrm{Xe}$	$\kappa = 6.7 \times 10^{-17}\ \mathrm{m^3/s}$
$\mathrm{Xe}^*(1s_3) + \mathrm{Xe} \longrightarrow \mathrm{Xe}^*(1s_4) + \mathrm{Xe}$	$\gamma = 3.8 \times 10^{-19}\ \mathrm{m^3/s}$
$\mathrm{Xe}^*(1s_3) + \mathrm{Xe} \longrightarrow \mathrm{Xe}^*(1s_5) + \mathrm{Xe}$	$\gamma = 3.8 \times 10^{-19}\ \mathrm{m^3/s}$
$\mathrm{Xe}^*(2p_{1\sim4}) + \mathrm{Xe} \longrightarrow \mathrm{Xe}^*(2p_{5\sim10}) + \mathrm{Xe}$	$\gamma = 1.0 \times 10^{-18}\ \mathrm{m^3/s}$
$\mathrm{Xe}^*(1s_{4,5}) + \mathrm{Xe} \longrightarrow 2\mathrm{Xe}$	$\gamma = 3.5 \times 10^{-21}\ \mathrm{m^3/s}$
$\mathrm{Xe}_2^*\left(^3\textstyle\sum\right) + \mathrm{Xe} \longrightarrow 3\mathrm{Xe}$	$\gamma = 1.0 \times 10^{-19}\ \mathrm{m^3/s}$
离子转换	
$\mathrm{Xe}^+ + 2\mathrm{Xe} \longrightarrow \mathrm{Xe}_2^+ + \mathrm{Xe}$	$\beta_1 = 1.8 \times 10^{-43}\ \mathrm{m^6/s}$
$\mathrm{Xe}_2^+ + 2\mathrm{Xe} \longrightarrow \mathrm{Xe}_3^+ + \mathrm{Xe}$	$\beta_2 = 9.0 \times 10^{-44}\ \mathrm{m^6/s}$
$\mathrm{Xe}_3^+ + \mathrm{Xe} \longrightarrow \mathrm{Xe}_2^+ + 2\mathrm{Xe}$	$\beta_3 = 2.7 \times 10^{-19}\ \mathrm{m^3/s}$
二聚物-二聚物碰撞	
$\mathrm{Xe}_2^*\left(^3\textstyle\sum\right) + \mathrm{Xe}_2^*\left(^3\textstyle\sum\right) \longrightarrow \mathrm{Xe}_2^+ + 2\mathrm{Xe} + e$	$\kappa = 3.5 \times 10^{-16}\ \mathrm{m^3/s}$
$\mathrm{Xe}_2^*\left(^1\textstyle\sum\right) + \mathrm{Xe}_2^*\left(^1\textstyle\sum\right) \longrightarrow \mathrm{Xe}_2^+ + 2\mathrm{Xe} + e$	$\kappa = 3.5 \times 10^{-16}\ \mathrm{m^3/s}$

续　表

激发态-激发态碰撞	
$Xe^*(1s_5) + Xe^*(1s_5) \longrightarrow Xe_2^+ + e$	$\kappa = 4.3 \times 10^{-16} \ m^3/s$
$Xe^*(1s_4) + Xe^*(1s_4) \longrightarrow Xe_2^+ + e$	$\kappa = 4.3 \times 10^{-16} \ m^3/s$
混合态	
$Xe^*(1s_5) + Xe \longrightarrow Xe^*(1s_4) + Xe$	$\kappa = 1.06 \times 10^{-22} \ m^3/s$
$Xe^*(1s_4) + Xe \longrightarrow Xe^*(1s_5) + Xe$	$\gamma = 1.98 \times 10^{-20} \ m^3/s$
$Xe_2^*\left(^3\sum\right) + Xe \longrightarrow Xe_2^*\left(^1\sum\right) + Xe$	$\kappa = 4.6 \times 10^{-21} \ m^3/s$
$Xe_2^*\left(^1\sum\right) + Xe \longrightarrow Xe_2^*\left(^3\sum\right) + Xe$	$\gamma = 1.3 \times 10^{-19} \ m^3/s$
自发辐射反应	
$Xe^*(1s_4) \longrightarrow Xe + h\nu(147 \ nm)$	$2.67 \times 10^8 \ s^{-1}$
$Xe^*(1s_2) \longrightarrow Xe + h\nu(129.6 \ nm)$	$2.5 \times 10^8 \ s^{-1}$
$Xe^{**}(3d_2) \longrightarrow Xe + h\nu(125 \ nm)$	$9 \times 10^6 \ s^{-1}$
$Xe^{**}(2p_{5\sim10}) \longrightarrow Xe^*(1s_4) + h\nu(828 \sim 1\,083 \ nm)$	$1.569 \times 10^7 \ s^{-1}$
$Xe^{**}(2p_{5\sim10}) \longrightarrow Xe^*(1s_5) + h\nu(823 \sim 980 \ nm)$	$1.013 \times 10^7 \ s^{-1}$
$Xe^{**}(2p_{1\sim4}) \longrightarrow Xe^*(1s_5) + h\nu(450 \sim 469 \ nm)$	$3.92 \times 10^5 \ s^{-1}$
$Xe^{**}(2p_{1\sim4}) \longrightarrow Xe^*(1s_4) + h\nu(458 \sim 491 \ nm)$	$6.61 \times 10^5 \ s^{-1}$
$Xe^{**}(2p_{1\sim4}) \longrightarrow Xe^*(1s_3) + h\nu(764 \sim 820 \ nm)$	$4.85 \times 10^6 \ s^{-1}$
$Xe^{**}(2p_{1\sim4}) \longrightarrow Xe^*(1s_2) + h\nu(788 \sim 893 \ nm)$	$1.491 \times 10^7 \ s^{-1}$
$Xe_2^*\left(^3\sum\right) \longrightarrow 2Xe + h\nu(172 \ nm)$	$1.01 \times 10^7 \ s^{-1}$
$Xe_2^*\left(^1\sum\right) \longrightarrow 2Xe + h\nu(172 \ nm)$	$2.174 \times 10^8 \ s^{-1}$
$Xe_2^*\left(O_u^+\right) \longrightarrow 2Xe + h\nu(150 \ nm)$	$4.76 \times 10^8 \ s^{-1}$

注：κ 为激发或电离的反应系数；λ 是退激发反应系数；ϕ 为重粒子从原子转化为分子的反应系数；$\beta_{1\sim3}$ 是离子转化系数；$\alpha_{1\sim3}$ 是电子/离子复合系数。

符号表

常量符号

符 号	定 义	数 值
e	电子电量	1.602×10^{-19} C
g	重力加速度	9.8 m/s^2
k	玻尔兹曼常量	1.380×10^{-23}
π	圆周率	$3.141\,592\,6$
ε_0	真空介电常数	$4\pi \times 10^{-7}$ H/m
μ_0	真空磁导率	8.854×10^{-12} F/m
m_e	电子质量	9.109×10^{-31} kg
M	氙离子的质量	2.180×10^{-25} kg
U^+	中性原子一次电离能	12.13 eV
U^*	中性原子激发能	8.35 eV